联合资助
国家自然科学基金项目（41272278）
安徽高校科研平台创新团队建设项目（2016-2018-24）
安徽高校自然科学研究重点项目（KJ2017A073）
安徽省地质勘查基金项目（2013-3-18）
宿州学院博士科研启动基金项目（2021BSK043）

淮南潘集矿区深部
煤系岩石力学性质及其控制机理

吴基文　沈书豪　翟晓荣
张文永　孙　贵　毕尧山　著

内容提要

以淮南煤田潘集矿区外围（深部）勘查区为研究对象，结合该区勘查工程，采用原位测试、室内试验、数理统计和理论分析等方法，对深部研究区煤系岩石赋存地质条件，煤系岩石微观成分、结构和沉积特征以及岩石力学性质差异性及控制因素进行了系统研究。主要内容有：①研究了潘集矿区深部煤系岩石学、岩性组合及沉积特征，建立了沉积体系，分析了煤系的沉积环境；②分析了研究区地质构造特征，研究了主采煤层顶底板结构面发育类型，并基于钻孔岩石质量指标和钻孔声波测井波速值对主采煤层顶底板岩体结构性进行了评价；③开展了深部勘查区地应力场、地温场、地下水流场的原位测试和室内试验，揭示了淮南潘集矿区深部煤系赋存条件的空间分布特征；④系统地开展了常规条件、围压条件、温度条件和含水条件下的岩石力学试验，分析了不同赋存条件下岩石力学性质变化特征，建立了研究区天然应力场下不同岩性岩石三轴抗压强度和轴向峰值应变随围压变化的预测模型，划分了温度对岩石力学性质的影响类型；⑤系统研究了淮南潘集矿区深部主采煤层顶底板岩石沉积特性、岩体结构与构造以及深部赋存环境等因素对岩石力学性质的影响规律，揭示了煤系岩石力学性质的地质本质性控制机理。

本书研究成果为深部矿井设计、建设和安全生产提供了更加准确和完整的地质基础数据，亦为深部资源勘查工程地质条件评价提供有益参考，可供地质工程、采矿工程、岩土工程及矿山地质灾害防治等学科领域从事相关课题研究的科研人员、工程技术人员及研究生参考。

图书在版编目（CIP）数据

淮南潘集矿区深部煤系岩石力学性质及其控制机理/吴基文等著. —武汉：中国地质大学出版社，2024.11. —ISBN 978-7-5625-5988-7

Ⅰ.TD326

中国国家版本馆 CIP 数据核字第 202472DN29 号

淮南潘集矿区深部煤系岩石力学性质及其控制机理			吴基文 等著
责任编辑：龙昭月	选题策划：龙昭月		责任校对：何澍语
出版发行：中国地质大学出版社（武汉市洪山区鲁磨路388号）			邮政编码：430074
电　　话：(027)67883511	传　真：(027)67883580		E-mail:cbb@cug.edu.cn
经　　销：全国新华书店			https://cugp.cug.edu.cn
开本：880mm×1230mm 1/16		字数：461千字	印张：15
版次：2024年11月第1版			印次：2024年11月第1次印刷
印刷：广东虎彩云印刷有限公司			
ISBN 978-7-5625-5988-7			定价：168.00元

如有印装质量问题请与印刷厂联系调换

前　言

随着煤炭开采的高度现代化，对引发煤矿地质条件及灾害因素的预测和探查精细程度要求越来越高，查清并研究深部煤炭资源的赋存地质条件下岩石物理力学性质，为深部矿井的设计、建设和生产，提供更加精细可靠的地质资料和数据，以便采取有效技术手段和措施，减少或避免灾害的发生，化害为利，变废为宝，是实现煤炭绿色开采和矿井安全高效生产的重要保障。与浅部相比，深部煤岩体处于高地应力、高瓦斯、高地温、高渗透压以及较强时间效应的恶劣环境中，且随着开采深度的增加，井筒破裂、巷道变形破坏、冲击地压、热害、煤与瓦斯突出、高压含水层突水等与深部煤系岩石物理力学行为相关的具有共性的重大工程地质问题突出，深部岩体的组成结构、基本力学行为特征和工程响应均发生根本性变化，也是导致深部开采中动力灾害事故频发的根本原因。以"深矿井"为代表的深部开采研究是极为活跃的科学技术前沿领域，但目前主要是围绕采矿扰动诱发的工程灾害控制与防治技术问题展开的，针对开采地质条件或初始地质条件等基本科学问题的研究则相对较少。因此，加强对可能造成重大灾害的初始地质条件进行深入研究是十分必要和迫切的。

煤系地层（含煤岩系）形成于地壳浅部，其生成和赋存环境与岩浆岩或变质岩的明显不同。岩性较为软弱，成分复杂且变化较大的煤系岩石，使得其具有不同于其他岩类的物理力学特性。煤系岩石的物质组成、结构特性及其赋存环境等地质本质特征，反映了其地质作用和演化过程，在此基础上，进一步认识和考虑力学性质影响因素的作用，研究更加符合深部实际地质条件下煤系岩石变形和强度等力学性质的变化规律和控制机理是十分必要的。在以往浅部资源地质条件勘查评价和后期工程设计中均以常规条件下的岩石力学参数为基础进行取值和计算，其赋存环境因素如温度、围压等影响水平较低，对岩石力学性质影响较小，与实际参数值相差不大，工程现场应用较为稳定。但随着深度的增加，深部地质条件的变化对煤系岩石的力学性质影响逐渐增大，在解决深部煤炭开采地质条件与工程地质问题时，针对煤系岩石开展不同温度、压力和含水等深部条件下的物理力学特性研究，具有重要的理论意义和实际应用价值。

近年来，我国煤炭开采规模和深度都在逐渐扩大和增加，许多矿井都进入了深部开采阶段，淮南煤矿是这个阶段煤炭开采的典型矿区，如朱集东煤矿二水平大巷达到−960m，顾桥煤矿和丁集煤矿一水平大巷分别达到−780m和−860m，全矿区已整体进入深部开采阶段。淮南煤田作为两淮大型煤电基地的重要资源地，经过多年勘查与开发，中、浅部煤炭资源多已被开采，资源储备较少，但潘集煤矿区外围区域因其煤炭资源储量巨大，而成为淮南矿区最重要的深部开采接替资源。为此，安徽省煤田地质局承担了"十二五"地质找矿规划的重点项目"淮南煤田潘集煤矿外围煤炭普查（2009-36）"及其续作项目"淮南煤田潘集煤矿外围煤炭详查（2014-煤-1）"，并同期开展了"深部煤炭勘查与开采地质条件研究专题（2013-3-18）"项目，该项目是2013年度安徽省地质勘查基金第三批（续作）项目，也是潘集煤矿外围煤炭详查的配套项目，本书即为此项目的部分研究成果。

笔者以淮南潘集矿区深部勘查区为研究对象，紧密结合该研究区地质普查和详查工程，充分利用周边生产矿井采掘资料等有利条件，通过钻孔资料处理、原位测试、野外采样、室内试验和理论分析等手段，确定了潘集矿区深部煤系岩石赋存条件，分析了煤系岩石微观成分、沉积环境和结构构造特征，获得了常规及地温、地应力等条件下的岩石力学性质资料，研究了岩石宏观力学性质差异性及其主要控制因素，揭示了深部煤系岩石力学行为的地质本质性控制机理。取得的主要成果如下：

(1) 采用岩矿显微薄片鉴定、图像分析和 X-射线衍射等方法对深部煤系岩石的矿物成分、含量和微观结构等进行了统计与分析，获得了研究区不同岩性岩石的微观特征：砂岩主要矿物为石英，平均含量在 65% 以上，结构以孔隙式胶结为主，且不同层位砂岩碎屑颗粒含量和粒度分布特征区别较大；泥岩矿物成分中黏土矿物含量较高，占比 60% 左右，陆源碎屑矿物占比 30% 左右，且各层位含量差异不大，自身非黏土矿物如菱铁矿等含量在不同层位泥岩中差异较大。

(2) 基于研究区勘探钻孔岩芯及测井资料的统计分析，得出了深部主采煤层顶底板岩性组成及岩体结构性特征：①平面上，5 个主采煤层顶底板岩性均以泥岩型为主，研究区从东到西煤层顶底板砂岩厚度逐渐增大，泥岩厚度逐渐减小；垂向上，砂岩含量最高层位为下二叠统，向上逐渐变小，泥岩含量则相反。②钻孔岩石质量指标（rock quality designation, RQD）值和钻孔声波测井波速值可以直接反映深部岩体的结构性特征。主采煤层顶底板 RQD 值和钻孔声波测井波速值的平面分布较为一致；在靠近研究区中部陈桥-潘集背斜转折端和断层附近，顶底板 RQD 值和钻孔声波测井波速值都较小，岩石质量和岩体完整性都较差；远离大型构造与褶皱区域，RQD 值和钻孔声波测井波速值均有增大趋势，受岩性分布和构造作用影响明显。

(3) 选用地面千米钻孔水压致裂法和煤矿井下巷道围岩应力解除法开展了研究区地应力原位测试工作，结合岩石声发射（acoustic emission, AE）法地应力解译结果，得出了深部研究区现今地应力场类型、大小及方向：$-1500\sim-1000$m 深度范围内最大水平主应力在 30$\sim$55MPa 之间，且随深度增加呈线性增大趋势；最大水平主应力约为铅直主应力的 1.3 倍，揭示出深部地应力场以水平构造应力为主，最大、最小主应力的比值在 1.116$\sim$2.469 之间，平均为 1.511，且随深度增加而逐渐减小；研究区最大主应力方向为北东东向，随着深度的增加趋向于近东西向；深部现今地应力场受区域大地构造控制，研究区内不同位置地应力大小和方向存在一定差异，受区域性 F66 断层和陈桥-潘集背斜共同影响。

(4) 基于潘集矿区深部近似稳态钻孔测温数据建立了测温钻孔温度变化的校正公式，结合井下巷道测温成果对研究区简易测温钻孔数据进行了校正，得出淮南潘集矿区深部地温梯度值变化范围为 1.52$\sim$3.41℃/hm，平均梯度为 2.46℃/hm；主采煤层底板温度随深度增加呈线性增大关系，计算分析了研究区-800m、-1000m 及-1500m 三个水平的地温分布规律。

(5) 常规条件下研究区煤系岩石力学试验结果表明：不同岩性岩石力学性质参数差异性较大，相同层位相同岩性的岩石力学参数分布也较为离散，煤系岩石力学性质的岩性效应明显；研究区各岩性岩石抗压强度与抗拉强度、弹性模量和凝聚力等参数间呈良好的线性关系，垂向上，上石盒子组中 11-2 煤层顶底板砂岩抗压强度最高，山西组中 3 煤层顶板粉砂岩强度最高，各主采煤层顶底板的泥岩平均强度随层位变化不明显。

(6) 开展了符合深部地应力变化范围内的不同围压条件下煤系岩石三轴力学试验，得出了深部煤系岩石强度随围压增加而增大，在试验围压范围内，初期增幅较大，增幅随围压增大而减小；通过对煤系岩石三轴力学试验参数的回归分析，建立了淮南矿区深部不同岩性的煤系岩石力学强度及峰值应变随围压变化的预测模型，并基于大量试验结果分析确定了研究区煤系岩石的岩性影响系数。

(7) 在深部煤系地温变化范围内开展不同温度条件下煤系岩石恒温单轴压缩试验，结果表明：温度对煤系岩石强度和变形性质的影响要弱于岩性和围压的影响，岩石单轴抗压强度等力学参数整体随温度的升高呈降低趋势；不同层位和不同岩性岩石受温度影响有差异，根据强度随温度的变化特征将煤系岩石力学性质随温度的变化类型分为强度随温度增加而降低型（Ⅰ型）、强度波动不变型（Ⅱ型）和强度随温度增大型（Ⅲ型）3 类。

(8) 分析了研究区主采煤层顶底板岩石物质组成、微观结构、RQD 值、钻孔声波测井波速值以及深部赋存的应力和温度环境等因素对岩石力学性质的影响作用，阐明了影响深部煤系岩石力学性质的沉积特性、岩体结构特性和围压等主控因素，揭示了深部煤系岩石力学行为的物质性、结构性及赋存性的地质本质性控制作用机理。

本书共6章,由安徽理工大学吴基文教授、翟晓荣副教授,宿州学院沈书豪博士,安徽省煤田地质局张文永教授级高级工程师、孙贵高级工程师,淮南师范学院毕尧山博士合作完成。其中前言、第1章、第2章由吴基文教授、张文永教授级高级工程师和孙贵高级工程师合作撰写;第3章由吴基文教授、张文永教授级高级工程师、翟晓荣副教授合作撰写;第4章、第5章由沈书豪博士、吴基文教授、翟晓荣副教授和毕尧山博士合作撰写;第6章由吴基文教授、沈书豪博士和毕尧山博士合作撰写;全书由吴基文教授、沈书豪博士统稿。

本书的研究工作得到了安徽省煤田地质局及其所属第一、第二和第三勘探队领导和技术人员的悉心指导和大力支持;在现场资料收集、采样与测试过程中,得到了淮河能源控股集团及所属各矿领导和工程技术人员的大力帮助;中国地质科学院地质力学研究所参与了水压致裂法地应力测试工作。在本书研究过程中,安徽理工大学胡宝林教授、胡友彪教授、刘启蒙教授、谢焰教授、鲁海峰教授、刘会虎教授、徐宏杰教授、闫立宏高级实验师、史文豹实验师,研究生窦仲四、彭涛、任自强、张海潮、彭军、郑晨、桂祥、田诺成、王广涛、芮芳、靳拓、郑挺、宣良瑞等做了大量的现场资料收集与室内外试验工作。

借本书出版之际,作者对以上各位专家、老师和朋友们对本项研究和本书出版的指导、支持和帮助表示衷心感谢!对本书引用文献中作者的支持和帮助表示衷心感谢!向参与本项研究的同事和研究生们表示衷心感谢!

本著作的研究和出版得到了国家自然科学基金项目(41272278)、安徽高校科研平台创新团队建设项目(2016-2018-24)、安徽高校自然科学研究重点项目(KJ2017A073)、安徽省地质勘查基金项目(2013-3-18)的资助;本书在编写过程中得到中国地质大学出版社有关领导和编辑同志的大力支持和帮助,在此谨致谢意。

由于作者水平有限,书中不妥之处恐在所难免,敬希望读者不吝赐教、指正。

2024年5月于安徽淮南

目 录

第1章 绪 论 … 1
1.1 研究目的和意义 … 1
1.2 国内外研究现状 … 2
1.3 研究内容与方法 … 11
1.4 研究区勘查工程概况与研究工作过程 … 15

第2章 潘集矿区深部煤系岩石组成及其形成环境 … 17
2.1 矿区地层基本特征 … 17
2.2 潘集矿区深部煤系岩石学特征 … 25
2.3 潘集矿区深部煤系岩石组合特征 … 36
2.4 潘集矿区深部煤系砂体特征 … 45
2.5 潘集矿区深部二叠系沉积体系 … 47
2.6 潘集矿区深部煤系沉积环境分析 … 54
2.7 本章小结 … 58

第3章 潘集矿区深部地质构造与煤系岩体结构特征 … 59
3.1 区域构造概况 … 59
3.2 潘集矿区深部构造特征 … 63
3.3 潘集矿区深部主采煤层顶底板岩体结构发育特征 … 67
3.4 潘集矿区深部煤系岩体结构特性分析 … 71
3.5 本章小结 … 79

第4章 潘集矿区深部煤系岩石赋存环境 … 80
4.1 潘集矿区深部煤系岩石赋存的地应力环境 … 80
4.2 潘集矿区及深部勘查区煤系岩石赋存的地温环境 … 99
4.3 潘集矿区深部煤系岩石赋存的地下水环境 … 117
4.4 潘集矿区深部煤系岩石赋存的地质动力环境 … 123
4.5 本章小结 … 129

第5章 潘集矿区深部煤系岩石物理力学性质 … 131
5.1 潘集矿区深部煤系岩石样品采集与试样制备 … 131
5.2 深部煤系岩石物理性质 … 135
5.3 常规条件下煤系岩石力学性质 … 139

5.4　围压条件下煤系岩石力学性质 ··· 147
　　5.5　温度条件下煤系岩石力学性质 ··· 164
　　5.6　含水条件下煤系岩石力学性质 ··· 177
　　5.7　本章小结 ··· 187

第6章　深部煤系岩石力学性质差异性及其控制机理 ······························ 189
　　6.1　深部煤系岩石力学性质差异性分布 ··· 189
　　6.2　深部煤系岩石沉积特性对其力学性质的控制作用 ······················ 194
　　6.3　深部煤系岩体结构性特征对岩石力学性质的影响 ······················ 201
　　6.4　深部煤系赋存环境对岩石力学性质的影响 ··································· 210
　　6.5　本章小结 ··· 216

主要参考文献 ·· 218

第1章 绪 论

1.1 研究目的和意义

"十三五"期间,我国地质找矿工作成效突出,煤层气和页岩气等清洁资源探明地质储量明显增长,但煤炭作为最主要的一次消费能源,在中国能源消费结构中依然占到60%左右,短期内在一次能源中的重要地位不可替代(中华人民共和国自然资源部,2020)。经过几十年的大规模开采,国内部分矿区浅部煤炭资源已经枯竭。截至2019年,全国已有40%的国有重点煤矿和60%的国有地方煤矿因浅部资源枯竭而闭坑(黄炳香等,2017;齐庆新等,2018),而华北和东北老煤炭工业基地的深部(800~2000m),蕴藏着丰富的煤炭资源尚待勘查和开发。因此,开发利用深部煤炭资源,既是弥补未来煤炭供应缺口、保障国家能源安全的需要,又是继续发挥老矿区基本设施的作用、维护以煤为主导产业的资源型城市社会稳定与经济可持续发展的战略性举措(董书宁和张群,2007;虎维岳和何满潮,2008;谢和平等,2017)。

随着煤炭开采逐步向智能化、无人化推进,对煤矿开采地质条件的探查以及对致灾因素的预测精细程度要求越来越高。查清并研究深部煤炭资源赋存地质条件及其岩石物理力学性质,可为深部矿井的设计、建设和生产提供更加准确、完善的基础地质数据,以便提前选择有利方式和增强防治措施,减少或避免矿井地质灾害的发生,是实现煤炭绿色开采和安全高效生产的重要技术保障,也是国家安全生产目标的社会需求(谢和平等,2006;虎维岳,2013;冯西会和薛海军,2015;张建民等,2019)。深部煤炭资源勘探程度低,与浅部相比,由于高地应力、高瓦斯、高地温、高渗透压以及较强的时间效应,深部煤系岩石所处环境更加恶劣,随着开采深度的增加,井筒破裂、巷道变形破坏、冲击地压、热害、煤与瓦斯突出、高压含水层突水等与深部煤系岩石物理力学行为相关的具有共性的重大工程地质问题突出(赵生才,2002;张泓等,2009;彭瑞东等,2019)。深部开采中动力灾害事故突发的根本原因在于深部岩体的组成结构、基本行为特征和工程响应均发生了根本性变化。彭苏萍院士指出深部煤炭资源的形成环境及其对煤层、煤岩强度特征、变形特征和破坏特征等的力学行为的控制是安全开采急需解决的关键科学问题(彭苏萍,2008)。袁亮院士在煤炭精准开采科学构想中指出深部煤炭地质保障水平低的难题只有面对,无法回避,精准掌握煤系地层赋存的复杂地质条件及其赋存状态下的岩石物理力学性质,准确建立物理力学模型展开研究,才能为煤炭精准开采提供理论基础(袁亮,2017)。以"深矿井"为代表的深部开采研究是极为活跃的科学技术前沿领域,但目前各国开展的"深矿井"研究计划,主要是围绕开采扰动诱发的工程灾害控制与防治技术问题展开的,针对深部开采地质条件或初始地质条件等基本科学问题的研究则相对较少(Zhang et al.,2019),有必要深入研究深部原地应力场、初始地温场、深部流体的赋存与运移规律等可能造成重大灾害的初始条件,为深矿井的设计提供理论支撑,保障深部煤炭资源的安全高效开采。

岩石因其地质本质性而从根本上不同于其他人工材料,作为岩石力学的研究对象,其地质本质性包括岩石的物质性、结构性和赋存性(王思敬,2009)。位于地壳浅表的煤系地层,其形成过程和赋存环境与岩浆岩、变质岩存在明显的区别,煤系地层岩性较为软弱,成分复杂,且变化较大,使得其岩石具有区别于其他岩类的物理力学性质。煤系岩石的物质组成、结构特性以及长期同周围地质环境的有机联系，即处于一定的地温场、地应力场和地下水流场等地质本质特征，反映了其地质作用和演化过程(He et al.，2018)。而在此基础上，进一步认识和考虑力学性质影响因素的作用，研究更加符合深部实际地质条件下煤系岩石强度和变形等力学性质的变化规律和控制机理是十分必要的(Zhang et al.，2017)。在以往浅部资源地质条件勘查评价和后期工程设计中均以常规条件下的岩石力学参数为基础进行取值和计算，其赋存环境因素如温度、围压等影响水平较低，对岩石力学性质影响较小，与实际参数值相差不大，工程现场应用较为稳定。但随着深度的增加，根据实际生产和勘探经验，深部地质条件的变化对煤系岩石的力学性质影响逐渐增大，在解决深部煤炭开采地质条件评价和工程地质问题时，以煤系岩石为主要研究对象，开展在不同温度、围压或渗流等深部条件下的力学特性试验研究，更具有重要的应用价值和理论意义。

近年来，随着我国煤炭开采规模的扩大和开采深度的增加，国内许多老矿区逐步进入深部开采阶段。安徽淮南矿区是这个阶段煤炭开采的典型区域，全矿区已整体进入了深部开采阶段，如潘集矿区潘三煤矿巷道延伸水平已达到$-817m$，朱集东煤矿二水平大巷达到$-960m$，潘一东煤矿也达到$-789m$，顾桥煤矿和丁集煤矿一水平大巷分别达到$-780m$和$-860m$，淮南矿区平均开采深度已达到$800m$以下(张农等，2009；唐永志，2017；李琰庆等，2018)。淮南矿区中、浅部煤炭资源多已被开采，潘集煤矿外围区域因其煤炭资源储量巨大，而成为淮南矿区最重要的深部开采接替资源。故此，安徽省开展了"十二五"地质找矿规划的重点项目"淮南煤田潘集煤矿外围煤炭普查"(2009-36)及其续作项目"淮南煤田潘集煤矿外围煤炭详查"(2014-煤-1)，设计勘探控制深度为$-1500m$。同期开展的"深部煤炭勘查与开采地质条件研究专题"(2013-3-18)项目是2013年度安徽省地质勘查基金第三批(续作)项目，也是潘集煤矿外围煤炭详查的配套项目。

笔者以淮南潘集煤矿区外围(深部)勘查区(以下简称研究区)煤炭资源勘查工程为背景，以深部勘查区煤系沉积岩为研究对象，通过地质调查、钻孔资料收集和现场考察等工作，设计研究方案；系统采集深部煤系地层岩芯，重点选取研究区主采煤层顶底板岩石制作显微薄片，统计煤系岩石组分和结构，研究煤系岩石形成演化与赋存规律，分析区域沉积特征和沉积相；结合周边生产矿井和深部钻探、原位测试等工程，探查分析深部煤系岩石地温场、地应力场和地下水流场等赋存条件分布特征；开展常规条件下煤系岩石物理力学试验和符合深部实际地质赋存条件下的高温高压力学试验，建立岩石微观结构与温度、围压、地下水等赋存条件下岩石宏观力学性质间的定性、定量关系；阐明煤系岩石微观成分结构和温度、围压以及岩体完整性和构造作用等地质本质性因素对其力学性质的控制作用机理，为淮南潘集矿区深部及国内老矿区深部勘查区煤层开采地质条件评价以及工程灾害预测与防控提供科学依据。

1.2 国内外研究现状

1.2.1 煤炭深部开采与界限划分研究现状

煤炭工业作为世界性能源行业，最早的煤矿已有300多年的开采历史。随着经济快速发展，煤炭开采和需求量的不断增加，国内外不同地区的煤矿开采深度以$8\sim25m/a$等不同的速度向深部递增(谢和平等，2015a，b)。目前，世界上煤矿深井主要分布在中国、德国和波兰等国家，煤矿最大开采深度接近$2000m$水平(柯春培，2012；翁丽媛，2019)。在国内，2004年我国平均采煤深度仅为$500m$左右，千米深井仅有8对，但随着煤矿开采深度和开采强度的迅速增大，国内矿井平均以$8\sim12m/a$的增长速度向深部推进，尤其是东部矿区向深部发展速度达到$10\sim25m/a$(谢和平，2017；袁亮，2019)。我国深部开采的主要矿井采深和数量分布统计结果见表1.1。我国千米深井集中分布在华北、华东和东北地区的江苏、河南、山东、安徽、河北、黑龙江、吉林和辽宁8个省份,煤矿采深达到1000m以上的矿井就有60多对,达到1200m以上的有22对,开采深度的发展速度极快(敖卫华等,2012;蓝航等,2016)。

表1.1 全国深部开采矿井数量和分布

省份	矿井数量/对			比例/%
	采深 800～<1000m	采深 1000～1200m	采深 >1200m	
江苏	3	3	7	9.35
河南	19	8	0	19.43
山东	10	12	11	23.74
安徽	14	1	0	10.79
河北	15	3	2	14.39
黑龙江	11	5	0	11.51
吉林	0	2	2	2.88
辽宁	6	5	0	7.91

我国东部煤矿区的含煤地层形成于石炭纪—二叠纪,该时期煤系地层受到多期构造运动的影响,深部煤层的地质赋存条件极为复杂。深部煤炭资源普遍处于高地应力、高地温、高渗透压以及开采扰动的"三高一扰动"恶劣环境之中(曹代勇等,2008;敖卫华,2013)。有学者还根据深部开采目前需面对的高瓦斯、高冲击以及掘巷对其周围采掘巷道围岩的扰动提出了"五高两扰动"的复杂深部条件(张农等,2013)。随着绝对开采深度的迅速增加,各学科领域专家学者也早就对深部的界定进行了探索研究,"深矿井"工程、"深层煤床勘查与开发"工程以及"深部岩石力学"工程等研究相互交叉(江飞飞等,2019;李夕兵等,2019)。绝对开采深度值的迅速增加让深部开采成为常态,但关于"深部"的界限划分和科学定义还在不断探索和发展中。

国内外学者从20世纪80年代开始对深部开采与界限划分问题进行了大量研究。Li等(2009)研究认为确定深部界限与具体开采地质环境密切相关,Kratz和Martens(2015)将矿井产能、深度和最低生产效率的曲线的交点作为深度临界值,南非、美国、加拿大和澳大利亚相继开展了"deep mine"(深矿)研究计划,我国一些科研院所和高校也围绕"深部开采"主题进行了理论与工程应用研究(江飞飞等,2019;李夕兵等,2019)。基于这些研究成果,国内外学者也根据深部开采中的地质力学环境"三高"甚至是"五高"等工程特点相继提出了深部开采的临界深度、相对深度、绝对深度和极限深度等定义和划分。例如,梁政国(2001)结合采场和巷道等综合指标,以700m为我国煤矿深部与浅部开采深度界限值,并划分4类开采类型,将500m以上、500～700m、700～1000m、1000～1200m依次定为浅部开采、准深部开采、一般深部开采、超深部开采。胡社荣等(2010)认为深矿井的分类与临界深度应该是一个区间的概念,初步定为600～800m。翟晓荣(2015)、张风达(2016)通过分析采动现象及煤层底板破坏实测和模拟数据,寻找确定深部与浅部的分界值,分析提出了华北地区深、浅部临界深度值。英国将进入深部开采的临界深度值大致定为750m,日本为600m,俄罗斯为1000m,德国达到800～1200m(胡社荣等,2011)。大多数学者根据不同工程现象出现的深度值来界定深部开采界限,但开采的深度值并非绝对,主要与某地区当前技术水平有直接关系,是不断变化的。

随着煤炭勘探、开采技术条件和工程测试技术的不断发展，人们对深部煤矿工程的认识不断提高。深部开采的界限划分也从起步阶段的用单一深度值和工程现象等经验的定性描述界定逐步转向其本质的研究。尤其是深部地应力条件测量技术水平的迅速提高，深部开采界限的划分研究逐步向深部工程地质条件的定量评价发展。例如，国内外的地应力测试研究发现，地应力场随深度的分布表现出一定的规律性(Brown and Hoke，1978；钱七虎，2004；何满潮，2005)；深部与浅部岩体应力状态的显著区别表现为浅部的地应力以构造应力状态为主，随深度的增加逐渐转至静水压力状态(周宏伟等，2005；李鹏等，2017)。谢和平等(2012)将静水压力分界线定为国内深部开采的深度界限，以该分界线作为深部开采与浅部开采的界限具有统计意义，其埋深在750～800m之间；随后Xie等(2018)、谢和平(2019)又根据国内若干矿区地应力测试结果，提出"深部"的力学定义，总结了深度的增加和灾害的加剧是表象，本质控制因素为应力，应力水平的增加和应力状态的改变是根本要素，所以"深部"的概念应该综合反映深部的应力状态与围岩属性，是一种由地应力大小、采动应力和围岩属性共同控制的力学状态。

深部开采更加注重研究对象的地质本质性特征。与浅部岩体比较，深部岩体的主要特征表现为地质历史悠久同时具有丰富的改造历史遗留痕迹，而且有现代地质环境的特征，其力学特点如图1.1所示(何满潮等，2005)。深部岩体的地质本质性包括其物质性、结构性和赋存性(王思敬，2009)，深部开采的界限划分也更注重地应力场等深部条件对岩石力学性质的影响，深部岩体赋存条件是深部开采划分和工程研究的根本依据和出发点。

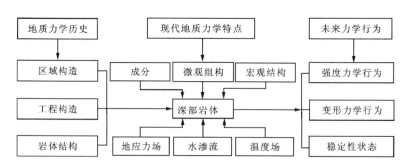

图1.1 深部岩体地质力学特点(何满潮等，2005)

1.2.2 深部煤系赋存条件探查研究现状

煤炭资源从原始沉积到开发利用都处在不断变化着的复杂的地质过程和地质环境之中，认识煤炭资源的形成演化历史及其现今赋存状态，研究煤炭资源赋存的地质背景及影响其开发条件的水环境、热环境、力学环境一直是煤炭地质研究的关键问题。随着我国煤矿开采逐渐由浅部转向深部，煤系岩石所处的应力环境、变形与破坏特性等都发生了显著变化，严重威胁深部矿井的安全开采，因此对煤系深部赋存条件的精细探查显得越来越重要。

深部煤矿床原地应力场和采动应力场，是导致煤矿动力地质灾害的主导因素之一(Chen et al.，2017；Wang et al.，2019)。在煤炭勘探和开发过程中，需要对地应力性质及应力场分布特征进行研究，最为基础的工作是获得正确的地应力实测数据。应力解除法、水压致裂法以及岩石AE法等地应力测量方法更是已被广泛应用于煤矿井下地应力测量中(Wang and Xing，2017)。应力解除法又叫钻孔套芯法，是指在煤矿井下巷道围岩通过钻孔布置应力-应变计，再通过套芯解除而测量应力大小和方位的一种方法，在煤矿中应用较为广泛。例如，李长洪等(2008)、蔡美峰等(2010)采用空芯包体应力解除法分别在−400m水平的大同矿区、−900m水平的玲珑金矿进行了地应力测量；王炯等(2019)为了解星村矿区的地应力分布规律，在星村矿深部采区−1196m和−1186m水平进行了4个测点的地应力现场原位测量;张国锋等(2012)为了指导徐州矿区深部巷道维护和保障开采安全,在5个埋深超过800m的深井采用空心包体三维应力解除法进行了原岩地应力测量并分析研究了原位地应力测试结果与矿井构造之间的关系。应力解除法设备简单,借助煤矿井下钻机配合测试系统就能在巷道原位进行测量,除此之外,水压致裂法也是煤矿常用的地应力原位测量方法,自20世纪80年代引进我国后为国家重大工程的建设和施工提供了重要的地应力资料。

在煤矿领域,赵善坤等(2018)运用水压致裂法对双鸭山矿区多个矿井的不同开采水平共计22个测点进行了地应力实测;陈治中等(2011)在宁东矿区采用水压致裂法对枣泉煤矿东、西翼采区进行了8个测点的地应力实测。康红普等(2009,2010,2019)采用小孔径水压致裂地应力测量装置对晋城矿区10个煤矿、埋深130~505m范围内共62个测点进行二维与三维地应力测量,后又对山西潞安矿区的13个煤矿相继开展了原岩应力测量工作,并建立了我国煤矿井下地应力测量结果数据库。水压致裂法在地面钻孔和煤矿巷道钻孔都能测试,是一种测试准确和方便的原位地应力测试方法。当测试需求量较大,也可在矿井巷道或工作面取样进行AE法测试。顾亮(2015)采用AE法对东欢坨煤矿深部埋深为700m左右的两个测点进行了地应力测试,并与前期在浅部埋深260m、530m两个测点所测的地应力结果进行对比分析;谢朋等(2017)采用AE法对杨柳煤矿首采区埋深376~526m的典型测点进行了地应力值测量;AE法测试的结果与其他方法接近,测试结果有效同时又能大量地进行多点测试,是一种较为经济的测试方法(张重远等,2012;沈荣喜等,2019;于可伟,2019)。此外,近年来发展的地应力测量方法还包括超声波测量法、核磁共振法和放射性同位素法等地球物理方法(Cai et al.,2000;Kang et al.,2010)。地应力测量方法的发展及应用对探查煤炭深部地应力条件具有重要意义,开展研究的共性是为了解决高地应力矿井巷道支护等已发生的灾害问题,而在老矿区深部或者深部煤炭资源区勘查阶段,并没有把地应力条件探查作为一项重点工作。所以勘查阶段如何选取测试方法以及地应力的测试结果对深部开采有重要研究意义。

同时,随着开采深度的增加,矿井地温也相应增高,成为煤矿其他动力灾害的诱因之一。当地温超过一定值时,便直接造成深矿井发生热害(张树生,2007;姚韦靖、庞建勇,2018)。在煤矿开采向深部发展过程中不可避免会出现热害问题,因此,对煤炭深部地温地质条件进行探查,研究地温场变化及展布规律,不仅有助于判断是否存在热害,而且对于指导深部井下合理布置、制定经济降温措施有十分重要的意义,许多相关专家和学者也在国内各大矿区对此进行了大量研究。

对于安徽省两淮矿区,吴基文等(2019)、任自强等(2015)、杨丁丁等(2012)、李红阳等(2007)对淮南、淮北煤田区域性的地热地质特征、地温场特征进行了深入的分析研究;彭涛等(2017)针对淮南潘集矿区外围深部的现今地温场特征进行了分析和预测;王伟宁等(2010)分析了丁集矿区地温变化规律,并对其进行了深部热害预测;张帅等(2012)分析了皖北地区涡北煤矿的地温分布规律;Zhang等(2011)对夹河煤矿深部地热场特征进行了研究。目前对于煤矿地温场特征的分析和研究主要是通过地面钻孔井温测井工程以及相应矿区煤矿井下巷道岩温测试工程进行的,近年来,一些数值模拟方法也被进一步应用到煤矿地温场分析的研究工作中。如:刘建华(1994)采用灰色系统的方法分别对矿井深部地温进行了预测;王广才等(2002)通过数值模拟的方法研究了平顶山矿区十三矿地温场特征。无论是现场的钻孔井温测井、井下巷道温度实测,还是数值模拟方法的应用,都为深部煤矿地温地质条件的探查提供了系统的理论与实际方法。这些关于煤矿井下地温测试和相关的研究工作为深部煤炭资源区在勘查阶段的地温地质条件测试研究提供了大量的基础数据与研究思路。

1.2.3 深部赋存条件下的岩石力学性质研究现状

岩石力学试验是相关工程研究的基础,近年来试验技术和测试手段的提高,大大促进了深部岩石力学的研究和发展。随着岩石工程深度的增加,深部高温高压条件下岩石的强度和变形等力学特征与浅部状态下有明显的不同(郭文兵和李小双,2007)。因此,研究深部初始地质条件下岩石的变形破坏等力学性质的变化规律具有重要的理论和工程实践意义。

1. 温度条件下岩石力学性质研究现状

随着地热资源的开发、油气藏勘探、放射性核废料地下深部掩埋以及煤炭地下气化开发工程逐步向地层更深处发展,围绕深部岩石在高温下的物理力学性质变化规律的研究开展广泛。Dwivedi 等(2008)研究了印度花岗岩在30~160℃高温下的单轴抗压强度、拉伸强度、泊松比、线性热膨胀系数等参数。Wong (1982)总结了9种岩石在高温下的力学试验结果,认为多数岩石的强度在实验室尺度条件下随温度的升高有所下降,Brotóns 等(2013)研究了多孔岩石力学性质随温度的变化;Sirdesai 等(2017)、张志镇等(2011)研究了高温下花岗岩抗拉与抗压强度的变化规律,结果表明高温作用下花岗岩的强度呈逐渐降低的趋势,并表现出温度依赖效应。Huang 等(2017)通过对高温处理后的花岗岩进行试验研究,发现随着温度的升高,花岗岩的峰值强度呈现先增大后减小的现象,弹性模量则逐渐减小。Yin 等(2016)通过对花岗岩进行高温冲击加载试验发现纵波速度随着温度的升高呈下降趋势,高温条件下的岩石抗压强度明显降低。许锡昌和刘泉声(2000)、许锡昌(1998)对三峡花岗岩在20~500℃温度区间内的基本力学性质进行试验研究后也得出同样结论。一直以来,国内外学者对温度作用下的岩石力学性质的研究介质选择多为大理岩、花岗岩等相对均质岩石,成果包含强度、变形、微观损伤和本构方程等方面。夏小和等(2004)、Zhang 等(2009)、杜守继和职洪涛(2004)等分别对经历高温作用的大理岩、花岗岩等的力学性能进行了试验研究;Chen 等(2012)、闵明(2019)对高温作用后花岗岩的应力-应变特性进行了研究;Homand-Etienne 和 Houpert (1989)、Zhao(2016)等研究了温度对花岗岩微观结构损伤的影响;Chaki 等(2008)、Yavuz 等(2010)研究了不同温度下热损伤开裂对花岗岩、大理岩物理性质的影响;Yang 等(2017)、Sun 等(2015)研究了高温处理(200℃、300℃、400℃、500℃、600℃、700℃、800℃)对花岗岩裂纹损伤、强度和变形破坏行为的影响;Ranjith 等(2012)模拟深部地下岩体的应力环境指出塑性和温度对岩石单轴压缩强度和弹性模量的影响;刘泉声和许锡昌(2000)、Mao 等(2009)对花岗岩、石灰岩在高温作用下的基本力学性质进行了研究,提出了热损伤的概念,推导了一维热力耦合弹脆性损伤本构方程。

采用上述试验相同的手段,一些学者对煤矿砂岩、泥岩等沉积岩在高温下和高温后的岩石力学性质变化规律和破坏机理进行了宏观和微观试验研究。Kong 等(2016)研究了高温处理后砂岩的断裂力学行为及其在单轴压缩条件下的声发射特性;谌伦建等(2005)以煤层顶板砂岩为研究对象,开展了由常温到1200℃温度下的岩石力学试验,分析了其力学特性和破坏机理;李明(2014)、李明等(2014)对高温后砂岩动态应变率效应随温度变化的规律进行了研究。吴忠等(2005)研究了砂岩的强度、变形特性随温度变化的规律;苏承东等(2015)、尹光志等(2009)、吴刚等(2007)对高温后粗砂岩进行了力学试验分析,详细研究了400~1000℃高温后砂岩波速、变形和破坏特征与温度的对应关系;李建林等(2011)、张渊等(2005)研究了高温后的砂岩的裂化机制并分析了其裂隙密度;张连英等(2012)、刘瑞雪等(2012)通过在常温至800℃条件下开展的单轴试验,着重分析了温度对泥岩的强度和变形参数的影响。超高温条件下的各种岩性岩石力学试验研究结果均表明,温度通过影响矿物颗粒热膨胀、岩石孔隙结构、矿物结构及成分等因素的变化控制岩石力学性质的变化(张连英,2012)。

但是,煤矿深部开采时的实际围岩温度均达不到这种超高温状态,这些研究温度范围大大超过了煤矿现阶段研究的深部原始地温场。考虑到深部开采矿井围岩温度的变化范围,宋新龙(2014)、查文华等(2014a,b)、徐可可(2016)等从淮南矿区的朱集西矿和张北矿井下巷道的软弱围岩中选取了泥岩和砂质泥岩等研究对象,通过实验室相似配比,用原岩粉末和水泥等混合制作相似模拟岩样,根据矿井开采深度的增加地温也随之升高的事实,通过相似模拟岩样的相关力学试验,研究了矿井温度下含煤地层中砂质泥岩、泥岩的单轴压缩、三轴压缩力学特性,并建立了研究温度范围内的损伤统计本构关系模型,为深部泥岩巷道控制提供理论和应用基础。

与浅部开采相比,温度因子在深部建井掘进和回采过程中的影响权重大幅增大,因深井开采中温度越来越高的现状带来的一系列地热灾害问题已经成为重大挑战之一,温度对岩石强度、岩石变形、岩石时温效应等深部岩体力学性质的影响日益加剧。目前,温度因素对深部开采时的岩石力学特性影响的研究仍处于起步阶段。因此,基于煤系岩石的微观组构及沉积特征分析,开展矿井实际温度场下的岩石力学试验,对深部开采具有重要的理论与现实意义。

2. 围压条件下岩石力学性质研究现状

在深部岩石工程(如水库、隧道和煤矿)的开采过程中,深部围岩以及煤层顶底板岩体总是处于一定的地应力作用状态下。在实验室测试岩石力学性质时,开展在不同围压条件下的岩石力学试验,分析岩石的变形和强度特征随围压的变化规律显得十分重要(陈绍杰,2005;卓毓龙,2020)。在这一方面,利用室内三轴压缩试验研究地应力场对岩石力学性质的影响受到众多研究者的重视。国内外实现地应力场条件的高围压下岩石室内试验理论技术和仪器的飞速发展将岩石力学特性与围压关系的研究提高到新的阶段,取得了较多与岩石围压效应相关的研究成果(杨永杰,2006;汪辉平,2013)。

一直以来,围压对岩石力学性质的影响研究多集中在非煤系岩石工程中。Haimson 和 Chang(2000)、杨圣奇等(2005)、李新平等(2012)、Yang 等(2012)、李斌(2015)、胡帅等(2017)、王红英和张强(2019)等分别基于花岗岩、大理岩和红砂岩不同围压作用下的三轴压缩、三轴加卸载等试验,研究了相对均质岩石的力学性质变化规律、能量特征,选取合适的强度准则,建立相应的本构模型,为相应岩石工程的设计施工提供了理论和试验基础。国内外学者研究此类相对均质的岩石在少量的试验样本下即可得出较为准确的强度和变形规律(王贵荣和任建喜,2006;苏承东和付义胜,2014;单仁亮等,2014),且在研究目的中试验围压的自主选择并不考虑原位地应力场大小和变化情况。

煤系岩石力学性质复杂,力学参数离散性较大。煤系沉积岩围压效应的试验研究随着深部开采的迅速发展逐渐被重视。温韬(2019)根据不同围压下龙马溪组页岩的单轴、三轴试验结果,开展了页岩能量演化规律、损伤演化规律和脆性特征研究。李化敏等(2016)通过开展煤系岩石系统物理力学试验,对试验数据统计分析得出不同沉积时期同岩性岩石物理力学性质差异明显的结论;杨永杰等(2006)、左建平等(2011)、刘泉声等(2014)等对煤体和煤岩组合体进行了围压作用下的变形、强度和破坏特征研究;Masri 等(2014)、Fereidooni 等(2016)研究了沉积岩不同层理方向在围压下强度和变形关系;孟召平等(2006)以塔里木盆地塔河油田石炭系和三叠系不同成岩程度的砂岩为研究对象,开展在深部条件下的力学试验,拟合了不同类型砂岩力学参数与深部条件之间的相关关系。以上研究都表明煤系沉积岩的刚度和强度均受到围压的影响,其破坏机制也均随围压的增大而发生转化,同时也证明了不同岩性的煤系沉积岩力学性质受成分结构影响和地应力场的影响较大。韩嵩和蔡美峰(2007a)根据万福矿区埋深900m以下砂岩所处的地压环境设计相关试验,分析了砂岩的力学特性与深部地应力之间的关系。孟召平等(2000a,2002)研究了地应力、岩性和水等控制因素对煤系岩石力学性质的影响,建立了各因素与煤系岩石力学性质的相关关系。但这些研究都是在试验样本很少的情况下定性分析或者拟合出相关方程,当建立关系的回归参数较多而试验数据较少,尤其是煤系岩石存在成分和结构的影响时,方程拟合相关性高并不能代表结果的合理性和准确性(尤明庆等,2003,2014)。

煤炭资源勘查深度在不断增加,目前所有的研究成果都反映出深部煤系岩石所处的高地应力环境不可忽视,高围压对岩石力学性质的变化起决定性的作用,而在深部地质勘查阶段开展相应的地应力场下煤系岩石力学性质的试验与理论研究却远远落后于工程建设。煤系沉积岩在高围压下的系统试验研究较少,尤其是相应的深部地应力场对煤系岩石力学性质的变化规律影响以及定量分析研究较少。

3. 含水条件下岩石力学性质研究现状

地下水是影响岩石力学性质的重要因素之一,水将与岩石产生一系列的物理化学作用,使得岩石软化、崩解、溶蚀等,降低了岩石的力学性能。岩石是一种非均匀性材料,内部含有大量孔隙和微裂隙,在水的影响下使得岩石在饱水状态后,内部原有的孔隙和微裂隙将被充满水,使得岩石的许多力学特征发生了改变,引发一系列工程问题,如库岸边坡失稳(高秀君等,2005)、矿井巷道坍塌(黄宏伟和车平,2007)、隧道围岩破坏(何满潮等,2003)、水电站坝基变形(刘光廷等,2006)、由石油开采引起的灾害以及地震等。对此,国内外学者对岩石遇水后物理、力学性质的变化进行了大量的研究。

据资料记载,最早研究水对岩石物理力学性质影响的国家是苏联(Yu,2002),为此开创了一个新的领域——缝隙水力学。1974年,Louis(1974)首次提出岩石水力学,随后被广泛运用于工程实际。早期国外研究学者借用测波速手段,研究了水对岩石的影响。Nur和Simmons(1969)开展了干燥和饱水岩石的纵波波速(v_P)和横波波速(v_S)试验,研究得出:干燥状态岩石的纵波波速和横波波速数值在大气环境下要低于处于数千帕压力下数值,但对于饱水岩石,其纵波波速下降的速度明显减弱而横波波速未发生变化。岩石的视密度、初始状态、含水率及应力状态等是影响水对岩石强度弱化程度的主要因素。对砂岩和煤岩等软岩而言,含水率是影响岩石抗压强度指标值的重要因素(Dyke and Dobereiner,1991)。Colback和Wild(1965)认为,干燥岩石饱和后单轴抗压强度降低约50%。Burshtein(1969)研究了含水率对含泥质砂岩和泥岩强度和变形的影响,泥质粉砂岩的强度对含水率的变化更为敏感,且强度快速衰减发生在低含水率状态下。White和Mazurkiewicz(1989)通过对泥岩的试验得出岩石单轴抗压强度和弹性模量随着含水率的增加而降低。为探讨含水量与岩石强度的量化关系,Venkatappa等(1985)采用负指数函数拟合了岩石单轴抗压强度随含水量的变化关系。Hawkins和McConnell(1992)研究了饱水度对英国砂岩强度和变形模量的影响。Vásárhelyi(2005)、Vásárhelyi和Ván(2006)测试了干燥和饱和条件下石灰岩的单轴抗压强度和变形模量,结果表明饱和后强度和模量降低约34%。Erguler和Ulusay(2009)测量了多种黏土质软岩不同含水率时的单轴抗压强度、弹性模量以及抗剪强度,发现随着含水率的增加,岩石在饱和状态下的单轴抗压强度、弹性模量、抗剪强度相比于干燥时分别减小了90%、93%、90%,且大部分的强度衰减都发生在含水率为0～2%时。Yilmaz(2010)通过试验研究了含水量对石膏岩峰值强度和弹性模量的影响。

孟召平等(2002,2009a)基于含煤岩系主要几种岩石的单轴和三轴压缩试验,分析了水对煤系岩石力学性质及冲击倾向性的影响;王军等(2006)针对南京红山窑水利枢纽工程中的红砂岩进行直接剪切试验,得到了膨胀岩的凝聚力和内摩擦角与含水量之间良好的对数关系;侯艳娟等(2010)、周瑞光等(1996)、郭富利等(2007,2009)、周翠英等(2005)和朱珍德等(2004)对几种典型软岩在不同饱水状态下进行单轴和三轴压缩试验,分析了不同饱水状态下软岩试样强度和变形参数的变化规律;卢应发等(2005)对大孔隙率砂岩在不同饱和液体情况下的力学特性进行了试验研究,发现大孔隙率砂岩存在临界围压和临界饱和度,超过临界值,砂岩破坏形式和力学特性将发生较大改变;于德海和彭建兵(2009)对干燥和饱水状态的绿泥石片岩进行三轴压缩试验,分析水对试样强度和变形特征的影响及强度和变形指标与围压的关系。康红普(1994)通过实验研究得到岩石遇水损伤变量的演变方程,方程显示含水量与弹性模量及单轴抗压强度是呈线性关系,并认为水是影响岩石扩容的主要因素。

朱珍德等(2004)研究了泥板岩不同吸水率下的单轴压缩强度的变化,发现泥板岩抗压强度的软化与吸水率密切相关。熊德国等(2011)通过对砂岩、砂质泥岩和泥岩在自然和饱水状态下进行一系列力学试验,给出了3种岩石饱水后抗拉强度、单轴抗压强度、弹性模量、变形模量以及泊松比的降低和软化系数。何满潮等(2008)对深井泥岩吸水后的试样微观结构特征进行分析,发现泥岩孔隙率与吸水量、吸水速率成正比关系,黏土矿物含量与吸水量、吸水速率成反比关系。左清军等(2014)研究了软板岩的吸水率对岩石膨胀特性的影响,发现软板岩的膨胀率会随着吸水率的增长呈幂函数关系增长。姜永东等(2004)开展了自然、风干和饱和3种状态下砂岩的单轴、三轴试验,获得了不同情况下的应力-应变曲线,探讨了含水量对岩石强度的影响。陈钢林和周仁德(1991)基于MTS电液伺服试验系统,设计了不同饱和度下4种岩石的单轴压缩试验,量化了砂岩、花岗岩、灰岩和大理岩4种岩石的单轴抗压强度、弹性模量和含水量的关系。吴平(2014)对皖南山区红砂岩进行了干燥和饱水状态常规三轴试验,并发现:水对皖南山区红砂岩的强度和变形特性具有显著影响;饱水试样的强度、弹性模量和变形模量较干燥状态红砂岩相应指标均表现出降低特征;弹性模量和变形模量随着围压的增大而增大,但饱水和干燥两种情况下的变化趋势显著不同。徐晓攀(2014)从巴里坤矿取砂岩岩样,在 TAW-2000 三轴试验机上对不同饱水程度的砂岩岩样开展三轴压缩试验研究,获得了不同饱水度、不同围压下砂岩岩样的全程应力-应变曲线,获得了不同围压、不同饱水度下砂岩的模量、峰值强度和残余强度,分析了围压和饱水度对砂岩模量、峰值强度和残余强度的影响规律。贾海梁等(2018)对泥质粉砂岩进行了室内吸水、脱水全过程试验,并测定了其在脱水过程中物理(尺寸、纵波波速)性质的变化及不同饱和度下的力学性质(单轴抗压强度、单轴压缩弹性模量、抗拉强度),结果显示泥质粉砂岩强度和弹性模量均随含水量的增加而降低,且超过 60% 的强度损失(抗压强度损失 68.2%,抗拉强度损失 62.6%)发生在低饱和度的状态下(40% 以下)。蒋景东等(2018)开展了不同围压作用下的烘干状态、天然状态以及饱水状态泥岩常规三轴压缩试验,根据能量演化规律和声发射特征分析了不同含水率作用下泥岩的能量机制。

关于含水率对岩石力学性能影响的试验研究较多,其结果也很相似,即水对岩石的直接作用就是强度弱化,弱化程度与含水率呈正相关关系。煤系岩石成分复杂,结构构造多样,水对其力学性质的影响也较复杂,但由于煤系岩石采样制样困难,这方面的研究相对较少,需要更多试验来补充完善。

1.2.4 沉积特性和岩体结构对岩石力学性质的影响研究现状

作为一种特殊的工程材料,在漫长的地质历史中由于成岩机理的差异和外部环境的干扰,岩石具有特殊的地质本质性。不同岩石的矿物组成和微观结构不同,岩石颗粒的随机分布和连接形成了特有的结构和力学特性,岩石复杂的物理力学性质是岩石微细结构特性的宏观体现。岩体结构是地质体受多种因素作用的综合反映,沉积岩体结构是原始层状结构在其演化过程中被改造的结果,包含岩性组成和结构两个方面。研究岩石力学特性的重点在于从岩石物质性、结构性和赋存性等地质本质性出发,用实验和理论分析的研究方法,确定其力学性质参数与微观成分和环境因素以及岩体结构、构造的定性、定量关系,这一直是岩石力学研究的重要问题之一(张鹏飞,1990;孟召平和苏永华,2006)。

1. 岩石学特征对岩石力学性质的影响

在以往的相关研究工作,国内外相关学者取得了一些关于岩石学特征(如岩石成分和结构)对其力学性质影响的定性认识:岩石成分中石英的含量越高,其强度越大;细颗粒岩石的强度较高,抗压强度随着孔隙率的增加而减少等(侯兰杰,2002;许尚杰等,2009;赵斌等,2013)。随着扫描电镜和 CT 技术的发展及其在工程地质中的不断推广和应用,岩石的微观研究方面获得了长足的进步。Prikryl(2001)研究了花岗岩矿物颗粒的大小对抗压强度的影响。Johansson(2011)系统分析了岩石的矿物成分、颗粒大小与形状、孔隙率等内部性质对其物理力学性质的影响,并提出岩石微观成分和结构是其力学性质主控因素的观点。Ersoy 和 Walle(1995)研究了组构系数对岩石物理力学特性的影响。Tuğrul 和 Zarif(1999)研究建立了岩石力学特性和其矿物成分与组构特征的函数关系,且认为岩石的组构特征对其工程性质的影响要比矿物成分的影响更显著。Li 和 Aubertin(2003)总结了已有的多孔介质材料单轴强度与孔隙度的关系式,得出了相对比较普适的关于单轴强度和孔隙度的关系式,并将此公式应用于岩石与混凝土材料中。

在沉积岩方面,孟召平等(2000b)、孟召平和彭苏萍(2004)、陈绍杰等(2017)和郑世欢(2019)等通过对煤层顶底板陆源碎屑岩的碎屑颗粒含量、粒径大小和胶结作用类型等进行定量统计,对其微观结构与宏观力学性能之间的定量关系进行了分析,用 X 衍射、荧光光谱分析对煤层顶底板泥岩的矿物成分特征进行研究,分析了泥岩的力学特性和矿物成分之间的定性、定量关系。李化敏等(2018)对神东矿区大量砂岩的孔隙结构和矿物成分等进行了详细测定,并研究了不同分类砂岩的力学性质与其矿物成分、微观结构和孔隙特征的相关关系。Sabatakakis 等(2008)通过对泥灰岩、砂岩和石灰岩进行大量测试,分析了所研究岩石的矿物组成和微观结构等岩石薄片的岩石学特征,并探讨了它们对强度参数的内在影响。Loorents 等(2007)分析和总结了不同矿物的性质及其对岩石力学性质的影响。Jeng 等(2004)、胡昕等(2007)研究了砂岩抗压强度影响因素中矿物成分、微结构参数等内因之间的变化规律。李硕标等(2013)对红层砂岩、粉砂岩、泥岩 3 种岩性不同的岩石进行单轴抗压强度和微观特性的实验分析与对比,得到了红层岩石单轴抗压强度与微观特性关系。沉积岩的形成环境和岩石学特征如岩石成分、结构等内在因素是影响其力学性质的重要方面,研究煤系地层碎屑沉积岩等的力学性质对深部煤炭等资源开发有重要意义,但目前有关煤系沉积岩的岩石学特征与其宏观力学性质之间关系的研究开展的范围较小。

2. 岩体结构对岩石力学性质的影响

岩体力学性质与其结构密切相关。20 世纪 80 年代,工程地质学家孙广忠在大量试验和实践的基础上,明确地提出了岩体结构控制论,即岩体结构控制着岩体强度与岩体变形特征,这是岩体力学的基础理论,推动了岩体力学进入岩体结构力学的研究阶段。相关研究人员在此基础上将岩体结构与煤矿工程地质问题结合起来研究,在煤矿工程地质与采矿安全领域取得了显著的进展和成效(Syrnikov and Rodionov,1996;陈赓,2012)。

煤层顶板沉积岩体结构是原始层状结构在其演化过程中被改造的结果,沉积岩体结构是构造作用的显现。岩体结构分类评价是在对岩体结构面、结构体自然特性及其结构特征基础上对岩体特性的概化,其划分结果可为地质模型的建立及岩体稳定性评价等提供依据。煤层顶底板的岩性及结构特征决定其稳定性,岩石的物理力学性质决定围岩的稳定性。孟召平(1999)对淮南矿区主采煤层顶板结构进行了深入的研究,在详细研究岩石力学性质影响因素的基础上对煤层顶板稳定性进行了评价。吴基文等(2008)、张建军(2014)在结合钻探资料的基础上,分析了顶板岩层厚度、岩石矿物成分以及岩块物理力学性质,划分出顶板岩性结构类型。朱宝存等(2009)根据不同顶板岩石样品的物理力学性质数据,得出顶板岩石的力学性质特征,研究了不同顶板岩石力学性质的主控因素。

随着计算机技术的发展,煤层顶底板岩体结构综合评价成为资源勘查和矿井地质保障系统中工程地质条件研究的重要内容,矿井构造发育规律、煤层顶底板稳定类型划分和定量评价预测取得较快发展,成为矿井地质研究的热点之一(郭德勇等,2003;陈贵祥,2014)。顶底板稳定性综合评价常见的评价指标主要有煤层顶底板单轴抗压强度、分层厚度、构造发育程度(断裂和褶皱)、岩性类型、岩石的沉积环境分类、钻孔岩芯 RQD 值等(张亮,2017;张开弦,2018),王生全等(1997)通过对煤层直接顶板岩性与厚度、顶板岩性组合、顶板岩层分层数以及地质构造复杂度等因素的综合分析,采用综合指数法对煤层顶板岩体稳定性进行了评价与预测。刘海燕(2004)、陆春辉(2011)从沉积学特征和构造特征分析,综合考虑岩石强度等因素,利用层次分析和模糊理论对煤层顶板岩体稳定性进行多个方面的综合评价。岩体结构特征在煤矿采掘方式的选择、水害防治和瓦斯治理等方面发挥着重要的作用,大量的理论研究和实践工作表明,岩体结构是地质体受多种因素作用的综合反映,这就为研究和预测岩体结构提供了理论基础。地质构造作用通过影响岩体结构,造成构造部位岩体损伤程度不同,所取岩石样本的物理力学性质跟其他部位相比不同(梁炯丰等,2009;葛善良等,2010)。

沉积岩石尤其是煤系岩石的沉积特性,即岩石学特性,如矿物成分、碎屑含量、颗粒大小、接触方式、胶结物成分、胶结类型等是影响其强度和变形性质的重要因素。岩体结构和构造通过影响不同平面位置的岩石力学性质进而控制研究区域内部岩石质量,通过岩石质量指标和相关地球物理测井指标与岩块力学性质之间相互印证。

1.2.5　存在问题与发展趋势

综上所述,前人对老矿区周边深部勘查区岩石赋存地质条件的探查与评价研究较为薄弱,对符合煤矿深部赋存条件范围的岩石力学试验研究开展较少,深部煤系岩石力学性质及其控制影响因素等诸多关键问题有待详细研究,具体表现在以下几个方面。

(1)煤系资源勘查与开发深度迅速增加,目前关于深部煤炭资源及其开采地质条件的勘查和评价存在一系列尚待解决的关键科学问题,国内外没有成熟的理论和方法体系。目前对深部开采的划分和相关工程研究主要围绕深部采矿扰动诱发的工程灾害控制与防治技术问题展开,在深部资源勘查阶段,煤系岩体赋存条件或初始地质条件等基础地质问题的研究相形见绌,需要对可能造成重大灾害的煤系岩石初始赋存条件(如原岩应力场、深部地温场等)进行深入探查研究,开展深部开采划分的地质赋存条件依据等相关问题的研究。

(2)以岩石工程为背景研究高温高压条件下岩石的物理力学性质变化规律成为岩石力学研究的新热点,但目前研究对象多侧重于研究脆性、质密、相对均质(如大理石、花岗岩、红砂岩等)、单一岩性的岩体材料,而关于煤系层序地层中不同岩性沉积岩系统的对比研究较少。试验温度场设定为几百至上千摄氏度,远超煤矿井下或深部煤系地层的实际地温变化范围;试验围压的选择不考虑原岩应力场的大小,目前深部煤系岩石试验和理论研究远远落后于工程建设。在深部岩体的脆-延性转化方面,对地温和地应力的影响缺乏定量的分析,没有形成具体的、有普遍意义的参数方程,需进一步通过科学的函数关系来揭示深部地温和地应力条件对岩石强度和变形的影响程度和作用范围。

(3)岩石成分和结构、岩石赋存环境以及岩体结构等对岩石力学性质都有影响,岩石力学性质的主要影响因素需要从地质工程角度系统分析研究。通过光学显微镜、X衍射等方法可系统研究岩石微观结构、矿物成分等,但目前有关深浅部煤系岩石的沉积特征研究开展的范围较小,需要更广泛地开展深部煤系岩石成分和结构与其宏观力学性质之间的定性和定量研究,需要进一步分析和总结深部煤系岩石的物质组成、深部赋存环境和结构特征等地质本质性因素对其力学性质的影响作用。

1.3　研究内容与方法

1.3.1　主要研究内容

本书以淮南煤田潘集煤矿外围(深部)勘查区为研究对象,紧密结合该区的普查和详查阶段勘查工程资料,充分利用周边生产矿井等有利条件,通过收集与整理资料、野外采样、室内外试验和理论分析等手段,分析煤系岩石微观成分、结构和沉积特征,开展地温、地应力和含水条件下的室内力学试验研究,分析岩石成分和结构等因素对煤系岩石力学性质影响,阐述各影响因素与岩石宏观力学性质的相关关系,揭示深部煤系岩石力学行为的地质本质性控制机理,为深部矿井工程设计、围岩稳定性评价和安全高效开采提供科学依据。

1. 潘集矿区深部煤系岩石组成及其沉积环境

(1)煤系岩石矿物成分、微观结构定量分析与描述。
(2)主采煤层顶底板岩层的岩性组成特征分析。
(3)研究区煤系岩石垂向、横向沉积特征与沉积相分析。
(4)研究区各主采煤层顶底板岩体质量分析。

在统计研究区勘查阶段钻孔地层信息的基础上,确定研究煤系地层段范围为主采煤层顶板上50m、底板下30m;利用钻孔地质资料、测井资料、三维地震资料、分析化验、薄片鉴定和粒度统计等数据,分层研究各主采煤层顶底板岩性组成及分布特征;结合岩芯沉积构造、沉积旋回等观察和分析研究区沉积类型及划分标志,分析含煤层段沉积体系和沉积相特征。

2. 潘集矿区深部地质构造与岩体结构特征

在系统分析区域构造特征的基础上,重点评价研究区地质构造发育特点,阐述主采煤层顶底板岩层岩体结构发育类型与特征,选择RQD值和钻孔声波测井波速值这两个岩体结构性指标,对各主采煤层顶底板岩体质量进行评价,并给出岩体结构类型。

3. 潘集矿区深部煤系岩石赋存条件探查与评价

(1)深部勘查阶段地应力场原位工程测试方法体系研究。
(2)研究区深部地应力场大小、方向与分布规律及差异性分析。
(3)研究区地温地质条件探查与展布特征评价。
(4)研究区水文地质条件及地下水流场分析。

研究深部资源勘查及地下工程原位应力场的测量方法选择,利用外围普查钻孔,采用水压致裂方法,在孔内不同深度进行地应力大小和方向测试,在邻近矿井的深部开采区域采用巷道应力解除法或定向岩石AE法地应力室内测试,系统分析研究区深部地应力场分布规律和差异性控制。勘查阶段通过地面钻孔井温测井和相邻生产矿井巷道岩温测试并收集各矿井已经进行的地温测试资料,开展井温校正方法研究,合理校正井温测试数据,研究地温的展布规律,进行各开采水平和各煤层地温场分布预测。利用勘查阶段钻孔水文地质探测资料,并结合周边生产矿井揭露的水文地质信息,综合评价研究区水文地质条件和地下水流场特征。

4. 常规条件下煤系岩石物理力学性质试验

在钻孔工程地质编录以及采样制样的基础上,对深部主采煤层顶底板岩石常温常压下的含水率、吸水率、视密度和纵波速度等物理性质参数以及单轴抗压强度、抗拉强度、弹性模量、泊松比等力学性质参数进行测试;分析各物理力学性质参数之间的相关关系,研究深部与浅部煤系岩石物理力学性质参数差异性分布,总结不同煤层顶底板和不同含煤段煤系岩石物理力学性质的变化规律。

5. 温度条件下煤系岩石力学性质试验

根据采样层位深度和研究区地温场分布规律综合确定试验温度范围和试验方案,进行不同温度条件下恒温单轴压缩试验,研究深部不同地温条件下煤系岩石强度与变形特征随温度变化的规律,分析总结温度对煤系岩石力学性质的影响规律和变化类型。

6. 围压条件下煤系岩石力学性质试验

基于研究区地应力实测值确定室内三轴压缩试验方案,开展不同围压下的煤系岩石室内三轴压缩试验,研究不同地应力条件下煤系岩石强度、变形性质和破坏特征变化规律,建立围压与煤系岩石力学性质参数之间的相关关系。

7. 含水条件下煤系岩石力学性质试验

对岩石进行浸水测试,测定不同含水状态的岩石力学性质,分析水对岩石力学性质的影响。

8. 深部煤系岩石力学性质差异性及其控制机理

(1) 在定量统计不同岩性煤系岩石微观组成和结构参数的基础上,对岩石力学试验结果进行分组分析,解释成分和结构差异性的力学表现,分析深部煤系岩石微观结构对力学性质的影响作用。

(2) 对不同岩性和结构分类的岩石在不同赋存环境条件下的试验结果进行对比,分析深部赋存条件对煤系岩石力学性质的影响作用大小,结合研究区岩体结构和构造特征,阐明深部煤系岩石力学性质的物质性、赋存性和结构性等地质本质性控制因素。

1.3.2 研究方法与技术路线

本书研究工作思路:以深部勘查区丰富、翔实的地质资料为依据,以沉积岩石学和岩体力学、煤田地质勘探、矿井地质学、工程地质学等理论为指导,采用现场观测、显微鉴定、室内力学试验、理论分析等方法和技术手段,系统地分析淮南潘集深部勘查区煤系沉积岩岩石学特征以及沉积岩石力学特性,研究深部煤系岩石物理力学特性变化规律及其物质性、结构性和赋存性等地质本质性控制因素。采用的主要研究方法如下。

1. 研究区选择与资料收集、整理

选择淮南潘集矿区深部勘查区为研究对象,结合项目实施与勘查工程开展有利条件,系统收集研究区及周边生产矿井工程地质、水文地质、钻孔等资料,统计、整理并分析研究区煤系岩石的分布特征与沉积特性。

2. 工程地质钻孔编录与现场采样

紧密结合地面钻探工程进度,对工程地质钻孔进行主采煤层段的岩芯编录,在现场系统采集深部煤系岩石样本,以用于沉积特性微观统计和室内岩石物理力学试验。

3. 煤系岩石薄片微观成分和结构分析

系统选取煤系岩石样本,制作岩石薄片,使用电脑型偏光显微镜(XPV-800E)进行显微组分和结构分析。采用专业的偏光显微软件和岩石图像分析软件进行图像处理,定量统计煤系岩石碎屑成分、碎屑颗粒粒径、颗粒含量等微观成分和结构。采用 X 射线衍射仪(D/max 2500)、TTR 分析仪对泥岩进行全岩 X 射线衍射和分析其矿物成分、含量。

4. 煤系岩石物理力学性质室内试验

(1) 利用岩石力学试验系统开展不同岩性和结构的煤系岩石在常规条件下的物理力学性质试验,并对试验结果参数进行对比分析。

(2) 使用 RMT-150B 岩石力学伺服试验系统和 GD-65/150 高地温环境箱实现煤系地温场温度变化范围内的煤系岩石室内力学试验。

(3) 制作不同岩性煤系岩石三轴试验标准试件,采用 MTS-816 岩石三轴试验系统实现深部地应力场下岩石室内三轴压缩试验。

5. 煤系岩石赋存环境原位测试

(1) 运用水压致裂法开展钻孔地应力原位测试。

(2) 采用应力解除法开展井下巷道原位地应力测量。

(3) 采集定向样品,开展岩石 AE 法地应力测试。
(4) 结合钻探工程开展井温测井。
(5) 开展井下巷道围岩原岩温度测试。
(6) 结合钻探工程开展煤系各含水层水文地质参数测试。

6. 数据分类处理与理论分析

从原始沉积特征分析入手,考虑岩体结构特征,结合煤系赋存环境,分类统计分析深部煤系岩石力学性质室内三轴试验结果,探讨煤系岩石力学性质与煤系的物质性、结构性和赋存性之间的关系,建立煤系岩石宏观力学性质的预测模型。

本书研究技术路线如图 1.2 所示。

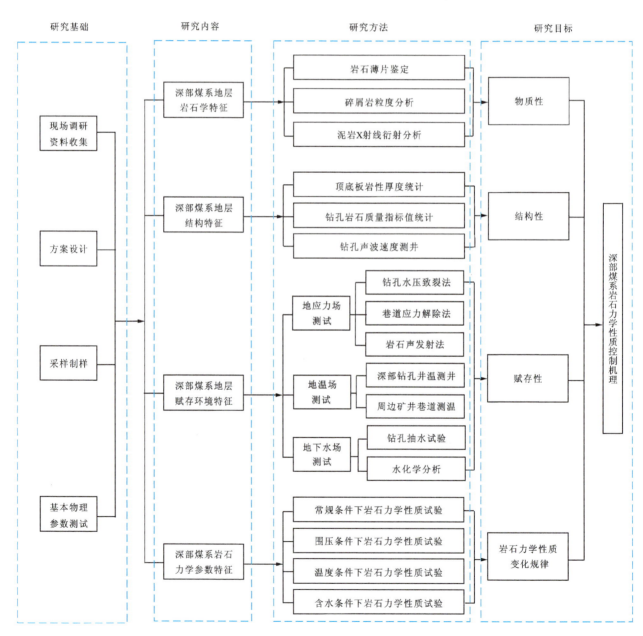

图 1.2 研究技术路线图

1.4 研究区勘查工程概况与研究工作过程

1.4.1 研究区位置

淮南潘集矿区外围(深部)勘查区是本次研究主要区域,位于安徽省淮南市潘集区和凤台县境内,仅东北部边缘位于蚌埠市怀远县境内,中心东南距淮南市约14km,形状为向西开口的月牙状区域。其范围北起明龙山断层,西及西北部以朱集东煤矿、潘二、潘一、潘三煤矿深部边界为界,南及东南至24煤层-1500m水平地面投影线附近,如图1.3所示。研究区东西走向长6.1~26.6km,南北宽6~19km,面积约为281.71km²。

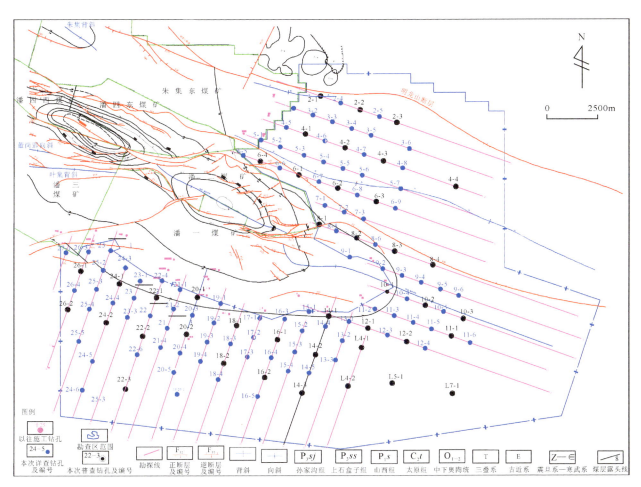

图 1.3 深部勘查工程地质钻孔布置示意图

研究区在地理上总体位于淮河以北,属地势平坦的淮北平原南端,区内地面标高通常为20.136~23.795m。研究区地表河道、沟渠纵横,村庄、乡镇众多,水系均属淮河流域,主要河流有西肥河、架河、泥河、黑河以及一些人工开挖的河流等。

1.4.2 研究区勘查工程概况

研究区先后经历了煤炭普查和详查2个阶段,普查阶段时间为2011—2013年,详查阶段时间为2014—2017年,采用地震、钻探、测井及现场观测与采样测试等多种手段相结合的综合勘查。

地震勘查:采用二维地震勘查手段,测线测网布置为1000m×2000m,即主测线线距1000m,联络线线距2000m。其中,普查工程共布设测线36条,包括主测线25条、联络线11条,测线总长394.8km,炮线长358.8km;详查工作是在普查工作的基础上加密一倍,形成500m×1000m网距,即主测线线距500m,联络测线线距1000m,布设测线44条,共完成测线总长365.52km,炮线长328.53km。

钻探工程:研究区普查和详查阶段施工钻孔131个。其中,普查阶段施工41个,详查阶段施工90个,并进行了常规测井、井温测井、声波测井、抽水试验、工程地质编录、钻孔地应力测试等工作。勘查工程地质钻孔分批施工和布置情况详见表1.2,钻孔布置如图1.3所示。

表1.2 潘集深部勘查区的工程地质钻孔概况

勘查阶段	钻孔数量/个	工程量/m	时间	井温测井钻孔数量/个	声波测井钻孔数量/个	地应力测试钻孔数量/个	工程地质编录钻孔数量/个	岩芯采样钻孔数量/个
普查阶段	41	59 259.90	2012—2013年	28（近似稳态4）	22	0	10	15
详查阶段	90	123 317.17	2014—2017年	48（近似稳态2）	30	3	11	20
合计	131	191 300.66	2012—2017年	76（近似稳态6）	52	3	21	35

1.4.3 研究工作过程

本书主要结合淮南煤田潘集矿区外围煤炭普查、详查工程,重点围绕"淮南煤田潘集煤矿外围煤炭普查(续作)——深部煤炭勘查与开采地质条件研究专题"项目开展研究工作。其主要工作内容和工作过程如下:

(1)周边生产矿井现场调研和资料收集,矿区地质资料收集与分析,共收集地质报告15份、勘查钻孔131个;基于普查和详查设计报告,进行研究方案设计。

(2)结合普查和详查工程施工,开展声波测井,对工程地质钻孔进行现场编录,统计岩石RQD值和裂隙发育情况,全层段采集煤系岩石样品,重点采集5个主采煤层的顶板50m、底板30m范围内岩石。工程地质编录钻孔为21个,在35个岩芯采样钻孔采集1000余块岩芯样品。

(3)岩石组分与微观结构测试。样品制作,采用显微薄片鉴定和X射线衍射等方法测定煤系岩石的物质组成和微观结构。显微薄片鉴定200件,X射线衍射矿物分析60件。

(4)煤系岩石物理力学性质试验。岩芯样品的采集、分组和制作,分批次进行常规条件下物理力学性质测试,深部地应力和温度条件下的岩石力学试验,以及含水条件下的力学试验,共800余组。

(5)资料统计与分析。①煤系岩石成分、含量、厚度分布特征以及岩性岩相特征分析;②常规条件下煤系岩石物理力学性质指标分布特征,温度、围压和含水条件下的力学性质分布特征研究;③钻孔岩体波速分布特征分析;④钻孔岩石RQD分布特征分析;⑤工程地质柱状图的编制;⑥深部煤系岩石力学性质的差异性及其主控因素分析。

第 2 章 潘集矿区深部煤系岩石组成及其形成环境

含煤岩系(煤系)是一种在成因上有共生关系并含有煤层的沉积岩系,成煤古地理环境、古构造条件、古气候和古植物条件是控制煤系形成的重要因素(张鹏飞,1990;李增学等,2005)。煤系形成于潮湿气候条件下沉积盆地边缘发生的充填,主要由陆源碎屑岩和煤层构成,岩性多为砂岩、粉砂岩和泥岩。淮南矿区二叠纪含煤岩系形成于三角洲平原环境,基本上由 3 类岩石组成,即砂岩类、粉砂岩类和煤与泥岩类。根据以往对淮南潘集矿区及深部勘查区的探查研究,在研究区内的二叠纪煤系中,砂岩约占 32.89%,粉砂岩占 8.53%,泥岩占 51.33%,煤占 7.25%(王保进,2020)。

煤系沉积岩的主要矿物成分包括石英、长石、岩屑、云母以及黏土矿物等,其微观结构特征包括其矿物颗粒大小、矿物形状、填隙物成分及胶结类型等。煤系沉积岩的矿物成分和微观结构控制其力学性质的本质表现,影响着煤系岩体在深部开采过程中的动态变化机制(彭苏萍和贺日兴,1998;王振康,2017)。在煤系中,成层性是沉积岩体的重要特征,受沉积条件限制,沉积岩的岩性组成、岩相类型和岩层组合特征在垂向及横向上均存在着旋回性变化,沉积岩的这种变化特征决定了沉积岩体力学性质在空间上表现出明显的差异性。

因此,本章从微观角度出发,分析研究区煤系主要岩性岩石的矿物成分和微观结构等岩石学特征,判别各含煤段不同岩性岩石成分或结构的差异性以及煤系岩石岩性厚度分布和剖面特征,进而分析其形成的沉积环境和详细研究煤系岩石的物质性。岩石的物质性是研究煤系岩石力学性质影响因素的基础之一。

2.1 矿区地层基本特征

2.1.1 区域地层概况

根据《安徽省岩石地层》的地层综合区划方案(李玉发和姜立富,1997),同时参考《中国地层典:二叠系》对地层区划的划分结果(《中国地层典》编委会,2000),安徽省地层可被划分为华北和华南两个Ⅰ级地层大区,两个地层大区大致以金寨-肥西-郯庐断裂带为界。其中,华北地层大区仅有一个黄淮地层区,以河南蒋集——安徽霍邱龙潭寺一线为界,分徐淮和华北南缘两个地层分区;华南地层大区包括南秦岭-大别山及扬子两个地层区,前者仅有桐柏-大别山地层分区,后者以七都-泾县断裂(江南深断裂)为界,分为下扬子及江南两个地层分区。徐淮地层分区可划分为淮北和淮南两个地层小区,研究区位于淮南地层小区内。淮南地层小区除缺失上奥陶统及中、上三叠统至中侏罗统外,从古元古界至第四系均有不同程度发育,绝大部分地层被第四系覆盖,仅在八公山、舜耕山一带出露较全。地层沉积特征属典型的华北陆块型,其地层层序及岩性特征见表 2.1。

表 2.1　淮南煤田区域地层基本特征（据魏振岱，2012 修改）

界	系	统	岩组名称	厚度/m	主要岩性
新生界	第四系	全新统	大墩组	5~15	粉砂质黏土与黏土质砂互层
			怀远组	20~50	粉砂质黏土，黏土质砂，砂砾石
		更新统	茅塘组	15~35	砂质黏土，细—粉砂，含钙质结核（砂姜）及铁锰质小球
			潘集组	40~60	砂质黏土与含砾粗砂，中—细砂互层
			蒙城组	67~197	细粉砂，砂质黏土，偶呈互层
	新近系		明化镇组	598~745	粉砂岩，粉砂质泥岩，中砂岩，泥质粉砂岩，含铁锰质结核
			馆陶组	243~305	泥岩与泥质粉砂岩互层，细砂岩，含砾粗砂岩
	古近系		界首组	513	粉砂质泥岩与细砂岩、泥质粉砂岩互层
			双浮组	692~714	细砂岩与泥岩、粉砂质泥岩互层
中生界	白垩系	上统	张桥组	610~986	中细粒砂岩，含砾砂岩，砂质泥岩和粉砂岩等
			邱庄组	918~2190	下段为灰色厚层砾岩，砂砾岩与岩屑长石砂岩互层，上段为棕红色、灰黄色岩屑长石砂岩与钙质粉砂、粉砂质泥岩互层
		下统	新庄组	641~1843	灰紫色、灰黄色中厚层砾岩与含砾岩屑长石砂岩韵律互层，中厚层岩屑砂岩与细砂岩、粉砂岩互层
	侏罗系	上统	毛坦厂组	450	陆相基性火山岩和火山碎屑沉积岩
			周公山组	>707	紫红色厚层铁质石英粉砂岩与长石石英砂岩、砂砾岩互层
		中统	圆筒山组	1338	紫红色石英粉砂岩，含铁钙质石英粉砂岩，铁泥质长石石英砂岩夹含砾质石英砂岩
		下统	防虎山组	434	灰白色块状砾岩、粗砂岩及中厚层长石石英砂岩夹薄层粉砂岩，灰白色中—厚层含砾长石石英砂岩、长石砂岩夹粉砂岩、碳质页岩及煤线
	三叠系	下统	和尚沟组	>123	以紫红色中—细粒石英砂岩、砂质泥岩为主，泥质含量高，含砾较多，交错层理、斜层理发育
			刘家沟组	190~240	以紫红色、鲜红色夹灰紫色互层的长石石英砂岩、粉砂岩为主，夹泥岩，底部见砾岩
古生界	二叠系	上统	孙家沟组	114~270	底部为灰色中—粗粒砂岩或长石石英砂岩，有时为砂砾岩，下部为紫红色、灰色中粗粒砂岩，上部以紫红色泥岩为主
			上石盒子组	316~566	深灰色泥岩，灰绿色、浅灰色砂岩，底部为石英砂岩，含煤层
		中统	下石盒子组	106~265	深灰色—灰黑色泥岩、粉砂岩与灰色—灰白色砂岩、砂质泥岩夹煤层，底部为灰白色厚层长石石英砂岩
		下统	山西组	52~104	下部为灰色—深灰色泥岩、粉砂岩、煤层，上部为灰白色厚层长石石英砂岩、粉砂岩、泥岩组成韵律
	石炭系	上统	太原组	88~160	灰色—深灰色（含）生物屑灰岩与深灰色粉砂质泥岩互层，夹薄层碳质泥岩及煤
			本溪组	1~30	底部为暗紫红色含砾铁质泥岩，往上微带绿色铝质泥岩，紫灰色粉砂质泥岩，浅肉红色微晶灰岩

续表 2.1

界	系	统	岩组名称	厚度/m	主要岩性
古生界	奥陶系	中统	马家沟组	150～200	灰色厚—巨厚层灰岩夹白云岩、角砾状灰岩、角砾状白云岩
		下统	贾汪组	4～34	土黄色、紫红色、浅灰色页岩、钙质页岩、页片状泥质白云岩和泥质白云质灰岩及角砾岩
	寒武系	上统	土坝组	48～172	底部为灰色厚层硅质白云岩,下部为薄—厚层微晶白云岩、鲕状白云岩,上部为厚层微晶白云岩
			崮山组	4～110	下部为灰色中薄层亮晶白云质鲕粒灰岩,上部为灰色中薄层豹皮状白云质微晶灰岩
		中统	张夏组	146～358	青灰色薄—厚层泥微晶砂屑灰岩,亮晶鲕粒灰岩,厚层含砂屑生物屑鲕粒灰岩、亮晶鲕粒灰岩
			馒头组	249～325	灰岩,泥质灰岩,豹皮状、鲕状竹叶状灰岩,杂色页岩
		下统	昌平组	6～56	白云质含藻微晶灰岩,泥质微晶灰岩,白云质细砂屑微晶灰岩,海绿石微晶生物屑灰岩
			猴家山组	19～41	以灰质白云岩与白云质泥灰岩互层及粉砂质页岩、泥灰岩、含硅质灰质白云岩为主
			凤台组	10～151	灰红色中薄—厚层砾岩、白云质砾岩
新元古界	青白口系	淮南群	四顶山组	22～343	薄—厚层灰岩,白云岩,钙质页岩
			九里桥组	>150	钙质粉砂岩,泥岩,白云质灰岩,灰岩含叠层石
		八公山群	四十里长山组	>24	巨厚层细粒含铁、钙质石英砂岩,钙质页岩
			刘老碑组	370	泥质条带灰岩,灰质白云岩及泥、砂质白云岩
			伍山组	22～343	薄—厚层灰岩,白云岩,钙质页岩
			曹店组	>150	钙质粉砂岩,泥岩,白云质灰岩,灰岩含叠层石
中元古界		凤阳群	宋集组	236～489	乳白色、灰白色薄—中厚层石英岩夹石英片岩,绢云石英片岩夹石英岩
			青石山组	269～290m	灰白色薄—中厚层条带状含硅质白云石大理岩夹中厚层含铁质条带石英岩
			白云山组	124～223m	下部为灰白色、灰绿色薄层砂质千枚岩,上部为灰色、紫红色千枚状页岩和条带状变质石英砂岩
古元古界—新太古界			五河杂岩	>6422m	主要为变质表壳岩(大理岩、蛇纹石化大理岩、变流纹岩、白云石英片岩及斜长角闪岩等)和变形变质侵入体(主要为黑云斜长片麻岩、黑云二长片麻岩、变粒岩等)

注:～～～～～角度不整合;‥‥‥‥‥平行不整合;————整合。

2.1.2 研究区地层特征

研究区为被新生界松散层覆盖的全隐蔽区。根据钻孔揭露资料,区内地层由老至新有:新太古界—中元古界,古生界寒武系、奥陶系、石炭系、二叠系,中生界三叠系,新生界新近系、第四系。各地层岩石特征简述如下。

1. 新太古界—中元古界

从 21-2 孔在明龙山断层上盘的揭露情况看,研究区新太古界—中元古界岩性为花岗片麻岩,呈浅灰黄色—微肉红色,矿物成分以石英、长石为主,次为角闪石、云母,呈巨晶花岗变晶结构和片麻构造,节理面被钙质充填,或具擦痕。揭露厚度为 160.92m。

2. 寒武系(∈)

根据以往施工的 81-02 孔,研究区寒武系岩性以浅灰色、灰色薄—中厚层灰岩为主,夹薄—厚层泥岩、砂质泥岩,局部为紫红色,少量为浅灰绿色。揭露厚度约为 310m。

3. 奥陶系(O)

研究区内 25-1 孔揭露奥陶系厚度为 234.23m,岩性主要为灰岩,呈浅灰色、灰色、浅灰绿色,巨厚层状,局部夹泥质、粉砂质薄层,见斜裂隙与垂直裂隙及方解石脉状充填,下部较多虫孔构造,底部见鲕粒。

4. 石炭系(C)

研究区内石炭系发育太原组和本溪组,全区共有 66 个钻孔揭露,揭露厚度为 0.23～140.85m。其中完整揭露石炭系(包括太原组和本溪组)的钻孔有 2 个。地层厚度为 130.06～140.85m,平均 135.46m。自下而上,本溪组、太原组岩性组合特征如下。

(1)上石炭统本溪组(C_2b):研究区内 2 个钻孔完整揭露。地层厚度为 6.33～10.88m,平均 8.61m。岩性以浅灰微带青灰色、灰绿色铝质泥岩为主,含紫红色、锈黄色花斑,局部含菱铁质及鲕粒,含有铁质。与下伏奥陶系呈假整合接触。

(2)上石炭统太原组(C_2t):研究区内揭露厚度为 0.23～134.52m,自上而下,仅揭露太原组第一层灰岩(简称 1 灰;以此类推)的钻孔有 39 个,揭露 2 灰的钻孔有 3 个,揭露 4 灰的钻孔有 21 个,揭露11 灰的钻孔有 1 个,完全揭露太原组的钻孔有 2 个。地层厚度为 119.18～134.52m,平均 126.85m。岩性由灰色、深灰色灰岩与深灰色泥岩、砂质泥岩和中细砂岩交互组成。全组含灰岩 9～13 层,单层厚度为 0.44～14.97m,灰岩总厚度为 50.92m,占太原组的 42.7%。含薄煤 6～9 层。碎屑岩中多见植物化石,灰岩中含丰富的海百合茎、蜓科等动物化石。

5. 二叠系(P)

研究区二叠系整合于石炭系太原组之上,以太原组 1 灰顶作为底界。研究区内共有 66 个钻孔完整揭露了二叠系,其中层位正常的钻孔有 32 个。二叠系厚度为 1099～1176m,平均 1136m,自下而上划分为山西组、下石盒子组、上石盒子组、孙家沟组,其中山西组、下石盒子组和上石盒子组为含煤地层。含煤地层厚度为 876～977m,平均 926m,含可定名煤层多达 34 层,自下而上划分为 7 个含煤段。

(1)下二叠统山西组(P_1s):以太原组 1 灰之顶为底界,顶部至骆驼钵子砂岩之底,地层厚度为 39～84m,平均 68m,为第一含煤段。底部岩性为黑色海相泥岩,其上为深灰色砂质泥岩与薄层细砂岩组成砂泥岩互层,浑浊层理发育,具虫孔构造,夹菱铁质结核,中上部中厚层细—中砂岩发育,其次为泥岩、砂质泥岩。本组砂岩含量较高,约占40%。中部含煤2层(1煤层、3煤层),煤层发育良好,为区内主要可采煤层。与下伏太原组呈整合接触。

(2) 中二叠统下石盒子组(P_2xs):底界为铝质泥岩岩层之下的骆驼钵子砂岩层之底,顶界至9煤层上层位砂岩之底,地层厚度为106~161m,平均132m,为第二含煤段。岩性主要由中细砂岩、砂泥岩互层,粉砂岩,泥岩及煤组成。下部以灰白色中粗砂岩或含砾砂岩为主,其上为铝质泥岩及花斑状泥岩,中上部以砂岩为主夹泥岩,夹6个煤组(即4煤组~9煤组)。本组一般含煤11层(煤层编号:4-1、4-2、4-2上、5-1、5-2、6-1、6-2、7-1、7-2、8、9-1),其中可采煤层8层,可采总厚平均为14.71m,含煤系数为11.14%。与下伏山西组呈整合接触。

(3) 上二叠统上石盒子组(P_3ss):地层厚度为669~777m,平均726m。底部自9煤层之上细—中砂岩开始,上至孙家沟组底部中粗砂岩(相当于平顶山砂岩)。岩性底部为细、中砂岩,向上逐渐以泥岩、砂质泥岩为主,且发育多层花斑状泥岩,再上为青灰色、浅灰色细—中砂岩,粉砂岩及泥岩。含煤多达21层(煤层编号:10、11-1、11-2、11-3、12、13-1下、13-1、14、15、16-1、16-2、17-1、17-2、18、19、20、21、22、23、24、25),其中可采煤层8层,可采总厚平均为12.32m,含煤系数为1.69%。含烟叶大羽羊齿、瓣轮叶、栉羊齿、带羊齿等植物化石,19煤层附近产硅质海绵岩,富含海绵骨针化石。全组自下而上划分为5个含煤段(第三~第七含煤段)和1个无煤段。与下伏下石盒子组呈整合接触。

(4) 上二叠统孙家沟组(P_3sj):钻探揭露厚度为34~233m,完整地层厚度为181~233m,平均210m。主要为陆相沉积,为一套以红色为主的非含煤地层,底部以灰色中—粗砂岩或含砾砂岩为主,往上多为暗紫色、棕红色、紫红色长石石英砂岩、粉砂岩,其次为紫红色泥岩。与下伏上石盒子组呈整合接触。

6. 三叠系(T)

研究区三叠系揭露厚度为20~716m,为陆相红色岩层。岩性主要为棕红色、紫红褐色、紫褐色砂岩、粉砂岩、砂质泥岩,局部含砾。与下伏二叠系为连续沉积。

7. 新近系(N)

研究区新近系厚9.30~249.40m,按岩性组合简述如下。

(1) 上新统下段(N_2^1):厚0~246.40m。多为黄色、浅灰黄色粉细砂岩,矿物成分以石英为主,也见长石及少量云母,分选性、磨圆度差,以次棱角状为主,呈松散状。间夹薄层黏土,局部富含钙质,见钙质团块及结核,弱固结状,为一巨厚复合含水层。

(2) 上新统上段(N_2^2):厚1.70~27.50m。灰绿色—黄色砂质黏土、黏土,具有塑性与黏性,块状—柱状,局部含少量粉砂岩,半固结状,是一较稳定的隔水层。

8. 第四系(Q)

研究区第四系厚0~105.50m,呈浅黄色、浅绿灰色夹灰黄色,多为粉细砂层,矿物成分以石英为主,长石云母次之,分选性、磨圆度较好,局部见少许砂砾及卵砾,中部间夹灰绿色—黄色黏土,具有塑性与黏性,块状—柱状,局部含少量粉砂岩,半固结状,为一相对不稳定隔水层。上、下部各有一供水目的层,具古河床特征,富水性较强。

2.1.3 研究区煤层特征

1. 含煤性

研究区石炭纪—二叠纪含煤地层自下而上有石炭系太原组和二叠系山西组、下石盒子组、上石盒子组。区域资料和区内钻孔揭露证实:二叠系太原组含煤地层的煤层发育极不稳定,不可采,无工业价值;二叠系山西组、下石盒子组、上石盒子组煤层发育。

研究区内二叠纪含煤地层厚度为876(12-3孔)~977m(17-2孔),平均926m,由下二叠统山西组、中二叠统下石盒子组和上二叠统上石盒子组组成,包括7个含煤段和1个无煤段,含煤层数超过34层,煤层平均总厚为38.29m,含煤系数为4.13%。全区含可采煤层19层,总平均厚34.33m,占煤层平均总厚的89.66%。不可采煤层有15层(煤层编号:6-2、9-1、10、11-1、11-3、12、13-1下、14、16-1、16-2、17-2、19、21、23、25),平均总厚3.96m,均属不稳定—极不稳定煤层,常以沉积缺失或以碳质泥岩出现在其层位上。各含煤段含煤性见表2.2,煤层发育情况见表2.3。

表2.2 二叠系含煤段含煤性情况统计表

系	统	组	含煤段	平均厚度/m	含煤层数/层 煤层编号	煤层平均 总厚/m	含煤系数/%
二叠系	上统	上石盒子组	无煤段	191			
			第七	137	$\frac{0\sim9}{22\sim25}$	1.95	1.42
			第六	135	$\frac{0\sim5}{18\sim21}$	2.32	1.72
			第五	94	$\frac{1\sim6}{16\sim17}$	2.62	2.79
			第四	82	$\frac{2\sim5}{13\sim15}$	6.73	8.21
			第三	87	$\frac{1\sim5}{10\sim11}$	3.13	3.60
	中统	下石盒子组	第二	132	$\frac{5\sim12}{4\sim9}$	14.71	11.14
	下统	山西组	第一	68	$\frac{1\sim3}{1\sim3}$	6.83	10.04
			合计	926	$\frac{15\sim33}{1\sim25}$	38.29	4.13

2. 可采煤层

研究区共有可采煤层19层,煤层编号分别为1、3、4-1、4-2、4-2上、5-1、5-2、6-1、7-1、7-2、8、11-2、13-1、15、17-1、18、20、22、24,平均总厚为34.33m,占含煤段煤层总厚的89.66%。其中,稳定煤层6层,煤层编号分别为1、4-1、7-1、8、11-2、13-1,平均总厚为19.26m,占可采总厚的56.10%;较稳定煤层5层,煤层编号分别为3、6-1、17-1、18、20,平均总厚为8.96m,占可采总厚的26.10%;不稳定煤层8层,煤层编号分别为4-2、4-2上、5-1、5-2、7-2、15、22、24,平均总厚为6.11m,占可采总厚的17.80%。主要可采煤层特征简述如下。

(1)1煤层:位于山西组第一含煤段下部,下距太原组1灰顶6~34m,平均约17m。煤层厚度为0~6.03m,平均3.40m。全区穿过点68个,其中,可采见煤点52个,不可采见煤点3个,沉积缺失点1个,岩浆侵蚀点12个,正常点可采性指数为93%。全区-1500m以浅含煤面积为72.45km²,可采面积为54.63km²,除岩浆侵蚀区,可采面积占比93%,属全区可采稳定煤层。岩浆侵蚀区及不可采区位于研究区北部F66断层以北。

表 2.3 二叠系煤层发育情况统计表

序号	煤层编号	煤层平均间距/m	两极厚度/m 平均厚度/m	穿过点数/个	正常点数/个	可采见煤点数/个	正常点可采性指数/%	可采面积占比/%	可采性	煤层结构	稳定性
1	1	约5	$\frac{0\sim6.03}{3.40}$	68	56	52	93	93	全区可采	简单	稳定
2	3	80	$\frac{0\sim6.67}{3.43}$	68	53	47	87	87	大部可采	简单	较稳定
3	4-1	8	$\frac{0\sim6.59}{3.75}$	82	81	80	99	99	全区可采	简单	稳定
4	4-2	1.8	$\frac{0\sim2.56}{0.67}$	82	78	35	45	41	大部可采	简单	不稳定
5	4-2上	8	$\frac{0\sim1.55}{0.23}$	82	76	18	24	27	局部可采	简单	不稳定
6	5-1	6	$\frac{0\sim3.82}{0.89}$	82	75	44	59	48	大部可采	简单	不稳定
7	5-2	9	$\frac{0\sim6.72}{1.28}$	82	75	44	59	54	大部可采	简单	不稳定
8	6-1	5	$\frac{0\sim7.27}{1.98}$	83	80	66	83	81	大部可采	简单	较稳定
9	6-2	14	$\frac{0\sim1.47}{0.14}$	83	80	8	10		不可采	简单	极不稳定
10	7-1	8	$\frac{0\sim4.23}{2.28}$	87	84	81	96	96	全区可采	简单	稳定
11	7-2	8	$\frac{0\sim2.61}{0.82}$	89	86	47	55	55	大部可采	简单	不稳定
12	8	17	$\frac{0\sim7.33}{2.29}$	89	88	85	97	97	全区可采	简单	稳定
13	9-1	25	$\frac{0\sim1.04}{0.38}$	89	86	10	12		不可采	简单	极不稳定
14	10	23	$\frac{0\sim1.77}{0.26}$	89	87	14	16		不可采	简单	极不稳定
15	11-1	10	$\frac{0\sim1.77}{0.13}$	105	104	2	2		不可采	简单	极不稳定
16	11-2	9	$\frac{0\sim5.09}{2.51}$	105	104	101	97	99	全区可采	中等	稳定
17	11-3	54	$\frac{0\sim1.69}{0.23}$	105	105	7	7		不可采	简单	极不稳定
18	12	2	$\frac{0\sim2.73}{0.47}$	126	126	29	23		不可采	简单	不稳定
19	13-1下	3	$\frac{0\sim2.29}{0.19}$	127	126	6	5		不可采	简单	极不稳定
20	13-1	17	$\frac{1.03\sim8.56}{5.03}$	127	125	125	100	100	全区可采	中等	稳定
21	14	9	$\frac{0\sim2.29}{0.21}$	126	125	10	8		不可采	简单	极不稳定
22	15	68	$\frac{0\sim3.06}{0.83}$	126	125	59	47	42	大部可采	简单	不稳定

续表 2.3

序号	煤层编号	煤层平均间距/m	两极厚度/m / 平均厚度/m	穿过点数/个	正常点数/个	可采见煤点数/个	正常点可采性指数/%	可采面积占比/%	可采性	煤层结构	稳定性
23	16-1		0~2.92 / 0.43	138	137	27	20		不可采	简单	不稳定
24	16-2	5	0~2.27 / 0.34	138	137	25	18		不可采	简单	不稳定
25	17-1	8	0~6.33 / 1.61	138	137	114	83	83	大部可采	简单	较稳定
26	17-2	9	0~1.91 / 0.24	138	137	13	9		不可采	简单	极不稳定
27	18	49	0~4.49 / 0.99	142	142	80	56	71	大部可采	简单	较稳定
28	19	11	0~2.76 / 0.28	142	141	17	12		不可采	简单	极不稳定
29	20	14	0~3.68 / 0.95	142	141	88	62	68	不可采	简单	较稳定
30	21	18	0~1.63 / 0.10	142	141	5	4		不可采	简单	极不稳定
31	22	85	0~2.96 / 0.71	142	142	57	40	45	大部可采	简单	不稳定
32	23	13	0~1.93 / 0.30	142	142	13	9		不可采	简单	极不稳定
33	24	21	0~2.43 / 0.68	142	142	57	40	37	大部可采	简单	不稳定
34	25	21	0~1.73 / 0.26	142	142	12	8		不可采	简单	极不稳定

(2) 3 煤层:位于山西组第一含煤段中部,下距 1 煤层 1~8m,平均约 5m。煤层厚 0~6.67m,平均 3.43m。全区穿过点 68 个,其中,可采见煤点 47 个,不可采见煤点 3 个,沉积缺失点 4 个,岩浆侵蚀点 13 个,断层缺失点 1 个,正常点可采性指数为 87%。全区-1500m 以浅含煤面积为 73.40km², 可采面积为 64.11km²,除岩浆侵蚀区,可采面积占比 87%,属大部可采较稳定煤层。岩浆侵蚀区主要位于 F66 断层以北,不可采区位于北部 5 线与 8 线之间、19~22 线浅部(19-1 孔、22-4 孔受岩浆侵蚀破坏)、东南边 12-2 孔,以及 18 线深部(18-3 孔)。

(3) 4-1 煤层:位于下石盒子组第二含煤段下部,下距 3 煤层 62~100m,平均 80m。煤层厚 0~6.59m,平均 3.75m。全区穿过点 82 个,其中,可采见煤点 80 个,沉积缺失点 1 个,断层缺失点 1 个,正常点可采性指数为 99%。全区-1500m 以浅含煤面积为 92.96km²,可采面积为 92.19km²,可采面积占比为 99%,属全区可采稳定煤层。全区仅在 18-3 孔出现一处不可采点。

(4) 8 煤层:位于下石盒子组第二含煤段上部,下距 7-2 煤层 2~24m,平均 8m。煤层厚度为 0~7.33m,平均 2.29m。全区穿过点 89 个,其中,可采见煤点 85 个,不可采见煤点 2 个,沉积缺失点 1 个,断层缺失点 1 个,正常点可采性指数为 97%。全区-1500m 以浅含煤面积为 114.76km²,可采面积为 111.29km²,可采面积占比为 97%,属全区可采的稳定煤层,为区内主要可采煤层之一。全区仅东北端的 2-2 孔出现沉积缺失点。

(5) 11-2 煤层:位于上石盒子组第三含煤段中上部,下距 8 煤层 64~109m,平均 75m。煤层厚度

0~5.09m，平均2.51m。全区穿过点105个，其中，可采见煤点101个，不可采见煤点2个，沉积缺失点1个，断层缺失点1个，正常点可采性指数为97%。全区-1500m以浅含煤面积为136.17km^2，可采面积为135.10km^2，可采面积占比为99%，属全区可采稳定煤层，为全区主要可采煤层之一。

(6)13-1煤层：位于上石盒子组第四含煤段下部，下距11-2煤层43~84m，平均68m。煤层厚度为1.03~8.56m，平均5.03m。全区穿过点127个，其中，可采见煤点125个，断层缺失点2个，正常点可采性指数为100%。全区-1500m以浅含煤面积为151.46km^2，可采面积为151.46km^2，可采面积占比为100%，属全区可采稳定煤层，为全区主要可采煤层之一。

2.2 潘集矿区深部煤系岩石学特征

2.2.1 煤系岩石显微薄片鉴定

1. 显微鉴定仪器

岩石显微薄片鉴定是指将岩石标本磨制成薄片，在偏光显微镜下鉴定薄片中矿物的光学性质，用以确定岩石的矿物成分，确定岩石类型及其成因特征，最后定出岩石名称的过程。本书选用的鉴定仪器为上海比目仪器XPV-800E型透反射偏光显微镜。该套室内岩石显微薄片鉴定系统包括电脑型偏光显微镜主机(XPV-800E)，目、物适配镜，电子摄像器(500万像素)以及A/D图像采集器(系统)和配套连接计算机等，如图2.1A所示。

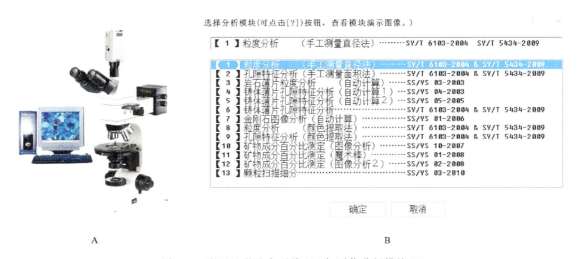

图2.1 岩石显微鉴定系统(A)与图像分析模块(B)

2. 岩石薄片制作与鉴定过程

深入到深部研究区勘查工程施工现场，根据顶底板岩石采样标准，选取本书研究的5个主采煤层[即13-1煤层、11-2煤层、8煤层、4-1煤层以及1(3)煤层]顶底板，分段采取不同钻孔、不同岩性的煤系岩石样品制作不同岩性岩石薄片，共计200件[由中国地质大学(武汉)岩矿鉴定实验室制作]。

连接计算机和XPV-800E型透反射偏光显微镜，并打开图像采集系统，通过水平标定和垂直标定确定显微图像比例。在显微镜载物台上放上岩石薄片，先用目镜人工调整焦距，找到岩石薄片清晰视野,选取需要拍照视域,转换图像显示微调即可在电脑显示器中获得清晰视域图像。通过图像采集系统可以拍下岩石薄片不同位置和不同比例的单偏光或者正交偏光岩石薄片照片。岩石成分和结构特征可以通过手动标定,也可以通过岩石偏光图像分析软件有选择地自动实现。图2.1B为岩石偏光图像分析软件主要的岩石薄片照片分析功能模块。

2.2.2 煤系砂岩岩石学特征

1. 砂岩分布特征

砂岩在本研究区域体积占比27.3%,以细砂岩为主,约占砂岩的70%;其次为中砂岩,约占20%;粗砂岩较少,为煤系地层的沉积骨架。砂岩的分类方法较多,争论不一,根据常用砂岩分类的方法,再结合本区的实际情况及特点,笔者将本研究区分为石英砂岩、长石石英砂岩、岩屑石英砂岩,其中石英砂岩分布最为广泛,主要分布在山西组以及上石盒子组第五、第六含煤段中;长石石英砂岩分布也较为广泛,分布范围主要在上石盒子组第四含煤段;岩屑石英砂岩数量较少,主要见于下石盒子组中。

2. 砂岩矿物成分及含量

对研究区主采煤层顶底板砂岩薄片进行了显微鉴定,在单偏光和正交偏光下,根据砂岩颗粒大小、碎屑颗粒含量、胶结结构等因素选择不同视域和不同放大倍数,拍摄显微镜下照片。对视域内颗粒清晰、颗粒间接触较好的砂岩样品,可以用岩石偏光图像分析软件直接进行矿物成分百分比测定。对胶结物含量较多、碎屑颗粒较细的砂岩样品,可以通过多张照片对比统计分析,定量统计出煤系砂岩的矿物组分。

表2.4为研究区不同煤层顶底板的砂岩薄片矿物组分特征统计情况,部分砂岩薄片样品显微特征见图2.2。

表2.4 煤系砂岩薄片矿物成分统计表

层位	岩样编号	矿物含量/%					填隙物含量/%
		石英	长石	岩屑	云母	其他矿物	
13-1煤层顶板	A6-1	70.00	8.00	0.00	2.00		20.00
13-1煤层顶板	A10-2	85.50	0.00	9.50	0.00		5.00
13-1煤层底板	A17-2	36.00	27.00	24.30	2.70		10.00
13-1煤层顶板	B10-1	90.25	0.00	0.00	4.75		5.00
13-1煤层顶板	B12-4	70.40	17.6	0.00	0.00		12.00
11-2煤层顶板	C11-2	14.25	52.25	23.75	4.75		5.00
11-2煤层底板	C13-3	77.40	4.30	0.00	0.00	4.30	14.00
8煤层底板	C18-2	19.60	76.44	1.96	0.00		2.00
11-2煤层顶板	E8-2	58.50	5.20	0.85	0.65		35.00
8煤层底板	E14-3	73.10	7.65	0.00	4.25		15.00
4-1煤层顶板	E18-1	80.75	0.00	9.50	4.75		5.00
3煤层顶板	E31-2	33.25	52.25	7.60	1.90		5.00
1煤层底板	E33-2	21.00	28.00	18.20	2.80		30.00

续表 2.4

层位	岩样编号	矿物含量/%					填隙物含量/%
		石英	长石	岩屑	云母	其他矿物	
8 煤层顶板	F11-3	87.30	6.79	2.91	0.00		3.00
4-1 煤层底板	F18-5	42.00	1.40	26.60	0.00		30.00
4-1 煤层底板	F19-1	56.00	12.00	10.40	1.60		20.00
11-2 煤层顶板	G4-4	52.25	23.75	14.25	1.90	2.85	5.00
11-2 煤层底板	G6-1	52.25	40.85	0.95	0.95		5.00
8 煤层顶板	G8-1	80.75	12.35	1.90	0.00		5.00
8 煤层顶板	G10-3	77.40	11.70	0.00	0.90		10.00
4-1 煤层顶板	K8-3	63.00	16.20	0.90	0.90		10.00
4-1 煤层底板	K10-3	58.50	26.10	5.40	0.00		10.00
3 煤层顶板	K12-2	29.75	46.75	8.50	0.00		15.00
3 煤层顶板	K17-3	81.00	0.00	9.00	0.00		10.00
8 煤层顶板	L14-1	72.25	8.50	0.00	0.00		15.00
4-1 煤层顶板	L21-3	25.50	38.25	18.70	2.55		15.00
3 煤层顶板	L28-4	75.68	9.46	0.00	0.86		14.00
4-1 煤层底板	12-4	49.50	38.70	0.00	1.80		10.00
4-1 煤层底板	13-1	76.50	8.50	0.00	0.00		15.00
3 煤层顶板	20-4	71.20	13.35	0.00	0.00		11.00

由表 2.4 可知,研究区煤系砂岩的矿物含量在 70%~97%之间,平均 89.5%,填隙物较少。由于各煤层顶底板沉积环境存在差异,砂岩中石英、长石以及岩屑含量不同,石英含量在 15%~90%之间,平均达 65%;长石含量差异较大,在 5%~80%之间变化,平均含量较低,仅为 20%左右;岩屑约占 3%;其他矿物和云母约占 2%。石英砂岩主要分布在上石盒子组第三、第四含煤段,长石石英砂岩和岩屑石英砂岩主要分布在山西组第一含煤段和下石盒子组第二含煤段中。

3. 砂岩微观结构

砂岩微观结构特征主要包括碎屑颗粒的结构特征、颗粒间接触关系以及胶结类型等方面。碎屑颗粒结构特征包括粒度、分选性和形状。砂岩的粒度和分选性可以通过平均粒径(M_z)和标准偏差(δ_1)来表示。通过岩石薄片镜下鉴定可以统计和描述砂岩微观结构特征,部分砂岩样品的微观结构特征描述见表 2.5。从砂岩微观结构统计结果同样可以看出,不同层位、不同煤层顶底板的砂岩微观结构特征有较大差异。

粒度是砂岩微观结构重要特征之一,依据碎屑岩粒度分析方法,利用岩石偏光显微系统对砂岩薄片进行标定,使用岩石图像分析软件中粒度分析功能对研究区不同层位和深度的砂岩薄片进行颗粒粒径测定,得出砂岩粒径 d(mm),通过公式 ϕ(薄)$=-\log_2 d$ 求得 ϕ 值(王运泉和孟凡顺,1987)。通过岩石分析软件内嵌的粒度分析,校正粒径测量和识别结果,校正存在的切片效应(秦一博,2013)。根据统计结果作出了 ϕ 值分布频率直方图,包含颗粒粒径的频率曲线和累计频率曲线(图 2.3),更直观地反映各个砂岩样品的粒级分布特征。

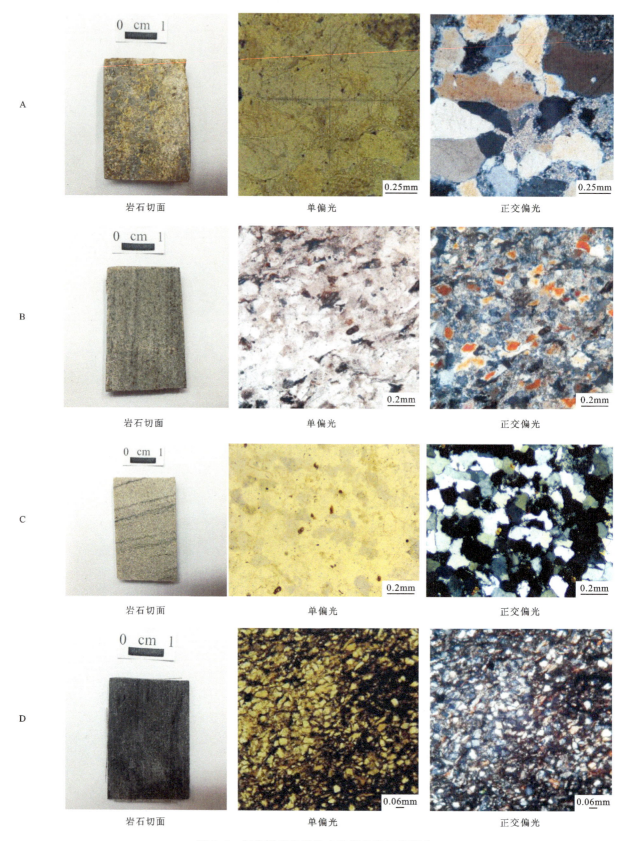

图 2.2 深部煤系砂岩代表性样品及显微照片

A. 粗粒长石石英砂岩(3 煤层顶板);B. 细粒长石石英砂岩(4-1 煤层顶板);C. 细粒石英砂岩(11-2 煤层底板);D. 粉砂质细粒长石石英砂岩(1 煤层底板)

第 2 章　潘集矿区深部煤系岩石组成及其形成环境

表 2.5　部分砂岩样品微观结构特征描述

层位	岩石样品编号	岩石名称	微观结构特征描述
13-1煤层顶板	A6-1	细粒长石砂岩	细粒砂状结构，填隙物以杂基为主，颗粒支撑，孔隙式胶结
13-1煤层底板	A16-2	含中粒细粒石英砂岩	中—细粒砂状结构，颗粒接触关系为线接触，填隙物以硅质胶结物为主，杂基含量较少，颗粒支撑，孔隙式胶结
13-1煤层顶板	B13-1-2	含中粒细粒长石石英砂岩	中—细粒砂状结构，磨圆度中等，分选性好，颗粒支撑，孔隙式胶结，以线接触为主，未见明显孔隙
11-2煤层顶板	C11-2	含细粒中粒岩屑长石砂岩	细—中粒砂状结构，填隙物以杂基为主，含少量胶结物，颗粒支撑，孔隙式胶结，凹凸接触
11-2煤层底板	C13-3	细粒石英砂岩	细粒砂状结构，颗粒多为棱角—次棱角状，分选性好，颗粒支撑，颗粒间多为线接触，可见凹凸接触，孔隙式胶结
8煤层底板	E14-3	细粒石英砂岩	细粒砂状结构，颗粒多为棱角—次棱角状，分选性好，颗粒支撑，颗粒间以点接触、线接触为主，孔隙式胶结
8煤层顶板	F11-3	含中粒细粒长石石英砂岩	中—细粒砂状结构，填隙物以硅质胶结物为主，颗粒支撑，孔隙式胶结，颗粒接触关系主要为线接触
4-1煤层底板	F18-5-1	含细砂中粒岩屑石英杂砂岩	细—中粒砂状结构，颗粒多呈棱角—次棱角状，磨圆度差，分选性好，颗粒支撑，孔隙式胶结，颗粒间凹凸接触
8煤层顶板	G8-1	含中粒细粒长石石英砂岩	中—细粒砂状结构，颗粒接触关系主要为线接触，部分为凹凸接触，颗粒支撑，孔隙式胶结
3煤层顶板	K12-2-2	粗粒长石砂岩	粗粒砂状结构，多呈次圆状，磨圆度中等，颗粒间以点接触、线接触为主，颗粒支撑，孔隙式胶结
3煤层顶板	L28-4	细—中粒长石石英砂岩	细—中粒砂状结构，颗粒多呈棱角—次棱角状，分选性中等，颗粒支撑，以线接触为主，孔隙式胶结
3煤层顶板	M20-4	中—细粒长石石英砂岩	中—细粒砂状结构，颗粒多呈棱角状，分选性中等。颗粒间以点接触、线接触为主，孔隙式胶结

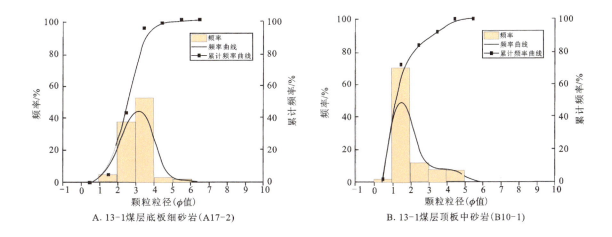

A. 13-1煤层底板细砂岩(A17-2)　　B. 13-1煤层顶板中砂岩(B10-1)

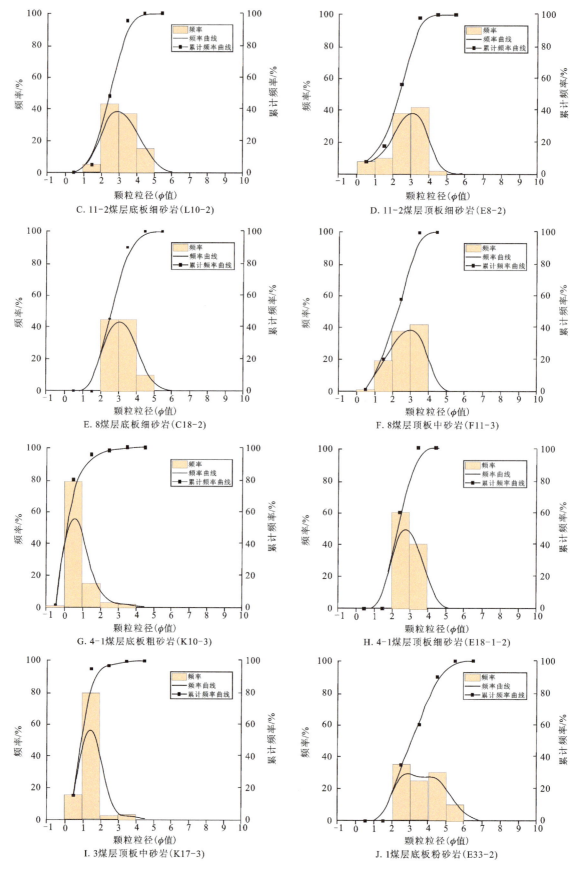

图 2.3 砂岩粒度分布直方图、频率曲线和累计频率曲线图

第 2 章 潘集矿区深部煤系岩石组成及其形成环境

由图 2.3 可以直观地看出,研究区煤系不同层位的砂岩粒度分布特征和粒径曲线有明显的不同,且在砂岩粒度组分中以跳跃组分为主,缺少滚动组分。

分析研究区大量的砂岩粒度资料可知,研究区主要砂体的 M_z 在 $1.0 \sim 3.05\phi$ 之间,以中细粒为主,少量中粒和粗粒,δ_1 在 $0.5 \sim 0.7$ 之间,分选性较好(表 2.6)。研究区含煤段砂岩的粒度不等,上石盒子组属于以细粒为主,下二叠统为中粒;分选性大都较好,但上石盒子组总体的分选性呈中等(表 2.7)。砂岩的粒度概率图既可以反映砂岩的分选性,又可以为砂岩的沉积环境分析提供很好的数据支持。根据砂岩粒度分析资料,结合现代沉积粒度概率图以及其他成因标志,研究区煤系砂岩有 8 种成因类型的粒度概率图(图 2.4)。

表 2.6 研究区主采煤层顶底板砂岩粒度特征

层位	M_z(ϕ 值)	粒度	δ_1	分选性
13 煤层上层位砂岩	3.05	细粒	0.51	好
13 煤层下层位砂岩	2.20	细粒	0.50	好
11 煤层底板砂岩	2.20	细粒	0.57	中等
8 煤层顶板砂岩	2.30	细粒	0.51	好
4 煤层顶板砂岩	2.66	细粒	0.55	好
骆驼钵子砂岩	1.40	粗粒	0.61	中等
3 煤层上层位砂岩	1.50	中粒	0.53	好
1 煤层下层位砂岩	2.50	细粒	0.50	好

表 2.7 研究区各含煤段砂岩粒度特征

岩石地层	层位	M_z(ϕ 值)	粒度	δ_1	分选性
上石盒子组	第七含煤段	2.34	细粒	0.78	中等
	第六含煤段	3.06	细粒	0.60	较好
	第五含煤段	2.62	细粒	0.75	中等
	第四含煤段	2.62	细粒	0.70	较好
	第三含煤段	2.30	细粒	0.79	中等
下石盒子组	第二含煤段	2.03	中粒	0.57	较好
山西组	第一含煤段	1.25	中粒	0.54	较好

Ⅰ型:潮沟型,曲线为三段型,与河道曲线相比,形态相似,但是粒度偏细,悬浮组分含量略高。分选性差。分布在第六含煤段中。

Ⅱ型:海滩型,曲线为四段型,双跳跃组分,牵引组分含量不高,悬浮组分含量比较高。分选性较好。分布在第六含煤段以及最南部第一含煤段。

Ⅲ型:潮坪型,曲线为三段型,特点是牵引组分含量可达 10%,跳跃组分含量为 20%~30%,悬浮组分含量高达 50% 以上。分选性除跳跃型外均比较差。主要分布在第二、第五、第六煤段中。

Ⅳ型和Ⅴ型:均属于分流河道型。前者为两段型,主要为树权状分流河道或网状分流河道;后者为三段型,与前者相比粒度较细,有滚动组分段。分选性都比较好。主要分布在第一、第二、第三、第四含煤段中。

Ⅵ型:河口沙坝型,曲线为三段型。主要分布在第一、第二含煤段中。

Ⅶ型:分流间湾型,曲线为四段型,与海滩砂相似,但是悬浮组分分选性不如海滩砂,滚动组分含量小于海滩砂。该类型主要分布在第四含煤段中。

Ⅷ型:天然堤型,曲线为一段型。分选性很好。主要分布在第三、第四含煤段中。

由图2.4可知,研究区主采煤层段砂岩中均缺少滚动组分,跳跃组分普遍高于85%,最高达95%以上,悬浮组分一般低于10%。从山西组到下石盒子组,岩石中的跳跃组分含量有增加趋势(谢长仑等,2015)。前人研究认为淮南矿区砂岩δ_1在0~0.35之间的颗粒分选性极好,在0.35~0.55之间的颗粒分选性好(兰昌益,1984;兰昌益,1989;朱善金,1989;降文萍等,2007)。测试结果表明,各含煤段各主采煤层顶底板砂岩分选性大都较好。

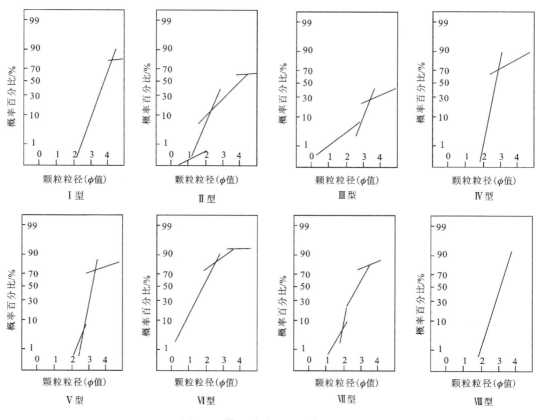

图2.4 煤系砂岩粒度概率类型图

2.2.3 煤系泥(页)岩岩石学特征

1. 泥(页)岩岩性特征

按照泥岩的主要成分和综合特征,本区二叠纪泥岩可划分为如下几类。

(1)花斑状泥岩:普遍分布于二叠纪含煤地层中,但是分布较广的层位主要是上石盒子组第三含煤段4-1煤层下部,上石盒子组第四含煤段13-1煤层上、下层位各发育一套,以及不含煤的层位段。花斑状泥岩的最大特征是具有花斑,花斑主要有紫红色、绿黄色两种,一般含有一定量的粉砂质,为石英碎屑,黏土矿物大多为高岭石,属于泛滥平原相沉积。

(2)浅灰色高岭石泥岩:现场将其定名为铝质泥岩或者含铝泥岩,是很好的标志层。主要分布在上石盒子组第三含煤段4-1煤层下部花斑状泥岩中,位于下石盒子组与山西组分界岩性骆驼钵子砂岩之上及13煤层下与18煤层下各有一层厚度不大的高岭石泥岩。其颜色均为浅灰色—灰白色,断口呈贝壳状,岩石黏土矿物中90%以上的是高岭石,属于三角洲平原的泛滥平原沉积。

(3)鲕状泥岩:在煤系剖面中常分布,特别是在上石盒子组第三含煤段11煤层附近比较集中。灰色的含有鲕状菱铁矿,一般含粉砂质较少,其鲕状就是成岩期的产物,属于泛滥平原上的淤泥沉积。

(4)粉砂质泥岩:不含花斑状的灰色和深灰色粉砂质泥岩。该类岩石在含煤岩系中分布最为广泛,一般都和粉砂岩或者细砂岩相过渡。在显微镜下粉砂质含量为10%~40%。粉砂岩矿物成分一般为石英,另外还有少量的岩屑和铁屑,有时候与砂岩互层,层理水平,但多数为块状,从沉积环境上分析为分流间湾或者分流河道间湖泊沉积。

(5)暗色泥岩:深灰色或者黑色微含粉砂岩的泥岩,主要分布在山西组的下部及第二、第五、第六含煤段中。它的特征是深灰色、块状或微细水平层理,常见动物化石,山西组底部泥岩中见到小型腹足类或虫孔类,其他层位则见到舌形贝。其矿物组成以伊利石为主,也有少量高岭石,含硼量比较高,大于$100×10^{-6}$,鉴于其常分布有动物化石,所以其沉积环境易于确定。经分析可知,第二含煤段中产舌形贝,属于分流间湾沉积,而第五、第六、第七含煤段的暗色泥岩可能属于河口湾沉积。

(6)砂泥互层:本区石炭系—二叠系多层段存在砂泥互层岩石。

2. 泥(页)岩薄片显微特征

研究区深部煤系中典型的几类泥岩薄片显微照片如图2.5所示。

图2.5A为含菱铁矿粉砂质泥岩,属于下石盒子组下部。该岩石样品中菱铁质约占全岩的30%,多呈花瓣状和放射状产出,粒径以大于0.4mm为主,最大可达0.9mm,碎屑物约占全岩的30%,泥质约占40%。碎屑物以石英为主,部分为长石,碎屑物粒径在0.05~0.1mm之间的约占58%,0.1~0.15mm的约占30%,0.2mm左右的约占5%,其他粒径的约占7%,粒径最大可达0.3mm。

图2.5B为细砂质碳质泥岩(样品取自3煤层顶板),细砂质碳质泥岩总体具泥质细粒砂状结构,砂泥互层构造。砂级碎屑约占40%,粒径为0.1mm左右,多呈次棱角—次圆状,磨圆度差。

图2.5C为砂质泥岩(8煤层顶板)。岩石具泥质粉砂状结构,碎屑以粉砂为主,粒径为0.06~0.004mm的颗粒约占80%,粒径小于0.004mm的颗粒约占20%。碎屑最大粒径约为0.06mm,颗粒多呈棱角—次棱角状,磨圆度差,分选性较好,碎屑成分为石英和长石。

图2.5D为含粉砂泥岩(上石盒子组花斑状泥岩),泥质结构,显微定向构造,岩石几乎全部由黏土矿物组成,含量约95%。泥质成分主要为细小鳞片状云母。岩石中含有石英和菱铁质矿物。石英颗粒粒径小于0.06mm,含量约占5%,多呈棱角—次棱角状,磨圆度差;菱铁质矿物含量较低。研究区泥岩的结构均为典型的泥质结构,由于沉积环境的不同,所含碎屑或者其他矿物不同。

3. 泥岩矿物成分特征

采用X射线衍射仪(D/max 2500)、TTR分析仪对取自深部地层不同钻孔和不同层位的泥岩样品进行全岩X射线衍射分析,共计分析测试了60件来自不同深度的山西组、上石盒子组和下石盒子组的泥岩样品。根据全岩X射线衍射结果,研究区深部煤系泥岩的矿物成分可分为3类:陆源碎屑矿物(主要为石英、长石等)、黏土矿物和自生非黏土矿物(主要是菱铁矿、黄铁矿和碳酸盐矿物等)。

部分泥岩样品全岩矿物成分和含量结果见表2.8。由表2.8可知,研究区上石盒子组、下石盒子组与山西组泥岩的矿物成分以黏土矿物和陆源碎屑矿物为主,其次为自生非黏土矿物。陆源碎屑矿物主要为石英和钠长石,自生非黏土矿物主要为菱铁矿和黄铁矿。

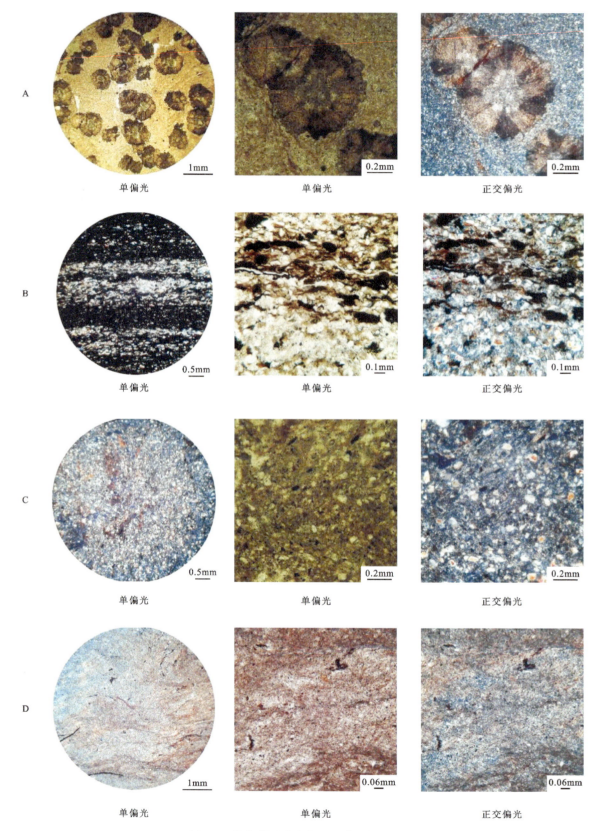

图 2.5 深部煤系代表性泥岩薄片镜下照片
A.含菱铁矿粉砂质泥岩;B.细砂质碳质泥岩;C.砂质泥岩;D.含粉砂泥岩

第 2 章 潘集矿区深部煤系岩石组成及其形成环境

表 2.8 研究区部分泥岩样品全岩矿物成分和含量表

钻孔编号	样品深度/m	层位	矿物含量/%		
			黏土矿物	陆源碎屑矿物	自生非黏土矿物
11-1	1 513.8~1 513.9	山西组	59.6	31.0	9.4
10-1	1 056.5~1 058.0	山西组	69.7	30.3	0.0
20-2	1 362.5~1 363.6	下石盒子组	59.5	31.7	8.8
20-2	1 445.5~1 447.0	山西组	50.6	41.8	7.6
12-2	1 407.5~1 409.5	山西组	64.5	30.9	4.6
L4-1	1 392.0~1 396.5	山西组	54.0	38.5	7.5
10-2	1 159.5~1 163.5	下石盒子组	65.2	34.2	0.6
10-2	1 235.0~1 236.5	山西组	58.2	32.8	9.0
18-2	1 090.0~1 092.5	上石盒子组	34.0	52.4	13.6
6-2	1 039.0~1 040.5	上石盒子组	66.4	31.8	1.8

图 2.6 为深部 3 个地层组泥岩矿物平均含量对比图。由图 2.6 和表 2.8 可知，山西组、下石盒子组和上石盒子组泥岩的矿物组成差异不大。山西组陆源碎屑矿物含量为 30.3%~41.8%，平均 34.2%；黏土矿物含量为 50.6%~69.7%，平均 59.4%；自生非黏土矿物含量为 0~9.4%，平均 6.4%。下石盒子组陆源碎屑矿物含量为 31.7%~34.2%，平均 33.0%；黏土矿物含量为 59.5%~65.2%，平均 62.4%；自生非黏土矿物含量为 0.6%~8.8%，平均 4.7%。上石盒子组陆源碎屑矿物含量为 31.8%~52.4%，平均 42.1%；黏土矿物含量为 34.0%~66.4%，平均 50.2%；自生非黏土矿物含量为 1.8%~13.6%，平均 7.7%。自生非黏土矿物菱铁矿在研究区各样品中的含量均较高，反映了二叠纪淮南煤田具有低氧的海陆过渡相沉积环境。

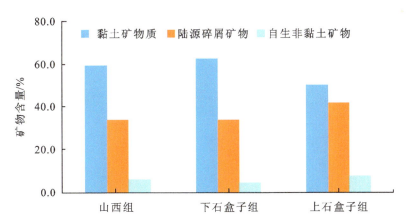

图 2.6 深部 3 个地层组泥岩矿物平均含量对比图

与一般的海相泥岩相比，研究区深部煤层顶底板泥岩中的石英等陆源碎屑矿物含量不高，表明海陆过渡相泥岩与海相泥岩在沉积物源和沉积特征上存在显著差异，但与陆相沉积接近；而研究区泥岩中黏土矿物含量不论是与海相泥岩、陆相泥岩还是与其他地区海陆过渡相泥岩相比，总体偏高。

研究区主采煤层顶底板岩石岩性以泥岩为主。根据泥岩薄片鉴定结果，山西组主要发育含菱铁泥岩、碳质泥岩、砂质泥岩及粉砂质泥岩，沉积相主要包括三角洲前缘相、下三角洲平原—三角洲分流间湾相、上三角洲平原河漫滩相。下石盒子组泥岩主要包括砂质泥岩、菱铁质泥岩或鲕状菱铁质泥岩，沉积环境主要为河漫湖泊相或河漫滩相。上石盒子组主要发育鲕状菱铁质泥岩、含粉砂质泥岩、含菱铁质泥岩、砂质泥岩,沉积环境主要为浅海泥岩相、潮坪相、河漫滩相、决口扇相。

2.2.4 化学-生物岩岩石学特征

在研究区上石盒子组第六含煤段的18煤层到21煤层间,含有一层化学-生物岩:硅质岩类,厚度一般为10～20cm,按其成分、含有的化石及结构构造将它分为以下几类。

(1)燧石层:灰黑色,块状,致密坚硬,裂隙发育,矿物成分有石英、玉髓。岩石中富含占比大于50%的海绵骨针,大部分为单轴单射,排列方向杂乱。主要化学成分:SiO_2,88.84%;Al_2O_3,1.24%。

(2)泥质燧石层:灰黑色,裂隙较为少见,见微细层理,矿物成分有自生石英、少量高岭石,岩石中富含海绵骨针(大于40%～50%),大部分为单轴单射,少量反射,海绵骨针常受破碎具磨蚀特征。主要化学成分:SiO_2,73.83%;Al_2O_3,9.11%。

(3)硅质泥岩:灰黑色,裂隙较为少见,见微细层理,矿物成分有自生石英、少量高岭石,岩石中富含海绵骨针(40%～50%),大部分为单轴单射,少量反射,海绵骨针常受破碎具磨蚀特征。主要化学成分:SiO_2,73.83%;Al_2O_3,9.11%。从硅质岩含有生物化石及植物组分转变成显微组分可以确定,硅质岩基本上是海相沉积的,但离陆地不是太远,再结合围岩中的舌形贝化石以及附近砂岩中的海绿石、围岩中具潮汐层理等特征可知它的沉积环境属于潮汐作用环境。

2.3 潘集矿区深部煤系岩石组合特征

2.3.1 煤系岩石组合及其旋回特征

1. 山西组岩石组合及其旋回特征

本研究区山西组的厚度为52.72～105.28m,平均71.80m,岩性主要由中砂岩、细砂岩、泥岩、粉砂岩及煤组成。本组砂岩含量较高,约占该层段的40%;泥页岩累计厚度在30～60m之间变化;煤层2层,位于中部。自下而上由2个旋回组成(图2.7)。

第一旋回自1灰到1煤层,为向上变粗序列,底部为灰黑色海相泥岩,致密性脆,上部含粉砂质,下部含舌形贝等动物化石碎片,厚7.01～13.68m,平均10.24m。中下部为深灰色粉砂岩夹薄层细砂岩及砂质泥岩,含菱铁质结核,局部呈互层状,缓坡状层理与水平层理较发育,底部偶见底栖动物通道,具浑浊状层理,厚2.14～13.48m,平均4.66m。上部为浅灰色—灰色细砂岩,局部为中砂岩,其分布不稳定,夹粉砂岩及菱铁质条带,缓坡状层理及小角度斜纹层理较发育,层面常见碳质薄膜及大量白云母碎片。中部为灰色—深灰色粉砂岩,下部多为泥岩,偶夹薄层细砂岩与条带,显水平层理(图2.7)。

第二旋回为向上变细序列。旋回下部主要为浅灰—灰白色中粒长石石英砂岩,局部为粗砂岩,该层砂岩具有缓坡状层理及交错层理,底部常见泥质包体。上部为灰色—深灰色粉砂岩、泥岩,局部夹薄层状细砂岩与条带,水平层理发育,含植物化石。两旋回中泥岩发育不稳定,厚度变化较大,并与下部砂岩厚度具有消长关系(图2.7)。

2. 下石盒子组岩石组合及其旋回特征

本研究区下石盒子组厚度为100～148m,平均120m,主要由中细砂岩、砂泥岩互层,粉砂岩,泥岩及煤组成。本组含6个煤组。自下而上由5～7个旋回组成(图2.8)。

第 2 章 潘集矿区深部煤系岩石组成及其形成环境

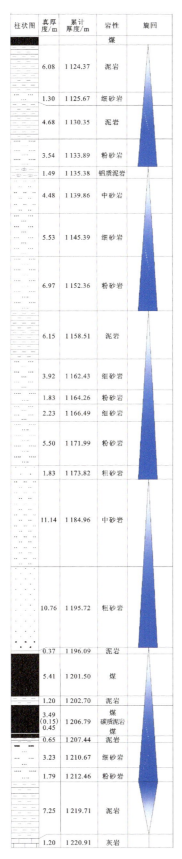

图 2.7 山西组沉积旋回特征(17-1孔)

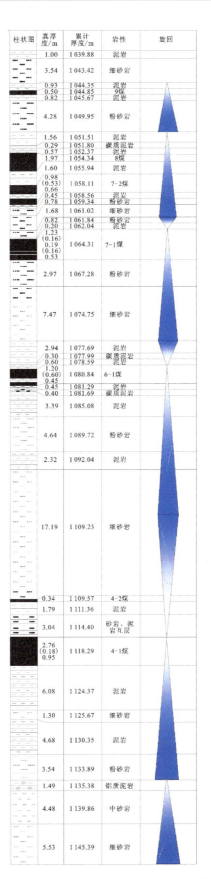

图 2.8 下石盒子组沉积旋回特征(17-1孔)

4煤组下部泥岩除普遍分布稳定的灰色—浅灰色铝质或花斑状泥岩,底部广泛分布一层杂砂岩(骆驼钵子砂岩)。铝质泥岩到4-1煤层之间局部发育一层砂体,在剖面上呈透镜状分布。4煤层至6煤层为浅水三角洲沉积,煤层之间岩性大都含有粉细砂岩及砂泥岩互层及泥岩,暗色泥岩及砂泥岩互层主要分布于分流间湾相发育区,其中见海豆芽化石及虫孔遗迹化石。6煤组及8煤组上部泥岩厚度较大,但不稳定,横向上常相变为砂岩和粉砂岩(图2.8)。

3. 上石盒子组岩石组合及其旋回特征

本研究区上石盒子组总厚度为510.84~545.10m,平均525.52m。本组泥页岩累计厚度在100~480m之间变化,由5个含煤段组成,自下而上介绍如下。

第三含煤段:厚71.49~140m,平均110m,含煤2~4层(11煤组),煤层平均厚2.60m(图2.9A下段)。

第四含煤段:厚61~125m,平均95m,含煤2~4层(12~15煤组),煤层平均厚4.51m,其中13-1煤层为本区主要可采煤层(图2.9A上段)。

第五含煤段:厚62~112m,平均83m,含煤3~4层(16、17煤组),煤层平均厚2.60m。本段多呈青灰色、灰绿色,以泥岩、砂质泥岩为主,夹粉砂岩、细砂岩或砂泥岩(图2.9B下段)。

第六含煤段:厚71~138m,平均107m,含煤2~4层(18~20煤组),煤层平均厚2.41m。本段以青灰色泥岩、砂质泥岩为主,夹粉砂岩、细砂岩(图2.9B上段)。

第七含煤段:厚131.56~176.79m,平均158.80m,含煤2~7层(22~25煤组),煤层平均厚1.47m,岩性以灰色、灰绿色及青灰色砂岩、粉砂岩及泥岩为主,泥岩有机质含量低。

2.3.2 潘集矿区深部煤系主采煤层顶底板岩性组成特征

作为组成地壳三大类岩石之一,沉积岩是母岩风化物、火山碎屑物以及其他有机物等原始类物质经风化、搬运、沉积压实、固结成岩等作用而形成的,与变质岩及岩浆岩存在着明显的不同。在煤系岩石力学性质或工程地质特征分析中,对于沉积岩石组成特征,研究者们主要从沉积岩的岩性厚度分布、岩性空间变化规律等方面进行分析。

本书主要研究对象是深部煤系二叠系4个含煤段地层的岩石:山西组为研究区第一含煤段,发育1煤层和3煤层两个主采煤层;下石盒子组是第二含煤段,发育4-1煤层和8煤层两个主采煤层;11-2煤层位于上石盒子组第三含煤段;13-1煤层位于上石盒子组第四含煤段。以往煤矿勘查阶段或者生产阶段煤层顶底板研究范围一般仅为顶板30m至底板20m区间,但随着开采和勘探深度的增加,需要研究的顶底板厚度远大于勘查规范中要求的厚度(全国国土资源标准化技术委员会,2020)。在统计分析研究区钻孔地层厚度的基础上,综合确定采样层段范围为煤层顶板50m和底板30m,垂向上,从上到下5个主采煤层顶底板取样层段包含了整个研究区煤系,从13-1煤层顶板50m至山西组1煤层底板下30m即为本书研究的煤系层段。

按其碎屑主成分(含量≥50%的成分)的不同,陆源碎屑岩可进一步划分为砾岩、砂岩、粉砂岩和泥质岩等类型。研究区的主采煤层顶底板岩石主要由泥岩、砂岩和粉砂岩三大类构成。泥岩主要包括碳质泥岩、砂质泥岩、花斑状泥岩、铝质泥岩等岩性较为软弱的岩石;砂岩主要包括细砂岩、中砂岩和粗砂岩等岩性较为坚硬的岩石;粉砂岩主要包括细粉砂岩、粗粉砂岩以及泥质粉砂岩等中硬岩石。

1. 研究区13-1煤层顶底板岩性类型及分布特征

淮南潘集矿区的深部勘查区有102个钻孔揭露13-1煤层。笔者对每个钻孔13-1煤层顶底板岩性类型和厚度进行了统计,并计算了砂岩、粉砂岩和泥岩的厚度比例,统计结果见表2.9。

第 2 章　潘集矿区深部煤系岩石组成及其形成环境

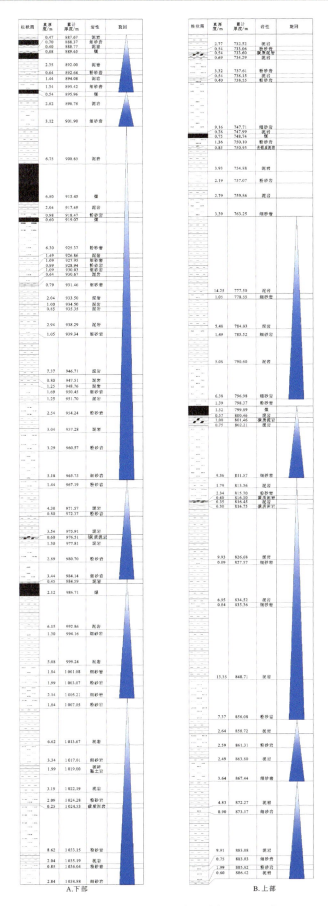

图 2.9　上石盒子组沉积旋回特征(17-1孔)

表 2.9　研究区 13-1 煤层顶底板地层岩性类型、厚度统计表

层位	岩性	厚度范围/m	平均厚度/m	厚度占比/%	平均厚度占比/%
顶板	砂岩	0~22.85	8.10	0~45.70	16.19
	粉砂岩	0~28.25	5.21	0~56.50	10.42
	泥岩	7.95~48.63	36.70	15.90~97.26	73.39
底板	砂岩	0~19.12	4.40	0~63.73	14.83
	粉砂岩	0~21.70	4.22	0~72.33	14.11
	泥岩	3.68~30.00	20.58	12.27~100.00	71.06

在研究区 13-1 煤层顶板中,泥岩占绝大部分,平均占比高达 73.39%,个别钻孔泥岩厚度达 48.63m,占到整个顶板厚度的 97% 以上;砂岩主要发育细砂岩,平均厚度 8.10m,占顶板厚度的 16.19%;粉砂岩发育得最少,研究区平均占比仅为 10%。在研究区 13-1 煤层底板 30m 研究段中,岩性也以泥岩为主,平均发育厚度 20.58m,平均厚度占底板厚度的 71.06%;底板砂岩和粉砂岩平均厚度各为 4m,占底板厚度的 14% 左右。

在进行顶板岩性类型分区时,根据揭露 13-1 煤层顶底板的 102 个钻孔数据,采用三角分类法(兰昌益,1989)编制了研究区 13-1 煤层顶底板岩性类型分区图,如图 2.10 所示。13-1 煤层顶板岩性可以划分为 3 个区,对应 3 种类型,即泥岩型、泥岩-粉砂岩型和粉砂岩-泥岩型(图 2.10A)。泥岩型顶板占研究区面积的 70% 以上,泥岩-粉砂岩型和粉砂岩-泥岩型占比较小,在 25% 左右,主要发育在研究区西北角、18 线和 20 线南部区域以及研究区北部边界区域。由此可见,13-1 煤层顶板岩性以泥岩型为主。

13-1 煤层底板的岩性类型可以划分为 5 类(图 2.10B),主要发育泥岩型、泥岩-粉砂岩型、粉砂岩-泥岩型、粉砂岩型和砂岩-泥岩型。研究区南部区域 18 线以东及断层 F66 以北区域均以泥岩型底板为主,仅在北部边界和向斜核部 9 线到 12 线之间分布条带状的粉砂岩-泥岩型底板,在研究区西部 18 线到 26 线之间分布有粉砂岩型底板及泥岩-粉砂岩型底板,在 24 线中部发育有砂岩-泥岩型底板。研究区大部分为泥岩型底板,占比达到 60% 左右。

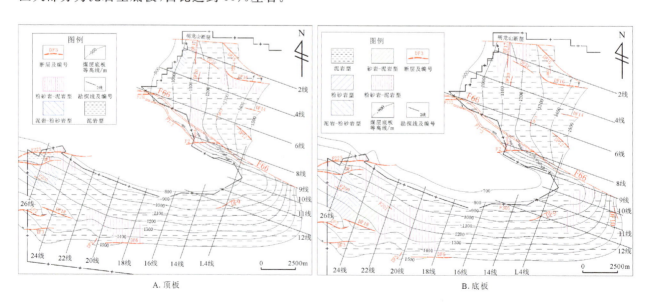

图 2.10　研究区 13-1 煤层顶底板地层岩性类型分区图

2. 研究区 11-2 煤层顶底板岩性类型及其分布特征

通过对 88 个揭露 11-2 煤层钻孔资料的统计,笔者计算得出 11-2 煤层顶底板岩层各种岩性、厚度及其占比(表 2.10)。研究区 11-2 煤层顶板以泥岩为主,平均厚度占顶板厚度的 66.32%,泥岩厚度变化较大,单孔发育厚度在 3.96～45.83m 之间,差异性明显;砂岩和粉砂岩平均厚度各仅占整个顶板厚度的 17% 左右。研究区 11-2 煤层底板岩性也以泥岩为主,相较于顶板而言砂岩占比明显增大。泥岩平均发育厚度 15.46m,占底板厚度的 57.52%,砂岩平均发育厚度 8m,占底板厚度的 30% 左右。

表 2.10 研究区 11-2 煤层顶底板岩性类型、厚度统计表

层位	岩性	厚度/m	平均厚度/m	厚度占比/%	平均厚度占比/%
顶板	砂岩	0～25.30	8.70	0～50.60	17.41
	粉砂岩	0～36.55	8.18	0～73.10	16.27
	泥岩	3.96～45.83	33.16	7.92～91.66	66.32
底板	砂岩	0～27.95	7.88	0～93.17	27.15
	粉砂岩	0～21.98	4.47	0～73.27	15.33
	泥岩	0～30.00	15.46	0～100	57.52

根据表 2.10 统计数据,使用三角分类法将研究区 11-2 煤层顶板岩性类型划分为 3 类,如图 2.11A 所示。泥岩-粉砂岩型顶板主要分布在研究区西部边界区域;在断层 F66 南部研究区内,粉砂岩-泥岩型顶板与泥岩-粉砂岩型顶板相间发育,两者分布面积之和约占研究区面积的 40%;泥岩型顶板集中分布在研究区中东部区域以及 3 线至 6 线之间,占比较大。11-2 煤层顶板岩性以泥岩型为主。

研究区 11-2 煤层底板岩性类型可以划分为 7 类(图 2.11B),即泥岩型、泥岩-粉砂岩型、粉砂岩-泥岩型、砂岩型、粉砂岩型、砂岩-粉砂岩型和砂岩-泥岩型。与该煤层顶板岩性类型分区图相比,砂岩型底板明显增多,主要分布在研究区南部 21 线以西区域以及断层 F66 以北区域中部,在 20 线以东区域还是以泥岩型底板连续发育为主要特征。

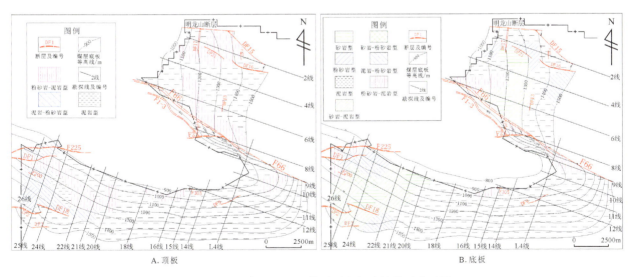

图 2.11 研究区 11-2 煤层顶底板岩性类型分区图

3. 研究区 8 煤层顶底板岩性类型及其分布特征

笔者通过统计揭露 8 煤层的 72 个钻孔资料得出 8 煤层顶底板岩层各种岩性、厚度及其占比如表 2.11 所示。在研究区 8 煤层顶板中,砂岩厚度占顶板厚度的 0～60.2%,平均 19.41%,粉砂岩较少,平均厚度只占顶板厚度的 14.78%,泥岩依然占主要地位,单孔泥岩厚度占 18.14%～97.68%,平均占比达 65.81%。相较于顶板,8 煤层底板砂岩含量减小,泥岩含量增大。泥岩平均厚度为 20.66m,占底板厚度的 70.51%,砂岩和粉砂岩平均发育厚度均在 4m 左右,平均厚度占比也相当,均占底板厚度的 15% 左右。在统计 8 煤层顶底板岩性、厚度和厚度占比的基础上,笔者划分出研究区深部 8 煤层顶底板岩性类型分区如图 2.12 所示。

表 2.11 研究区 8 煤层顶底板岩性类型、厚度统计表

层位	岩性	厚度/m	平均厚度/m	厚度占比/%	平均厚度占比/%
顶板	砂岩	0～30.01	9.63	0～60.02	19.41
	粉砂岩	0～21.20	7.39	0～42.40	14.78
	泥岩	9.07～48.84	32.64	18.14～97.68	65.81
底板	砂岩	0～17.30	4.16	0～57.67	14.34
	粉砂岩	0～17.10	4.30	0～57.00	15.15
	泥岩	1.65～30.00	20.66	10.66～100	70.51

研究区 8 煤层顶板的岩性类型可以划分为 4 类,即泥岩型、泥岩-粉砂岩型、粉砂岩-泥岩型和砂岩-粉砂岩型,如图 2.12A 所示。泥岩-粉砂岩型和砂岩-粉砂岩型顶板较为分散,分布面积占比达到 45%;泥岩型顶板分布集中且占比大,8 煤层顶板岩性类型以泥岩型为主。砂岩-粉砂岩型顶板只在 26 线下部出现,范围较小;19 线向西到 21 线附近则全为粉砂岩-泥岩型顶板。

8 煤层底板岩性类型可以划分为 3 类,即泥岩型、泥岩-粉砂岩型和粉砂岩-泥岩型。由图 2.12B 可知,泥岩-粉砂岩型底板分布较为分散,在 21 线至 26 线之间分布;在 22 线至 25 线之间、10 线附近及 4 线至 6 线之间分布有粉砂岩-泥岩型底板,两者分布面积占比达到 40%;泥岩型底板分布集中,总体上以泥岩型底板为主,占比达到 60% 左右。

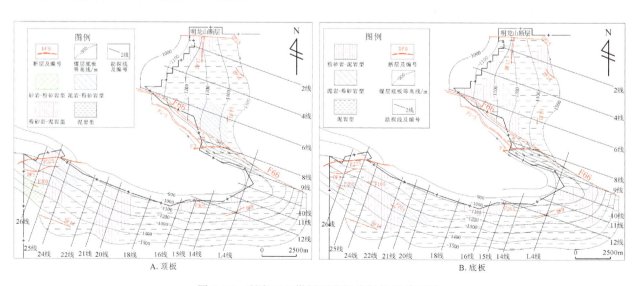

图 2.12 研究区 8 煤层顶底板岩性类型分区图

4. 研究区 4-1 煤层顶底板岩性类型及其分布特征

研究区内有 68 个钻孔揭露 4-1 煤层，笔者对钻孔中该煤层顶底板岩层的岩性类型和厚度进行统计，并计算得出 4-1 煤层顶底板岩体岩性厚度及其占比，如表 2.12 所示。研究区 4-1 煤层顶板砂岩厚度占顶板厚度的 0～60.18%，厚度占比范围变化较大，占比平均为 21.13%；粉砂岩厚度较小，平均只占顶板厚度的 17% 左右；泥岩厚度较大，单孔泥岩厚度占顶板厚度的 27.28%～98.22%，平均占比达 60% 以上。相较于顶板而言，研究区 4-1 煤层底板各类岩性比例变化不大，泥岩平均发育厚度 17.23m，平均厚度占底板厚度的 60.5%，砂岩厚度占底板厚度的 22.36%，粉砂岩厚度占底板厚度的 17.15%。

表 2.12　研究区 4-1 煤层顶底板岩性类型、厚度统计表

层位	岩性	厚度/m	平均厚度/m	厚度占比/%	平均厚度占比/%
顶板	砂岩	0～30.09	10.57	0～60.18	21.13
	粉砂岩	0～28.32	8.86	0～56.64	17.72
	泥岩	13.64～49.11	30.58	27.28～98.22	61.15
底板	砂岩	0～23.58	6.65	0～78.60	22.36
	粉砂岩	0～25.63	4.92	0～64.08	17.15
	泥岩	4.27～27.64	17.23	14.2～92.13	60.50

据研究区 4-1 煤层顶底板范围各岩性含量作 4-1 煤层顶底板岩性类型分区图，如图 2.13 所示。4-1 煤层顶板的岩性类型可以划分为 4 类，从图 2.13A 可以看出，顶板粉砂岩-泥岩型和砂岩-泥岩型较为分散，占比达到 60% 左右，其中粉砂岩-泥岩型占比较大；泥岩型顶板分布也较为分散，面积占到 40% 左右，4-1 煤层顶板岩性以泥岩型和粉砂岩-泥岩型为主。2 线到 6 线之间分布着大范围的粉砂岩-泥岩型 7 个底板；15 线向西到 17 线附近则发育砂岩-泥岩型顶板。勘查区深部 4-1 煤层顶板以泥岩类为主，粉砂岩次之，另在勘查区南部和西部有若干个砂岩型顶板分布点。总体来看，相较于其上部的煤层，4-1 煤层顶板呈粉砂岩、砂岩类岩性增多的趋势。

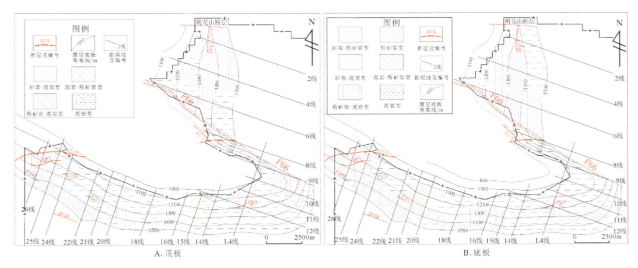

图 2.13　研究区 4-1 煤层顶底板岩性类型分区图

由图 2.13B 可知,研究区 4-1 煤层底板岩性类型可以划分为 6 类,岩性类型分区分布较为复杂。15 线到 26 线以及 L4 线向东到 9 线均有条带状的粉砂岩-泥岩型底板分布,4 线到 8 线之间也有大范围的粉砂岩-砂岩型底板分布;泥岩-粉砂岩型底板分布较为分散,18 线到 22 线分布有砂岩-泥岩及砂岩-粉砂岩型底板;其余部分为泥岩型底板,分布也不连续。

5. 研究区 1 煤层和 3 煤层顶底板岩性类型及其分布特征

研究区 1 煤层和 3 煤层发育深度较为接近,煤层发育厚度和面积也相近。3 煤层发育在 1 煤层上部,两煤层之间夹薄层泥岩、碳质泥岩及薄层粉砂岩等。夹层厚度在 0.2～3.0m 之间,平均仅为 1.25m,所以对山西组 1 煤层、3 煤层顶底板岩性厚度发育特征合并分析(卜军等,2017)。研究区有 54 个钻孔揭露 1 煤层底板和 3 煤层顶板,根据钻孔统计出 1 煤层底板和 3 煤层顶板岩性、厚度及其占比,结果见表 2.13。

表 2.13 研究区 3 煤层顶板和 1 煤层底板岩性类型、厚度统计表

层位	岩性	厚度/m	平均厚度/m	厚度占比/%	平均厚度占比/%
3 煤层顶板	砂岩	0～42.95	18.35	0～85.90	36.98
	粉砂岩	0～25.15	7.53	0～51.42	15.25
	泥岩	0.50～47.46	23.50	1.00～94.92	47.77
1 煤层底板	砂岩	0～26.65	6.46	0～52.00	11.98
	粉砂岩	0～21.50	8.04	0～41.95	14.57
	泥岩	0～23.55	13.86	0～100.00	73.45

研究区 3 煤层顶板在研究区北部见岩浆岩侵入,以细砂岩、中砂岩为主,其次为泥岩或砂质泥岩。3 煤层顶板砂岩占比不均匀,占比范围为 0～85.9%,平均 36.98%;泥岩占比仍然很大,约占 3 煤层顶板厚度的一半。研究区 1 煤层底板多为砂质泥岩或泥岩,局部为粉砂岩,部分区域见岩浆岩侵入。1 煤层底板岩性以泥岩为主,其厚度占整个底板厚度的 73.45%,砂岩和粉砂岩占比均较低,只占 11.98% 和 14.57%。根据统计结果获得各钻孔的岩性类型,并划分出 3 煤层顶板和 1 煤层底板岩性类型分区如图 2.14 所示。

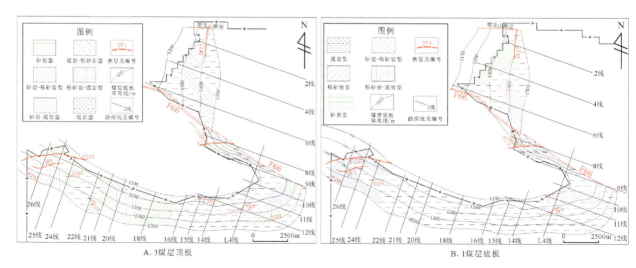

图 2.14 研究区 3 煤层顶板和 1 煤层底板岩性类型分区图

由图 2.14A 可知,在 3 煤层顶板岩性类型中,泥岩型主要分布在 L4 线向西到 16 线附近;泥岩-粉砂岩型呈条带状分布在 4 线到 8 线;16 线到 22 线依次分布着砂岩-泥岩型、砂岩-粉砂岩型、粉砂岩-泥岩型,分布较为凌乱。3 煤层顶板泥岩型与砂岩型所占比例相差不大。图 2.14B 反映了 1 煤层底板岩性类型分布:在研究区西部分布着大范围的粉砂岩区;在断层 F305 处则为小部分的砂岩区;在 4 线到 8 线以及 10 线到 11 线分布着条带状的粉砂岩-泥岩区,其余大部分为泥岩区(张宇通和刘启蒙,2017)。

综上所述,研究区 4-1 煤层顶板及 3 煤层顶板岩性类型分区较为复杂,且整体泥岩含量低,在主采煤层中其顶底板稳定性最高;13-1 煤层顶底板及 1 煤层底板岩性类型分区较简单,均以泥岩型岩性为主,占研究区面积的 70% 以上,说明其工程稳定性最差;11-2 煤层及 8 煤层顶底板岩性类型简单,其中泥岩型占 50% 左右,其顶底板稳定性中等,介于 4-1 煤层及 13-1 煤层之间;下部第一和第二含煤段顶板稳定性相对要强于底板,而上石盒子组第三和第四含煤段主采煤层的底板稳定性要强于顶板。

2.4 潘集矿区深部煤系砂体特征

本研究区二叠系为一套碎屑岩系,主要由砂岩、粉砂岩、泥岩及煤层组成。砂岩在二叠纪含煤地层中占 32.89%,其中又以细砂岩为主,约占 70%,中砂岩和粗砂岩含量较少(彭军,2015)。自下而上存在多个旋回,每个旋回砂体分布特征不同,为了便于描述,各主要砂体编号如表 2.14 所示。

表 2.14 主要砂体位置及编号一览表

组名	砂体位置	编号	组名	砂体位置	编号
山西组	太灰①—1 煤层	SX1	下石盒子组	6 煤层—7 煤层	XS5
山西组	3 煤层—山西组顶	SX2	下石盒子组	7-2 煤层—8 煤层	XS6
下石盒子组	山西组顶—花斑状泥岩	XS1	下石盒子组	8 煤层顶板	XS7
下石盒子组	花斑状泥岩—4-1 煤层	XS2	上石盒子组	11-2 煤层顶板	SS1
下石盒子组	4-1 煤层—5-1 煤层	XS3	上石盒子组	13-1 煤层—15 煤层	SS2
下石盒子组	5-2 煤层—6-1 煤层	XS4			

①太灰指太原组灰岩,后同。

2.4.1 山西组主要砂体分布特征

本研究区山西组 1 煤层下部砂体(SX1)分布不稳定,在剖面上呈透镜状(图 2.15),厚度在 0~22.4m 之间,平均 4.21m,在研究区北部及西南部较厚,在其余地区较薄。3 煤层顶板砂岩(SX2)在 6 线~12 线及 24 线~27 线之间较厚,厚度为 8~20m,而在 12 线~16 线之间的厚度较薄,整体上呈分支状分布。

2.4.2 下石盒子组主要砂体分布特征

研究区下石盒子组存在 5~6 个沉积旋回,每个旋回均有砂体分布。根据勘探区深部 108 个钻孔资料,4-1 煤层和 4-2 煤层顶板砂岩(XS1)厚度在 0~23.92m 之间,平均 4.10m,剖面上砂体呈条带状(图 2.16),平面上呈分支状,砂体在研究区范围内主要分布在 14 线以西区域。5-1 煤层顶板砂岩(XS2)厚度在 0~14.74m 之间,平均 2.75m,厚度不稳定,变化较大,剖面上呈透镜体,平面上呈分支状,砂体主要分布在 12 线北的区域。7-2 煤层顶板砂岩(XS3)厚度在 0~17.23m 之间,平均 1.82m,厚度不稳定,平面上呈分支状。

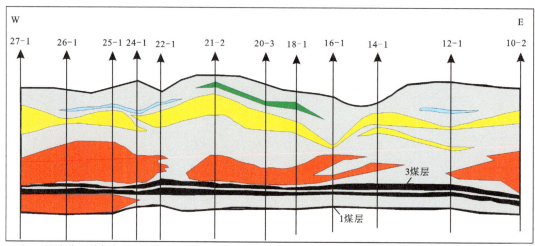

图 2.15　研究区山西组东西向沉积剖面示意图

主采煤层 8 煤层顶板砂岩(XS4)厚度在 0~19.83m 之间，平均厚度达 4.13m，砂体分布较广，砂体厚度发育不均匀，在剖面上呈透镜状(图 2.16)，从西往东砂岩厚度呈波浪式增减变化，在 18 线~20 线和 25 线~26 线存在多个极值点，在平面上呈网状。

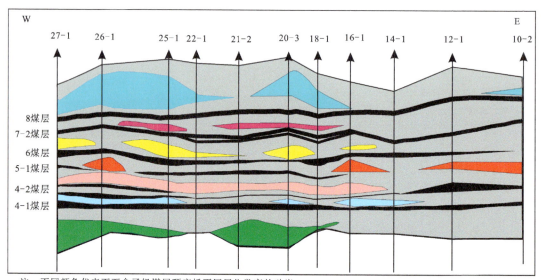

图 2.16　研究区下石盒子组东西向沉积剖面示意图

4-1 煤层底板发育一层厚度一般在 5~10m 之间的灰白色—灰绿色含砾中粗砂岩，钙泥质胶结，常被称为骆驼钵子砂岩，该层含砾中粗砂岩在研究区内发育稳定，是对比 4 煤组的标志层，也是划分山西组与下石盒子组的分界砂岩。

2.4.3　上石盒子组主要砂体分布特征

结合研究区钻孔实际揭露煤层情况与本书研究重点煤层段，本次统计了研究区上石盒子组第三和第四含煤段即 11-2 煤层顶板和 13-1 煤层顶板的砂岩厚度。由钻孔统计可知，11-2 煤层顶板砂岩

（SS1）厚度在 0~12.71m 之间，平均 2.85m，剖面上呈透镜状（图 2.17），平面上呈分支状，主要分布于 14 线以东区域；11-2 煤层底板砂岩主要分布在 20 线以西区域，且厚度较大，发育较稳定。13-1 煤层顶板砂岩（SS2）厚度在 0~18.81m 之间，平均 4.15m，在剖面上呈透镜状、条带状（图 2.17），在平面上呈分支状，主要分布于 16 线以西区域；13-1 煤层底板在研究区内一般发育一层较稳定的砂岩，岩性以中细粒石英砂岩为主。

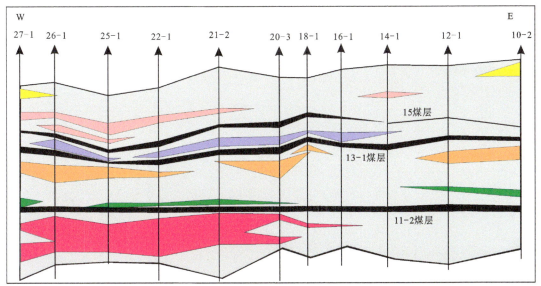

注：不同颜色代表上石盒子组煤层顶底板不同层位发育的砂岩。

图 2.17　研究区上石盒子组下段东西向沉积剖面示意图

研究区含煤地层中砂岩主要类型有石英砂岩、长石石英砂岩以及岩屑石英砂岩。在东西向剖面上，石英砂岩主要分布在下石盒子组第二含煤段以及上石盒子组第三、第四含煤段中；长石石英砂岩主要分布在山西组和上石盒子组第四含煤段中；岩屑石英砂岩数量较少，主要分布在山西组和下石盒子组中。从平面上看，研究区沉积岩性从东到西有砂岩厚度逐渐增大和泥岩厚度逐渐减小的趋势。在垂向上，砂岩含量最高的为下二叠统，向上逐渐变细，泥岩则相反。

2.5　潘集矿区深部二叠系沉积体系

研究区在晚石炭世以后地壳开始沉降，其最底部形成了古风化面铝质岩残积，晚石炭世该区已沉入水下，并开始接受海相沉积。此时的华北板块为一大型陆表海型聚煤盆地，海水进退频繁；随着板块运动及地壳的隆升，至二叠纪晚期，海水逐渐退出本区，该区进入了陆相河湖沉积期。晚古生代沉积地层主要由碳酸盐岩与碎屑岩混合的含煤岩系和红色硅质碎屑岩沉积物两个部分组成，上石炭统主要形成于清水与浑水交替的陆表海环境，为一套海陆交互相沉积；中-下二叠统为海陆过渡环境，为一套三角洲沉积，上二叠统下部形成于河流-湖泊沉积环境，为陆相沉积，中部出现一次广泛的海侵过程，为一套潟湖-海湾沉积。根据研究区岩石沉积特征、相组合特征及砂体分布等分析，总体说来，研究区存在五大沉积体系，即碳酸盐台地沉积体系、潮坪沉积体系、三角洲沉积体系、河流沉积体系及海湾-潟湖沉积体系。本书主要介绍二叠系沉积体系。

2.5.1 潮坪沉积体系

潮坪沉积体系主要分布于山西组下部、下石盒子组下部等区段。潮坪沉积体系是研究区海陆交替型含煤岩系中比较重要的沉积体系类型,主要部分位于潮间带。潮坪沉积的水动力条件总的来说是从潮下带向潮上带逐渐减弱。潮道和潮沟是潮流通过的地方,水动力最强,而且呈双向流动,因此沉积物最粗,发育"人"字形交错层。潮坪是在有障壁的受限陆表海条件下形成的,在其演化过程中的聚煤作用是陆表海盆地的一个基本特色,由于潮汐的周期性变化对沉积物有深刻的影响,在低潮线附近,波浪的活动与潮坪较高部位相比要强一些,作用的时间也久一些,主要为砂质沉积,即砂坪相。由于砂坪高潮线附近水动力条件较弱,发育泥坪相沉积,砂坪相与泥坪相之间为砂泥混合坪相,总体上构成向上变细的序列。

1. 潮道相

潮道相是研究区潮坪沉积体系中的主要成因相类型。其典型沉积物主要为灰色至浅灰色或灰褐色的中粗—中细粒岩屑石英砂岩。石英一般呈次棱角状但分选较好,岩屑多为泥质岩屑、粉砂质泥岩岩屑等。潮道底部常为冲刷面,其上为含砾的中粗砂岩。砾石主要为泥岩和粉砂岩,为准同生砾,也有的为潮道侧蚀(高弯度潮道)过程中潮坪沉积物的塌落块。在潮道沉积组合中发育大型板状交错层理、槽状交错层理、双向交错层理、脉状层理和波状交错层理,在潮道充填沉积的上部发育小型槽状层理、脉状层理和爬升层理。在潮道充填沉积垂向层序上,由下而上为粗碎屑至细碎屑岩,顶部为泥质沉积,层系厚度向上变小,并可见到变形构造、双黏土构造。在潮道充填沉积的上部常见经生物强烈扰动的细粒和泥质沉积,顶部往往为薄的泥炭层沉积,有植物根系化石出现。潮道沉积充填序列一般为向上变细层序。

2. 泥坪相

泥坪相是研究区太原组常见的潮坪沉积相类型,因有较长时间暴露在水面以上,一般在靠近平均高潮面之下,属于前滨带向陆方向的第一个沉积微相。由于泥坪区仅在高潮时才被淹没,所以沉积物以细粒和泥质为主,即沉积物以悬浮载荷为主,岩性以灰色至浅灰色泥质岩为主,其次为粉砂岩。泥坪沉积组合中具有生物扰动、虫孔构造以及植物根系化石等。原生沉积构造被破坏,有时还能辨别出层理。早期泥坪沉积物中含有较多的铝质,说明具有蒸发及土壤化泥坪的气候特点。在晚期的泥坪沉积中,以暗色泥质和粉砂质沉积为主,含植物化石丰富,常具有由沼泽和泥炭沼泽形成的泥炭层,并常被保存而形成薄层煤。但研究表明,本区在泥坪相沉积基础上发展而成的泥炭沼泽相通常不能形成厚度较大的煤层。

3. 砂泥混合坪相

砂泥混合坪相为研究区内最为常见的潮坪沉积相类型,构成陆表海陆交替型沉积的骨架部分,为泥坪向陆地方向过渡的沉积相,因为中潮坪平均一半时间被海水淹没,受潮汐流作用的影响最大,是狭义的潮坪,所以其沉积物以床沙载荷和悬浮载荷交替出现为特征。床沙形态以沙纹为主,沉积物以细粒、粉砂质和泥质的互层为特征,潮汐层理较发育,其中以互层层理、透镜状层理、缓波状及复合波状层理最为常见。

4. 砂坪相

砂坪相位于低潮带,为前滨向盆地方向最后的一个沉积微相。该区一般被海水淹没,潮流速度较大,水动力条件比较强,沉积物以床沙载荷为主,具沙垄、沙丘等床沙形态,各种沙纹层理发育,砂岩的分选、磨圆度较好,也发育大中型的交错层理。砂坪相的沉积物也可以是灰质砂岩或钙质胶结的砂岩。由较长时间暴露于水面之上的泥坪隔开,呈毯状体分布,因而,砂坪相和砂泥混合坪相常常由于海退导致沼泽化或泥炭沼泽化,并形成煤层。

5. 潮坪沼泽相、泥炭沼泽相

潮坪沉积体系中的潮坪沼泽相和泥炭沼泽相沉积形成的煤层中含有大量黄铁矿结核。然而,海平面的相对上升也使得泥炭沼泽相沉积发育中止,因而,研究区煤层均较薄。潮坪沼泽相沉积形成的泥岩和粉砂质泥岩颜色较深,多为深灰色至黑灰色,含有大量黄铁矿散晶,见有植物根化石或根痕化石,也见有生物扰动构造,其上部则为泥炭沼泽相沉积(薄层煤层)。

2.5.2 三角洲沉积体系

三角洲沉积体系是在盆地海退过程中广泛发育的陆表海过渡性沉积,以河控三角洲为主,三角洲平原相极为发育,分流河道相占重要地位。三角洲不同程度地受到潮汐作用的影响,表现为三角洲沉积序列中有潮坪相沉积发育,河口沙坝不同程度受潮汐作用的改造,潮汐层理发育。三角洲沉积相常与障壁岛沉积相组成复合体系,且两个沉积体系随海平面的变化沉积相相互叠置。广阔的三角洲平原相在本研究区三角洲沉积体系分布规模广泛,主要存在于山西组上部、下石盒子组上部及上石盒子组下部,三角洲平原相、分流河道相极为发育。本区下石盒子组下部三角洲主要为浅水三角洲,三角洲前缘相和前三角洲相不发育,且随着浅水三角洲进积作用结束,形成了大面积的水陆过渡形态,古植物比较发育,有利于大量泥炭聚集和保存,进而在广阔的三角洲平原相上发生了大规模的聚煤作用,且形成了大面积的富煤带。如研究区的4~6煤层,分布面积广泛,煤层厚,且硫分低,明显表明了该煤层形成与浅水的三角洲沉积体系相关。

1. 分流河道相

由于海水作用对分流河道的影响较小,以河流侧积-填积作用为主,由细—中粒岩屑杂砂岩组成,整体上表现为向上变细序列。分流河道相砂体在断面上呈现比较大的透镜状,研究区的山西组发育着分流河道相,其特点是多期分流河道相砂体叠置在一起,上部的河道相沉积对下部沉积组合具有冲蚀作用,分流河道相主要由中细砂岩组成,底部常为含泥砾的中粗砂岩,有时含破碎的菱铁质砾石。分流河道相沉积组合的下部含冲刷泥砾较多,泥砾呈棱角状,分选较差,而且还可以从泥砾中观察到清晰的纹层、层理,但多已变形或被改造。泥砾为下伏潮坪沉积物或分流间洼地沉积物(图2.18、图2.19)。在研究区内山西组—上石盒子组均比较发育,各煤段的分界砂岩几乎全部为分流河道相沉积,多期分流河道相砂体叠置在一起,成为岩石地层的骨架。上部的河道相沉积对下部沉积组合具有冲蚀、削截作用而导致下部的分流河道相沉积组合中缺少某些单元。其普遍的特点是:底部具冲刷面,冲刷面上的砂岩常具块状构造,滞留沉积中含大量泥砾、煤屑等;往上以大型槽状和板状(直线型、收敛型均有)交错层理最发育,再往上为发育波状层理、小型交错层理的细砂岩,自下而上层序厚度逐渐变小。分流河道相沉积组合的上部为天然堤相、决口扇相及泛滥平原相沉积的泥质、粉砂质,最顶部常发生沼泽化或泥炭沼泽,形成煤层。

A. 泥砾　　　　　　　　　　　B. 分流河道相砂体

图 2.18　3煤层顶板分流河道相砂岩及冲刷包体(25-1孔)

图 2.19　4-2 煤层顶板分流河道相冲刷包体(17-1 孔)

2. 废弃分流河道相

河道相砂体顶部突变为泛滥平原、沼泽相的泥岩、粉砂岩及泥炭沉积时,说明分流河道突然废弃(图 2.20)。废弃分流河道相沉积是由于三角洲平原中上部的河道改道、摆动或截弯取直导致活动分流河道突然废弃。废弃分流河道相砂体在断面上呈上平下凸的形态,内部常含有植物化石碎片和生物扰动构造。

注：下部为河道相砂体,上部为废弃分流河道相充填沉积。

图 2.20　3 煤层顶板废弃分流河道相(3-1 孔)

3. 决口扇相

决口扇相是在河水浸漫河床冲决天然堤时形成的,主要为砂质沉积物,也见有黄褐色粉砂岩和砂质黏土岩。砂岩以细粒为主,局部为中—粗粒,含杂基较多,分选性和磨圆度均较差。砂体在剖面上呈透镜状,在平面上呈扇状,其沉积序列中下部为小型板状交错层理、波纹交错层理,上部为水平层理或块状层理,含有泥砾和较多的植物化石碎片。砂岩层底界面见有冲刷面,往上至顶部呈渐变关系,也见有明显的突变粗序列。如果决口扇规模大,在平面上则呈现由具有一定面积的席状砂体构成的决口三角洲相沉积。决口扇相沉积在测井曲线上常表现箱状结构,上、下界面均比较明显。

4. 分流间湾相

分流间洼地相按照海水影响的界线划分为分流间泛滥平原相和分流间湾相。分流间泛滥平原相多为细粒沉积,由具波状交错层理、小型交错层理的菱铁质极细粒砂质沉积(细砂岩—粉砂岩)和薄层泥质沉积组成,单个薄层厚度为厘米级,横向延伸较远;分流间湾相由具水平纹理的粉砂岩、泥岩组成,含菱铁质结核及植物化石碎片(图2.21)。

5. 分流间沼泽相及泥炭沼泽相

分流间沼泽相是在分流间洼地相或分流间泛滥平原相的基础上发展而成的,虽然河水注入该区,但覆水深度较浅,植物茁生,逐步形成泥炭沼泽。它主要由含有机质的黑色、深灰色泥质岩、砂质泥岩、碳质泥岩和煤层等组成,含有植物根茎化石,也可见到由洪水带入的粉砂质或细砂质沉积(图2.22)。

图2.21 4-2煤层顶板分流间湾相(13-1孔)

注:上部为河口沙坝,下部为沼泽相。

图2.22 1煤层河口沙坝相(9-1孔)

6. 分流河口沙坝及席状沙相

近端河口沙坝以极细—细粒砂岩为主,具板状、楔状交错层理及大型低角度交错层理(图2.22)。受潮汐作用、波浪作用的改造,这些交错层理的前积纹层或层系界面夹有泥质薄层或泥条带。河口沙坝沉积由于潮汐作用和河流作用相对变化,形成多个沉积韵律。

在研究区,河口坝的侧向迁移作用形成前缘席状沙,沿三角洲前缘呈较宽带状分布,层面具有植物碎屑纹层或黑色碳膜。

7. 远端沙坝相

远端沙坝相为河口坝席状沙的远端部分,以砂泥互层为主,并逐渐从具透镜状层理的粉砂质或泥质沉积过渡为毫米级和厘米级砂泥互层沉积(图2.23),这反映了分流河道所携带沉积物的注入作用、波浪活动和水体中悬浮物质的沉积作用之间的相互作用。见有少量植物化石碎片。

图2.23 1煤层远端沙坝相(9-1孔)

8. 前三角洲相

前三角洲相沉积主要由具有密集水平层理的泥岩组成(图2.24、图2.25)。

图 2.24　1 煤层下部前三角洲相泥岩(9-1孔)

注：上部为前三角洲相，下部为碳酸盐台地相。

图 2.25　1 煤层下部前三角洲相泥岩(17-1孔)

2.5.3　河流沉积体系

1. 河道相

在河道冲刷面上发育的河床滞留相沉积主要为粗砂岩、中砂岩。其成分比较复杂，多为陆源砾石，如燧石、石英和岩屑砾石等，还见有泥岩和煤块等软岩砾石，例如山西组的上部骆驼钵子砂岩、上石盒子组上段砂岩(图2.26)。

2. 天然堤相

该类沉积由细粒长石石英砂岩和粉砂质泥岩组成，见水平层理及沙纹层理，含少量的植物化石碎片，偶见生物碎屑(图2.27)。

图 2.26　9 煤层顶板河道相(2-4孔)

图 2.27　9 煤层顶板天然堤相(2-4孔)

3. 决口扇相

决口扇相以砂质沉积为主，中—细砂岩，浅灰色—灰白色或杂色，成熟度较低，磨圆度不好，分选性差，层理不发育，可见有粒序层理，底界具侵蚀构造。在垂向上往往出现于一套较细的沉积组合中，如常与堤岸沉积、泛滥平原或泛滥盆地沉积共生在一起，剖面上呈透镜状、平面上呈席状分布，总体上具有向泛滥盆地变薄的趋势。决口扇体在垂向上其顶底界面均较清楚,底界面具侵蚀或冲刷面,顶界面则为突变面(图2.28)。

图2.28　9煤层顶板决口扇相(2-4孔)

4. 泛滥平原相

泛滥平原相主要由垂向加积的细粒沉积物组成,一般由互层状的泥岩、粉砂质泥岩和粉砂岩组成,局部发育水平层理或水平波状层理,含丰富的植物化石碎片及根化石(图2.29)。

5. 河漫湖泊相

河漫湖泊相位于河漫平原的最低区域,以细粒和泥质为主,颜色较浅且杂,可能和长时间暴露或干旱有关,主要发育水平层理和斜波状层理,覆水较浅时,形成沼泽,但持续时间短,仅在沉积序列的中上部发育沼泽相沉积薄层,可见植物化石碎片(图2.30)。

图2.29　9煤层顶泛滥平原相(2-4孔)　　　图2.30　11煤层上部河漫湖泊相(17-1孔)

2.5.4　海湾-潟湖沉积体系

1. 海湾潮坪相

海湾潮坪相主要由细砂岩、砂泥互层组成,砂岩常呈现灰绿色并常有海绿石,常含钙质结核,砂岩层数多但厚度小,砂岩粒度概率曲线为海湾潮坪型(包括潮渠型、港湾沙坝型、海滨沙型),可见波状层理、交互状层理和透镜状层理。

2. 海湾潟湖相

海湾潟湖相一般由杂色泥岩和粉砂岩组成,并夹有硅质层,黏土矿物主要为高岭石和伊利石,常可见到舌形贝、海扇动物化石,并与植物化石共生,硅质层富产海绵骨针。古盐度为24‰左右,Sr/Ba值、B元素含量等地球化学指标均指示半咸水环境。

2.6 潘集矿区深部煤系沉积环境分析

根据每个含煤段地层的岩石学特征、沉积标志、古生物标志、测井曲线形态,结合砂体的平面、剖面分布特征等,本节对各组各含煤段的形成环境进行了简要分析。

2.6.1 山西组沉积环境

山西组为研究区的第一含煤段。在该组沉积之初,海水由北向南全面撤退,河流作用加强,岸线逐步南移,在含煤段底部形成了前三角洲相暗色泥岩(或海湾潟湖相),向上逐渐变为三角洲前缘远端沙坝相细粉砂岩、粗粉砂岩和河口沙坝相细粒石英砂岩等,之上为由沼泽相及分流河道相组成的三角洲平原相沉积(兰昌益,1989)。据此沉积组合以及前人研究成果,可判定研究区第一含煤段(山西组)的沉积环境为河流入海处的水下三角洲平原相沉积,如图2.31所示。3煤层顶板砂岩以分流河道相为主,1煤层底板砂岩为薄层河口沙坝相粉细砂岩(靖建凯,2016;郝玄文,2019)。

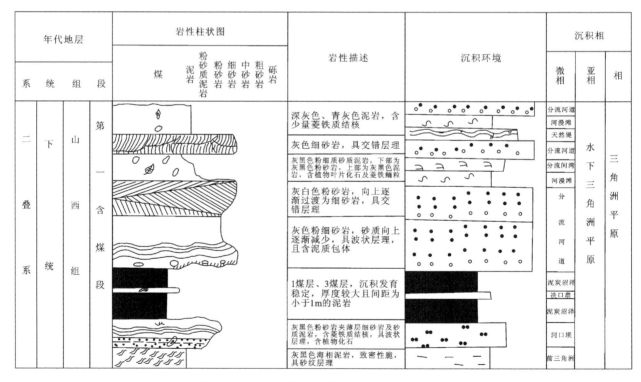

图2.31 研究区第一含煤段沉积相综合柱状图

2.6.2 下石盒子组沉积环境

下石盒子组是研究区的第二含煤段,是典型的碎屑岩含煤建造。在该沉积时间段由于分流河道的快速向前推进,其间形成了分流间湾相,常因削截作用而导致分流河道相沉积组合中缺少某些单元。上三角洲平原相进一步扩大,每一个旋回底部均为厚层浅灰色—灰白色的中粒、细粒石英砂岩,为分流河道相及河流相沉积;其上为粉砂岩、泥岩和煤层,代表分流间湾决口扇相、洼地相、湖泊相、沼泽相沉积。研究区第二含煤段及下石盒子组整体属于浅水三角洲及分流河道沉积体系,该段沉积相变化频繁,泥炭沼泽相与河流相交替出现,显示出很强的旋回性(平文文,2016)。研究区第二含煤段沉积情况如图 2.32 所示。

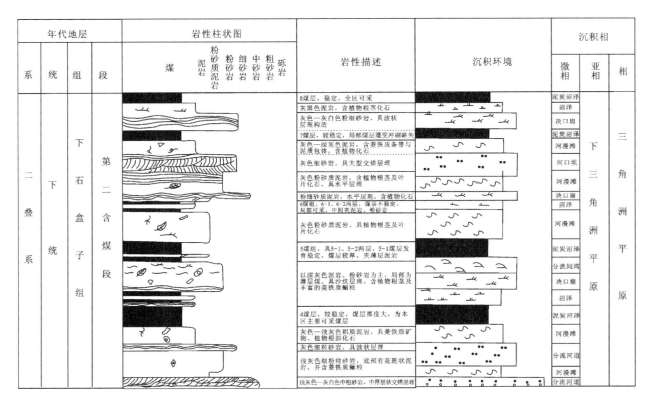

图 2.32 研究区第二含煤段沉积相综合柱状图

2.6.3 上石盒子组沉积环境

根据上石盒子组岩性、岩相特征、垂直层序和沉积变化以及聚煤特征等方面的不同,可以看出第三、第四含煤段与第五、第六、第七含煤段的沉积环境明显不同。

结合收集的地质资料可知,从整体上看,本研究区上石盒子组第三、第四含煤段为下三角洲平原沉积环境(图 2.33)。虽然两个含煤段均处于三角洲上的河道沉积,但是从形态上看两者还是有区别的,第三含煤段呈树枝状,第四含煤段呈网状。第五、第六、第七含煤段出现了舌形贝化石,砂岩中出现海绿石,有产海绵骨针的硅质岩等,应为河口湾(海湾潟湖)环境。

1. 第三含煤段沉积环境

第三含煤段上部发育 11-2 煤层,结构简单。本段砂岩概率累积曲线呈二段式分流河道型,具向上变细层序,斜纹层理与槽状交错层理较发育,砂体呈分支状,属于下三角洲平原分流河道相沉积。其上发育天然堤相、河漫滩相、泥炭沼泽相等沉积(图2.33)。

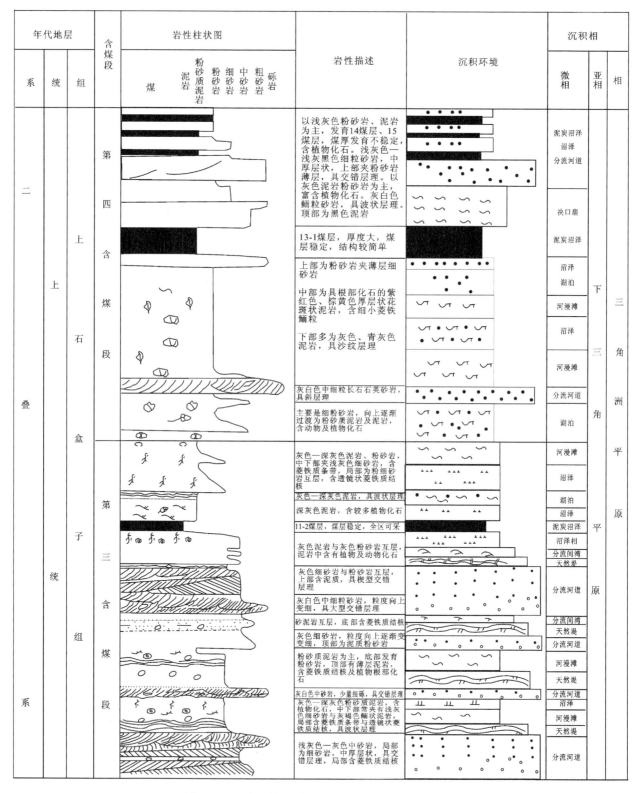

图 2.33 研究区第三、第四含煤段沉积相综合柱状图

2. 第四含煤段沉积环境

第四含煤段底部发育区内较稳定的砂岩,其上沉积花斑状泥岩,中部发育稳定可采的 13-1 煤层。该段底部砂岩以中细粒石英砂岩为主,具向上变细层序。砂体宽厚不大,呈树枝状—网状分散,属河道位置较固定、侧向迁移不强烈的树枝状—网状分流河道相(兰昌益,1989)。其上发育含菱铁质泥岩、浅灰色泥岩及花斑状泥岩,其黏土矿物以高岭石为主(70%~90%),B 含量低($7 \times 10^{-6} \sim 47 \times 10^{-6}$)、B/Ca 值为 0.5~1.4,Sr/Ba 值为 0.17~0.36,属分流间泛滥平原相沉积。其下部的花斑状泥岩的成因可能是炎热潮湿的气候条件下,在三角洲准平原化地形上发育起来的网状河流沉积体系之天然堤相、河漫滩相及潮湿沼泽相沉积(兰昌益,1984,1989)。

综上所述,第四含煤段沉积组合应为下三角洲平原分流河道相、分流间泛滥平原相、沼泽相及泥炭沼泽相沉积,构成向上变细层序(图 2.33)。其间夹有天然堤相、决口扇相沉积,偶夹产 Lingula sp. 化石的分流间湾相沉积。

3. 第五含煤段沉积环境

本含煤段以底部的灰白色细粒石英砂岩与第四含煤段分界,其内以青灰色、灰绿色的泥岩、砂质泥岩为主,夹粉砂岩、细砂岩或砂岩与泥岩互层。

总体上,第五含煤段继承了第四含煤段的环境特点,以分流河道相、分流间泛滥平原相、沼泽相及泥炭沼泽相沉积为主,16 煤层、17 煤层顶部的 Lingula sp. 化石指示了分流间湾相沉积的存在。

4. 第六含煤段沉积环境

本含煤段以青灰色泥岩、砂质泥岩为主,夹粉砂岩、细砂岩。含煤 0~7 层,但均不稳定。特征的岩层为 18 煤层上层位至 19 煤层上、下层位的 1~3 层硅质海绵岩和 18 煤层底部的鲕状铝质泥岩。

据兰昌益(1988),本区的硅质岩有 3 种:一种是典型的燧石层;一种属于泥质燧石层;另一种为硅质碳泥岩,含碳质高,色深,有的含镜煤条带,密度较小,SiO_2 含量为 62.88%。

燧石层分布较广,包括刘庄地区 131 孔上燧石层,关店 30-5 孔上燧石层和明龙山 81-01 孔以及顾桥地区的燧石层。燧石层中含丰富的海绵骨针,含量可达 70%~80%,矿物成分主要为石英和玉髓。海绵骨针均为大骨针,比较破碎,长短相差悬殊,并有被磨蚀的特征,骨针排列杂乱,无一定优选方向。

泥质燧石层包括刘庄地区 131 孔下燧石层,关店地区 30-5 孔下燧石层和 24-9 孔的燧石层。它的层位较上一种类型低,均在 18 煤组以上,而且比较紧邻煤层和碳质泥岩。泥质燧石层中含海绵骨针也比较丰富,占 40%~50%,矿物成分主要为石英微晶。骨针大多为大骨针,具磨蚀特征。垂直层面的切片中,粗粒海绵骨针与细粒黑色和棕红色物质交互成层,但骨针在层面上方向杂乱,应为无定向水流快速堆积而成的。

硅质碳泥岩主要为碳质矿物和泥质矿物,硅质矿物约占 20%。硅质为燧石岩岩屑和少量磨圆状的海绵骨针。

3 种类型硅质岩的矿物组成特征反映它们离海岸线的距离不同。燧石层离海岸线较远,硅质碳泥岩就在滨海线附近,泥质燧石层则处于两者之间。许多特征表明它是滨海潮汐带的产物,因此,层位常紧靠煤层和其中常含有煤的显微组分(兰昌益,1989)。本区的硅质岩往往与含舌形贝化石和海绿石的岩层紧邻,而且邻近处还有钙质结核以及垂直虫穴遗迹化石。这些特征进一步指明硅质岩的形成环境是滨海潮汐带。潘集矿区深部的该层位岩石裂隙中还见到石油。

第六含煤段中也有不少砂岩,大部分钙质胶结,粒度概率图为四段型,有一滚动组分,应属滨海浅滩或沙堤环境的产物。

综上所述,第六含煤段的沉积环境应属海湾(支流间湾)或河口湾,而硅质岩可能属于潮汐相沉积。

5. 第七含煤段沉积环境

本含煤段以深灰色泥岩、砂质泥岩为主,夹粉砂岩、细砂岩,岩石成分复杂且变化快,含煤 0~9 层,均为不稳定的薄煤层。

第七含煤段的砂岩含海绿石,主要发育波状层理,粒度概率图为潮渠型,所以这些砂岩为潮汐通道相或港湾沙坝相沉积;粉砂岩表现出交互层理和透镜状层理,发育垂直虫孔遗迹化石,可能为潮间带相沉积;泥岩中常产舌形贝化石,为海湾相沉积。

2.7 本章小结

(1)研究区主要含煤地层为石炭系—二叠系,自下而上发育 7 个含煤段,本书主要研究对象是深部煤系第一~第四含煤段中 5 个主采煤层顶底板岩石地层。山西组为研究区第一含煤段,发育 1 煤层、3 煤层两个主采煤层;下石盒子组是第二含煤段,发育 4-1 煤层和 8 煤层等主采煤层;11-2 煤层位于上石盒子组第三含煤段,13-1 煤层位于其上第四含煤段。

(2)研究区深部煤系砂岩主要矿物成分为石英,平均含量达 65% 以上,以孔隙式胶结为主,且不同层位砂岩中矿物颗粒磨圆度与接触方式存在一定差异,整体分选性较好;通过 X 衍射分析得出泥岩矿物成分一般以黏土矿物为主,平均占比为 60% 左右;陆源碎屑矿物次之,平均占比为 30% 左右;自生非黏土矿物含量在 10% 左右,与海相泥岩成分差异较大。

(3)研究区 4-1 煤层顶底板及 3 煤层顶板岩性类型分区较为复杂,且整体泥岩含量低,在主采煤层中其顶底板稳定性最高;13-1 煤层顶底板及 1 煤底板岩性类型分区较简单,均以泥岩型为主,占研究区面积的 70% 以上,说明其稳定性最差;11-2 煤层及 8 煤层顶底板岩性类型简单,其中泥岩型占 50% 左右,其顶底板稳定性为中等,介于 4-1 煤层及 13-1 煤层之间;深部煤系砂体在平面上从东到西有砂岩含量逐渐增加和泥岩含量逐渐减少的趋势,垂向上砂岩含量最高的为下二叠统,向上逐渐变小,泥岩则相反。

(4)根据研究区煤系岩石薄片鉴定和地层沉积旋回特征,笔者分析了主要研究含煤段沉积环境特征。结果表明,不同含煤段沉积环境存在差异。第一含煤段以水下三角洲平原相沉积为主;第二含煤段属于浅水三角洲及分流河道沉积体系,沉积相变化频繁;第三含煤段属于下三角洲平原分流河道相沉积;第四含煤段沉积组合应为下三角洲平原分流河道相、分流间泛滥平原相、沼泽相及泥炭沼泽相沉积,构成向上变细层序。

第3章 潘集矿区深部地质构造与煤系岩体结构特征

3.1 区域构造概况

3.1.1 区域构造背景

研究区所在的淮南煤田在大地构造位置上位于华北陆块东南缘之淮南坳陷。据相关研究成果,皖北地区的华北陆块基底新太古界五河群,可能是北部的辽北—冀东—内蒙古一带太古宙后期侧向增生所致。五河群和凤阳群,先后经蚌埠(阜平)、凤阳(吕梁)两次大规模的褶皱运动,于中元古代早期形成基底,并进入盖层的发展阶段。进入盖层发展阶段后,长城纪、蓟县纪长期上隆,直至青白口纪才接受以陆表海为主的沉积。中奥陶世起,华北大陆又整体抬升,缺失上奥陶统—下石炭统的沉积;于晚石炭世又发生自北而南的海侵;至晚二叠世早期,以海陆交互相和沿海滨岸-三角洲相、沼泽相沉积为主,以后逐步转化为内陆盆地;到中三叠世,已不接受沉积。

研究区大地构造背景主要受一条古板块对接带(秦岭-大别山造山带)和一条北东向巨型断裂构造带[郯(城)庐(江)断裂带]影响(张继坤,2011)。

1. 大别山造山带

大别山造山带位于秦岭-大别造山带的东段,长400km,宽150～260km,蜿蜒有著名的大别山脉和桐柏山脉。大别山造山带的西端与秦岭造山带相连成一体,东端被郯庐断裂带切割并北移至苏鲁地区(杨巍然等,2000;汤加富等,2003)。大别山造山带具有多旋回复合造山的特征,经历了复杂的古大陆边缘演化、陆-陆碰撞、陆内俯冲、逆掩-叠覆等造山历程(任纪舜等,1999)。在早侏罗世晚期—早白垩世期间,大别山地区进入了造山带形成与演化阶段,造山运动过程具有幕式演化的特征。印支运动在本区表现相对较弱,主要为褶皱构造运动;造山期后(K_2以来)的构造变形,表现为北北东向走滑断裂系和北西西向正滑断裂系,对已形成的造山带构造格局起到了改造和破坏作用。大别山造山带在燕山运动时期总体上以发生指向南的陆内A型俯冲和中深层次的滑脱及逆冲推覆为基本特征,其北侧发育由造山带指向板内的区域性反向逆冲断裂系(王果胜和刘文灿,2001),前锋带抵达华北南部的含煤盆地(即淮南煤田),使煤田原始边界遭受破坏和改造(曹代勇,1990;王桂梁等,2007)。

2. 郯庐断裂带

郯庐断裂带是一条横穿我国东部湖北、安徽、江苏、山东、渤海以及辽宁等地区向北北东向延伸、由一系列北北东向断裂带组成的,平面呈缓"S"形的深大走滑断裂系(徐嘉炜和马国锋,1992;宋传中等,1998)。郯庐断裂带是研究中国东部大地构造演化问题的关键,自从提出其存在巨大左行平移运动并且大别-苏鲁超高压变质带被其切断平移以来,一直深受国内外学者的关注。

目前多数学者认为郯庐断裂带活动起始于中生代,属于华北板块与华南板块印支期陆-陆碰撞过程中的同造山期产物,之后与西太平洋板块的斜向俯冲碰撞有关(徐嘉炜和马国锋,1992;宋传中等,1998;朱光等,2004)。它自中生代以来经历了长期、复杂的演化过程。

近期,有学者通过研究认为,印支运动之后,郯庐断裂带主要受西太平洋板块运动所产生的区域地质动力控制,经历了晚侏罗世—早白垩世时期的左行走滑运动→晚白垩世—古近纪时期的伸展断裂断陷→自新近纪以来的受压逆冲运动的构造演化历程(朱光等,2006a,b;刘国生,2009)。

郯庐断裂带是中国东部地区重要的构造变形形迹,同时也是华北煤田重要的控煤构造。华北晚古生代聚煤盆地东段被郯庐断裂带切割而发生推移,成为了相对独立的赋煤构造单元;郯庐断裂带不仅控制了华北板块的板内变形作用,同时断裂旁侧也派生出旋卷构造(李万程,1995),如徐淮弧形构造,影响与控制了煤系赋存状况。

3.1.2 淮南煤田构造特征

淮南煤田位于华北板块东南缘,北以刘府断裂与蚌埠隆起相邻,南以颍上-定远断层为界与合肥盆地相接,东起新城口-长丰断层,西部与周口坳陷相连,属于大别造山带北侧前陆变形带的前锋断褶构造带。煤田内部由不同程度的褶皱、断层组成,北北东向构造叠加在近东西向主构造线上,形成断块、褶皱与滑脱的构造格局,盖层中的大型断块构造多是基底断块向上的延伸,而褶皱构造多是盖层、浅层次的,是大别造山带与郯庐断裂带两大构造共同控制产生的盖层及基底多层次滑脱的结果。淮南断褶带东西长约86km,面积约3000km^2,可以细分为3个构造带,分别为南部的逆冲推覆构造带、北部的重力滑动构造带和位于中间的扇形复向斜带,具有"南北分带,东西分块"的特征(詹润等,2017)。

淮南煤田主体构造形态呈北西西向展布的大型复式向斜,平面上略有弯曲,褶皱轴部向东部倾伏,在西部抬起。复式向斜内部地层平坦开阔,以石炭纪—二叠纪含煤地层为主,掩埋在新生界松散沉积层之下,含煤地层产状平缓,除南、北两翼推覆体内地层倾角陡立、偶呈倒转外,一般倾角都在10°~20°之间,并由一系列次一级的形态宽缓的褶曲组成,自北向南发育较大型的褶皱有朱集-唐集背斜、尚塘-耿村向斜、陈桥-潘集背斜、谢桥-古沟向斜等(图3.1)。这些褶皱倾伏状况具有明显的统一性,其中陈桥-潘集背斜隆起幅度最大,是复向斜内的主要构造。煤田两翼受逆冲推覆构造作用,发育一系列走向压扭性逆冲断层系,构成两翼逆冲推覆叠瓦状构造组合,并使得部分地层直立倒转、抬升,局部有低山出露的太古宇五河杂岩、中元古界凤阳群、古生界寒武系—奥陶系。

多期的构造复合叠加作用形成了淮南煤田内部较为复杂的断层构造格局,煤田内部主要发育北西西向、北北东—北东向与北西向3组断层构造体系。其中北西西向断层系统规模最大,形成最早,为煤田一级构造体系;北北东—北东向断层系统次之,形成较晚,为煤田二级构造体系;北西向断层系统规模最小,但分布广泛,数量众多。除这3组断层系统外,局部还零星分布有南北向断层。

淮南复向斜南、北两翼主要发育逆冲推覆断层系统,并以南翼逆冲断层为主,北翼逆冲断层主要由刘府断层燕山期活动导致形成两侧地形差别较大的重力滑动构造。南翼逆冲断层带由一组向南倾的逆冲断层组成,自北向南有:阜凤逆冲断层、山王集断层、阜李逆冲断层等。总体上看,南翼逆冲断层面在平面上近似平行,在剖面上呈后展式叠瓦扇。逆冲断层前锋倾角较陡,向后缘变缓并归并到一水平的滑脱面上,被颍上-定远断层切割而断入合肥盆地的深部。在复向斜内部,走向逆断层和北北东向(或北北西向)斜切正断层发育,后者截切近东西向构造,主要有武店断层、新城口-长丰断层、陈桥断层、口孜集-南照集断层等,构成一组大致平行于郯庐断裂带且向西倾的断阶构造,将含煤地层切成阶梯状块段,严重破坏了煤层的连续性。

淮南煤田聚煤期后构造运动主要发生在印支期和燕山期。印支期构造表现为褶皱、断裂发育;燕山期以来构造以北北东向断裂发育,褶皱不发育,断裂一般截切东西向构造。

第3章 潘集矿区深部地质构造与煤系岩体结构特征

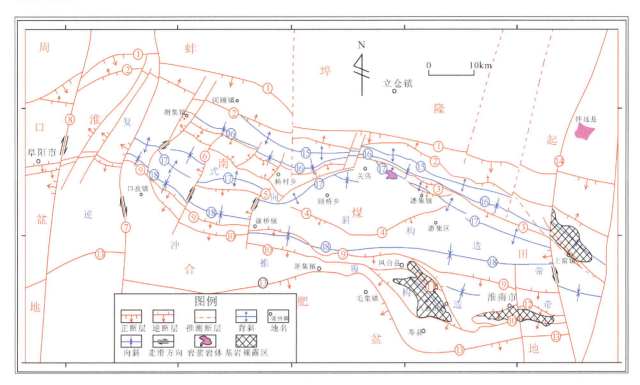

注：①～⑭为断层：①刘府断层；②尚塘-明龙山断层；③F66断层；④F110断层；⑤陈桥断层；⑥胡集断层；⑦口孜集断层；⑧阜阳断层；⑨阜凤断层；⑩阜李断层；⑪山王集断层；⑫舜耕山断层；⑬寿县-老人仓断层；⑭新城口-长丰断层。⑮～⑱为褶皱：⑮唐集-朱集背斜；⑯尚塘-耿村向斜；⑰陈桥-潘集背斜；⑱谢桥-古沟向斜。

图3.1 淮南煤田构造示意图

　　淮南煤田岩浆岩不甚发育，岩体分布较少，局限于上窑、潘集和丁集等地。岩性主要为细晶岩、煌斑岩、正长斑岩、正长煌斑岩、辉石正长岩等，绝对年龄在1.1亿年左右，一般呈岩脉层状侵入，属燕山期产物。岩体对煤层有较大影响，大多沿煤层分布，使局部煤层变质为天然焦、无烟煤，甚至被岩体吞蚀。

3.1.3 淮南煤田构造形成与演化

　　晚古生代以来，华北板块在特提斯构造域板块会聚、拼接与滨太平洋构造域"洋-陆"俯冲碰撞等多种动力学体制影响下，表现为多阶段、多性质的演化过程。淮南煤田靠近华北板块东南缘，处于北西西向大别造山带与北北东向郯庐走滑断裂带两大构造体系交会部位，呈现为独特的构造演化特征。根据区域动力学演化背景及聚煤盆地构造特征，淮南煤田成煤期以来主要经历了4个构造演化阶段：稳定沉降阶段（$C_2—T_2$）、构造形变阶段（$T_3—J_3$）、伸展隆升阶段（K—E）和拗陷沉积阶段（N—Q）（詹润等，2017）。

1. 稳定沉降阶段（$C_2—T_2$）

　　晚石炭世，南部古特提斯洋开始扩张，板缘地区开始裂解，华北板块东南缘在经历了加里东运动长达亿年的风化剥蚀后，在准平原化基础上整体再次沉降，并接受了由东南向西北的海侵作用，于晚石炭世—晚二叠世期间形成了广阔的海陆交互相含煤碎屑岩夹灰岩沉积（陈世悦，2000）。淮南煤田此阶段主要表现为稳定的坳陷型聚煤盆地特征，并沉积了近1000m的含煤岩系。晚二叠世晚期，受华北北部古亚洲洋俯冲、关闭及兴蒙造山带隆升影响（张文等，2013），华北地区完全海退。至中三叠世，华北南部地区由板缘海陆交互相沉积完全转变为克拉通内陆相沉积（杨明慧等，2012）。淮南煤田此阶段呈现为克拉通内挠曲坳陷盆地特征，于二叠纪晚期与早三叠世沉积了一套以红色碎屑岩为主的河湖相沉积，并可与华北其他地区同时期地层完全对比。这说明该地区在晚二叠世-早中三叠世期间处于同期连续、稳定的沉降状态，而现今煤田内中下三叠统大面积的缺失应为后期隆升剥蚀的结果。

2. 挤压形变阶段(T_3—J_3)

晚三叠世印支期,华北周缘板块会聚运动再次掀起高潮,其南部经历了古特提斯洋沿阿尼玛卿-勉略和晓天-磨子潭缝合线的关闭及东昆仑-秦岭-大别-苏鲁碰撞造山带的形成过程(张国伟等,1996),在华北板块东南部地区则产生了强大的由南向北的推挤力。在此碰撞造山过程中,华北板块南部产生强烈的前陆变形,形成了区域上北西西向展布的断褶构造带。淮南煤田是大别造山带北侧前陆变形的前缘地带,煤田内发育的一系列北西西向逆冲推覆断裂与褶皱,其方位平行于南部的大别造山带,表现为前陆褶皱带内的纵断层和纵弯褶皱特点,这应是南部碰撞造山中由南向北逐次推覆到前锋带上而发生脆性缩短变形的结果。与此同时,郯庐断裂带在造山运动中,起到转换调节作用(朱光等,2006a,b),其强烈的左行平移运动使得煤田东部整体发生了向东南的偏转,且造成煤田南缘发育的逆冲推覆构造带向东截止于郯庐断裂带旁侧的武店断裂(姜波,1993),而在武店断裂西侧的八公山、上窑一带还派生出北西向剪切断裂与褶皱(图3.1)。这一阶段构造运动对石炭纪—二叠纪煤系及海相盖层进行了首次大规模的改造,造成了地层抬升与剥蚀,同时奠定了以逆冲断层、线性褶皱为特色的北西西向主体构造轮廓,并影响至今。

早、中侏罗世期间,由于大别造山带发生了碰撞后折返作用(王清晨,2013),形成了前陆地区应力松弛环境,在其北侧的合肥盆地区沉积了巨厚的原始前陆沉积坳陷带,而相对远离造山带边缘的淮南煤田则表现为沉积缺失或接受了厚度较薄的沉积,呈现为相对隆起状态。

中侏罗世末期—晚侏罗世,华北地区已完全由古特提斯构造域转变为滨太平洋构造域,受太平洋区伊泽奈琦板块向东亚大陆北西向斜向俯冲影响(朱光等,2011),在区域上形成了广泛的近东西向挤压变形(燕山运动主幕),大部分地区褶皱成山,在华北板块东部形成了以郯庐断裂带为代表的一系列北北东向左行平移断裂系统。淮南煤田在区域挤压与郯庐断裂带强烈左行剪切作用下,承受了自南西西向北东东的压扭性构造应力场(张继坤,2011),煤田再次整体抬升剥蚀。区内则产生了一系列北北东—北东向的左行压扭性断裂,并对印支期形成的北西西向逆冲断裂与褶皱系统进行切割、改造。煤田中部由于北北东—北东向的大兴集断裂左行平移活动,在张集、顾北井田西侧直接将地层左行牵引为北北东向,造成陈桥-潘集背斜轴迹呈"S"形展布。同时,先期形成的北西西向逆冲断层发生复活,并转变为右行压扭性断层。从区域上看,该期构造活动并没有完全改变印支期形成的构造格局,其对淮南煤田的影响程度也明显弱于印支期构造变形,因此该期形成的断裂与褶皱规模均相对较小。

3. 伸展隆升阶段(K—E)

早白垩世期间,受伊泽奈琦板块俯冲带后撤与海沟后退影响,华北东部出现了弧后拉张环境,并伴随有大规模的岩石圈减薄与克拉通破坏(朱日祥等,2012)。区域上表现为北西-南东向的伸展作用,并出现了大量的断陷盆地、变质核杂岩、岩浆活动与伸展断层(朱光等,2016)。在此背景下,淮南煤田周边一些大型断裂特别是北北东向的郯庐断裂带、阜阳断层、口孜集断层、新城口-长丰断层等由先期的压扭性转变为伸展性,并发生强烈的断陷活动,而围限于其中的淮南煤田则发生了相对抬升作用。本期构造活动在煤田内部还产生了大量的北东向中、小型正断层,但是并未使前期形成的大型逆冲断层与褶皱发生本质变化,主要是利用原先构造发生反转活动。

晚白垩世—古近纪,西太平洋区大洋板块再次发生重大调整,由太平洋板块替代了伊泽奈琦板块,并开始向北北西运动高角度俯冲于东亚大陆之下。印度板块此时与欧亚板块也发生了碰撞,周缘板块间格局与活动方式的重新调整导致了中国东部出现了近南北向区域伸展应力环境(Zhu et al.,2012)。区域拉张应力场使淮南煤田伸展构造进一步发展,在前期构造演化过程中出现的北西—北西西向、北北东—北东向断层会进一步向张性或张扭性断层转变,同时还会出现大量的中、小型近东西向正断层。煤田周边一些大型断裂在伸展作用下继续发生强烈的断陷活动,淮南地区则延续抬升、剥蚀的状态。

4. 拗陷沉积阶段(N—Q)

新近纪—第四纪,华北地区在区域上呈现为拗陷式均匀沉降特征,显示为强烈伸展断陷之后的岩石圈热沉降作用。但近年来的研究表明(安美建等,2011),这一时期的华北地区实际上处于坳陷背景下近东西向弱挤压应力环境中,区内仍表现有较弱的构造活动,淮南煤田在此阶段整体接受披覆式沉积,其沉积厚度与沉降幅度明显受基岩面起伏控制,而近年来发现的煤田内一些大型断裂向上切穿基岩面进入新近纪—第四纪松散层,其所发生的新构造活动可能就是该期区域弱挤压作用的结果。

综上所述,淮南煤田经历了多期次构造作用,每次构造作用的强度、方向、方式均有所不同,每次构造作用形成的构造体系也有所差异,且单个地质构造经历多期次构造作用改造之后,往往具有复杂的性质。煤系经过多期次构造的改造,形成了不同的岩体结构类型,进而表现出不同的岩体力学性质,影响着地下岩体工程的稳定性。

3.2 潘集矿区深部构造特征

研究区位于淮南煤田复向斜的东段,陈桥-潘集背斜两翼及转折端的深部,北起明龙山断层,南连谢桥-古沟向斜。陈桥-潘集背斜轴向北西西,两翼地层倾角平缓且变化不大,一般为5°~15°,仅在转折端附近倾角可达20°左右。但两翼走向有明显变化,南翼地层走向近东西—北西西向,北翼地层可能因位于背斜转折端部位,且受F66断层和明龙山断层共同作用影响,走向呈近南北向,如图3.2所示。

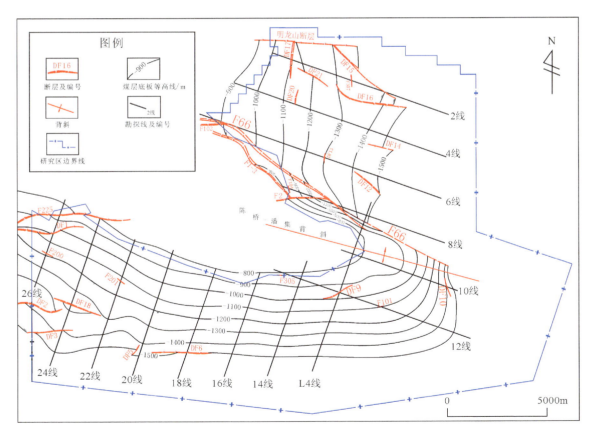

图3.2 研究区地质构造示意图(以13-1煤层底板等高线图为例)

区内构造以断裂为主,次级褶皱不明显。根据二维地震勘查和钻探揭露成果,结合区域构造规律,全区共发育36条断层,其中,正断层28条,逆断层8条。断层走向主要为北西向、近东西向,其次为北东向、北西西向。按照断层落差划分,落差≥500m的断层3条,落差<500m且≥100m的断层7条,落差<100m且≥50m的断层9条,落差<50m的断层17条。按查明程度划分,查明断层15条,基本查明断层9条,推断断层12条。按断层规模划分,明龙山断层、DF15、F66断层是影响区内构造格局划分的大型断层。

区内北部及西南端局部有岩浆侵入,岩浆可能以小型岩床和岩脉形式产出,侵入层位主要为3煤层、1煤层。受岩浆岩影响,煤层变薄或变质为天然焦。

区内新生界松散层较发育,厚度为0~331.75m。其中,明龙山断层以南,呈西及西北厚、东南薄的特点,厚度在83.30~331.75m之间。

3.2.1 褶皱构造

研究区主要褶皱为陈桥-潘集背斜,位于研究区中部,轴向北西西,区内向东倾伏,背斜转折端位于10线附近,背斜北翼受南倾的F66逆断层和北倾的明龙山逆断层切割,地层走向也发生了明显改变,在F66逆断层和明龙山逆断层之间的地层走向呈北西西向。

3.2.2 断裂构造

根据钻探、地震断点以及区域构造规律和研究区的构造特点,研究区共发育断层36条(表3.1)。

表3.1 研究区断层发育特征一览表

序号	断层	性质	走向	倾向	倾角/(°)	落差/m	延展长度/m	错断层位	钻孔控制	控制程度
1	明龙山断层	逆	NWW—NW	NNE—NE	30~65	>1000	>11 000	24~1煤层	21-2、81-02	基本查明
2	DF15	逆	NW	NE	15~65	300~950	>10 100	24~1煤层	L1-2-1	基本查明
3	F66	逆	NW转近EW	SW转近S	45~60	30~700	>21 100	24~1煤层	6-4、8-3、8-4、8-6、9-5	查明
4	F2	正	NE	SE	70	50~150	>2780	24~1煤层		查明
5	F225	正	NE	SE	70	30~150	>2700	24~1煤层	25-1、26-3、27-1	查明
6	F1-3	逆	NW	SW	45	50~100	>1150	24~1煤层	潘二煤矿延伸	基本查明
7	DF1	正	NE	SE	70	0~116	2230	24~1煤层	26-1	查明
8	DF2	正	NW	NE	70	0~100	>2100	24~1煤层		查明

续表 3.1

序号	断层	性质	走向	倾向	倾角/(°)	落差/m	延展长度/m	错断层位	钻孔控制	控制程度
9	DF3	正	近EW	近S	70	0～95	>2100	24～1煤层		查明
10	DF4	正	NWW	NNE	65	0～50	>1000	24～1煤层	22-3	基本查明
11	DF5	正	NE	NW	70	0～30	1815	24～1煤层		查明
12	DF6	正	近EW	近S	75	0～70	3090	24～1煤层		查明
13	DF9	正	NW—近EW	NE—近N	70	0～40	2050	24～1煤层	12-1	查明
14	DF10	正	NW	NE	70	0～40	900	24～1煤层		基本查明
15	DF11	逆	近EW	近N	50～55	200～350	>5800	24～1煤层		基本查明
16	DF12	正	NW	NE	70	0～40	3815	24～1煤层		查明
17	DF14	正	NW	SW	70	0～40	3220	15～1煤层		查明
18	DF16	正	NW	NE	70	0～50	4300	24～1煤层		查明
19	DF17	逆	近SN	近W	45	0～90	1580	24～1煤层	2-1	查明
20	DF18	正	NW	SE	70	0～100	3016	24～1煤层		查明
21	DF19	正	近EW	近S	75	0～70	1535	24～1煤层		基本查明
22	DF20	正	NE	NW	70	0～20	730	13-1		基本查明
23	DF21	正	NW	NE	70	0～25	1710	13-1		查明
24	DF22	正	NW	SW	70	0～44	1110	24～1煤层		基本查明
25	F100	正	EW	S	65	0～15	1160	15～11-2煤层	18-1	推断
26	F101	正	NE	SE	70	0～28	300	24～1煤层	12-2	推断

续表 3.1

序号	断层	性质	走向	倾向	倾角/(°)	落差/m	延展长度/m	错断层位	钻孔控制	控制程度
27	F102	正	NW	NE	65	0~50	>350	24~13-1煤层	6-4	推断
28	F103	逆	NW	NE	65	0~55	380	24~1煤层	2-3	推断
29	F104	正	NNW	SWW	70	0~26	360	24~1煤层	8-1	推断
30	F105	正	NE	SE	70	0~10	500	8~1煤层	24-1	推断
31	F108	正	NW	SW	70	0~20	580	24~1煤层	26-4	推断
32	F109	正	NW	NE	70	0~30	970	24~1煤层	22-5	推断
33	F113	正	EW	S	70	0~25	360	20~1煤层	15-1	推断
34	F114	逆	NW	NE	65	0~50	570	24~1煤层	2-5	推断
35	F116	正	NW	SW	70	0~28	240	24~1煤层	13-1	推断
36	F117	正	NE	NW	70	0~25	433	24~1煤层	19-4	推断

3.2.3 岩浆岩

研究区岩浆岩局部较发育,主要分布在陈桥-潘集背斜北翼的明龙山断层与F66断层之间,向西扩展至朱集东煤矿10线附近,共有16个钻孔揭露岩浆岩,钻探揭露岩浆岩单层最小厚度0.30m(5-3孔),单层最大厚度为6.10m(22-4孔),单孔累计厚度最小为1.00m(24-3孔),最大为11.45m(5-2孔)。岩浆侵入层位主要是1煤层、3煤层及其顶底板。在平面上大致分布于陈桥-潘集背斜两翼,南翼零星出现,仅4孔(即9-1孔、19-1孔、22-4、24-3孔)发现岩浆侵入;F66断层以北岩浆岩发育,15个穿过1煤层、3煤层的钻孔中有12个揭露岩浆岩。

岩浆岩可能以小型岩床和岩脉形式产出,岩性以基性浅成侵入岩为主,见辉绿玢岩、辉绿岩(4-6孔、5-1孔、7-1孔)、云母煌斑岩(4-5孔);其次为基性—中性深成侵入岩,见辉长岩(3-1孔)、石英正长岩(5-2孔)。

综上所述,本区构造形态为一轴向北西西的背斜转折端构造,两翼地层倾角平缓,一般在5°~15°之间,倾向南南西、北北东或东。区内构造总体不甚发育,以断裂为主,次级褶皱不明显。背斜北翼的西北部岩浆侵蚀作用较强烈,对1煤层、3煤层的厚度、结构、煤质、可采性影响较大。因此,确定本区总体构造复杂程度为中等。

3.3 潘集矿区深部主采煤层顶底板岩体结构发育特征

3.3.1 概述

岩体由各种不同成因、不同特性的结构面切割的结构体组合而成,包含岩石和各种地质构造形迹,例如断层、节理、层理、裂缝等地质界面。岩体就是结构面和结构体组合统一的地质体,是经过漫长的地质作用而形成的产物,并在长期的地质作用过程中形成了它们特有的结构形态。结构面和结构体是组成岩体的两个重要元素。结构面是在地质发展过程中由构造变形作用形成的物质分界面和不连续面,具有方向性、厚度比较小、延展性大等特点;结构体是由结构面切割形成的单元体(吴德伦等,2002;荣传新、汪东林,2014),其大小一般情况下可以用体积裂隙数(J_V)来表示,其含义为岩体内部单位体积通过的裂隙总数,单位为条/m³,其公式为:$J_V = 1/s_1 + 1/s_2 + 1/s_3 + \cdots + 1/s_i \cdots + 1/s_n$,其中,$s_i$为岩体内第$i$组结构面的间距。结构体的大小分级如表3.2所示。

表3.2 结构体类型划分

块度描述	体积裂隙数 J_V/(条·m^{-3})
巨型块体	<1
大型块体	1~3
中型块体	3~10
小型块体	10~30
碎块体	>30

岩体是具有非均质性和各向异性等特点的地质材料。它不是理想的弹性材料,也不是典型的塑性材料,既不完全属于连续介质,也不完全属于松散介质,而是一种复杂多变的地质材料,其力学性质与岩石力学性质有很大区别。研究岩体力学性质不是简单地分析其内部各岩块的力学性质,同时必须结合岩体所处的地质环境系统分析。

3.3.2 岩体结构面的成因与类型划分

天然岩体的形成演化过程、组成物质的不同导致了其结构面的特性、空间排列特征以及形态和性质的千变万化(王希良等,2005;孟召平等,2009b;张忠苗,2011)。岩体受到构造运动的影响形成各种形态各异的地质界面,即不连续面或结构面。煤层顶底板是煤层形成前后由沉积作用形成的下伏和上覆的岩层。

岩体结构面根据地质成因的区别,可以分成原生结构面、构造结构面、次生结构面3种类型(比尼斯基,1993)。原生结构面是在成岩作用过程中形成的地质界面,根据岩石成因的差别可分为岩浆结构面、沉积结构面、变质结构面3类。煤层顶底板结构面属于沉积结构面,由沉积和成岩作用形成的沉积结构面通常有层理面、岩层面、软弱夹层及沉积不连续面等。沉积结构面在空间的延展能力强,这导致它可以贯穿岩体。构造结构面是指岩体受到构造作用而形成的地质界面,包括节理、断层、劈理和破碎层等地质构造形迹。断层在工程地质中被看作是延展性较好的结构面,结构面内部的充填物多表现为破碎形态。次生结构面是天然岩体在卸荷、风化、应力变化、地下水和人工爆破等外部作用下形成的地质界面,多处于无序、不连续、不平整的状态。

结构面的发育程度、规模大小、空间排列方式等特点决定了结构体的形态、方位和规模,同时也是控制煤层顶底板稳定性的关键因素,其中结构面的规模大小是众多因素中权重最大的因素。岩体结构面按发育程度和大小可以分成如下5个等级。

Ⅰ级结构面:控制整个区域构造的深大断裂带或大断裂,在走向上可以延伸几十千米远,在岩体内部可以切穿一个构造层,其产生的破碎带宽度可达到几米以上。煤层顶板的稳定受到Ⅰ级结构面的直接影响,维护煤矿的健康持续发展必须重视它们的存在。

Ⅱ级结构面:具有延伸能力和一定宽度的岩体结构面,包含不整合面、假整合面、断层和风化层等地质界面,其破碎带的宽度在几厘米到几米之间,断层落差为15~30m。它主要分布在一个构造地层中,同时可以切穿几个不同形成时代的沉积地层,如果与其他类型结构面排列组合可影响岩体变形和破坏方式。

Ⅲ级结构面:延展10m或100m以下的小型断层,其宽度在几厘米到50cm之间,其断层落差大概介于5~15m,一般不存在破碎带,主要分布在一个地质形成时代或者单独一种岩性中。它与Ⅱ级结构面组合会造成岩体较大的破坏,其自身组合仅仅引起局部的或小规模的岩体破碎。

Ⅳ级结构面:通常指延伸在10m左右的小型断层,其落差H小于5m,分布范围小但在岩体中又很容易发现,其主要受到Ⅰ级、Ⅱ级、Ⅲ级结构面和自身岩性控制,比较容易与其他结构面结合破坏顶板岩体的完整性。

Ⅴ级结构面:通常指极不连续的微小型节理、未发育的片理等裂隙面,分布无规律性,与其他类型地质界面自然组合可降低岩块的强度,从而也可降低煤层顶板的稳定性。

Ⅰ级、Ⅱ级、Ⅲ级结构面可以通过现场实际勘查,根据地质界面的产状和实际位置在工程地质图上描绘出来,属于实测结构面。Ⅳ级、Ⅴ级结构面是通过野外岩层露头统计和室内结构面统计图综合起来查明其分布情况和规律,属于统计结构面。

3.3.3 研究区岩体结构面统计分析

煤层顶底板结构面受到沉积环境和构造作用影响而形成软弱夹层,Ⅰ级、Ⅱ级、Ⅲ级和Ⅳ级结构面控制顶底板岩体的稳定性(彭向峰、于双忠,1997;Mark and Molinda,2005;Wang et al.,2011)。因此在矿山工程中,需要重点关注煤层顶底板的构造结构面特征。

在潘集煤矿深部普查、详查等地质勘查过程中,笔者对勘查区的地质构造有一定的认识。该区构造展布方向以北西向为主,北东向次之,其他方向的断层较少。为了对构造有一个更清晰和确定的量化分析,对研究区进行了二维地震勘探,并对勘探结果进行统计分析,共揭露28条正断层和8条逆断层。据统计,落差H超过500m的断层3条,500m>H≥100m的断层7条,100m>H≥50m的断层9条,H<50m的17条。从断层切割层位看,有30条断层切割所有可采煤层,2条断层只切割13-1煤层,1条断层仅切割8~1煤层,1条断层只切割15~1煤层。

潘集矿区深部断层在发育程度和空间展布上都表现一定的分区性,这种分区性主要表现为构造的不均匀性。陈桥-潘集背斜北部断层较发育,且以逆断层为主;陈桥-潘集背斜南部断层不发育,构造相对简单,且以正断层为主。

目前研究区勘探程度为详查阶段,揭露的结构面主要为Ⅱ级和Ⅲ级。Ⅱ级结构面包括特大型、大型断层19条,主要有F66、DF15、F2、F1-3、DF11等;Ⅲ级结构面包括17条中型断层,主要有F113、DF21、F100等。

3.3.4 研究区主采煤层顶底板岩层结构面特征

1. 砂岩结构面特征

研究区潘集煤矿深部勘查区隶属于淮南煤田,成煤时期主要集中在二叠纪,沉积环境为海陆交互相。

潘集矿区主采煤层顶底板主要岩性为砂岩和泥岩,由一套碎屑沉积岩排列而成,因此本书关于结构面的特征分析和研究主要聚焦在顶底板岩体沉积结构面上。

(1)层理。沉积岩层理是由其成分、结构、颜色、结核和包体等在垂向上发生突变和渐变表现出的成层现象。相较于岩浆结构面和变质结构面,层理是沉积结构面最主要的特征,常见的层理类型有水平层理、波状层理、交错层理、递变层理、透镜状层理和韵律层理等。

潘集煤矿深部煤系砂岩常见层理有平行层理、波状层理、交错层理、韵律层理等(图3.3)。图3.3A、B为交错层理,在垂直水流方向形成平行砂纹,沿着水流方向发生倾斜,出现上细下粗的粒度变化现象。图3.3C、D为透镜状层理、波状层理,形成于有泥、砂供给的水动力变化的沉积环境中,常见于潮汐环境里,在湖滨、三角洲前缘、河流等环境中也可以发现其踪迹。图3.3E为韵律层理,其特征是组成层理的细层或层系在成分、结构以及颜色上呈有规律地重复出现。图3.3F为块状层理(冲刷扰动构造),反映潘集煤矿深部当时的沉积环境为水流速度大的高能环境。

A.槽状交错层理

B.楔状交错层理

C.透镜状层理

D.波状层理

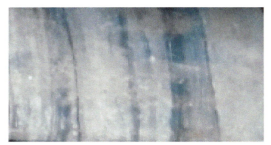
E.韵律层理(含生物扰动构造)

F.块状层理(含泥质冲刷包体)

图3.3 研究区砂岩层理图

(2)岩性分界面。岩性分界面为岩层的顶、底界面,是由程度不等的长期沉积作用中断或沉积岩性及岩石学特征的相继迅速递变形成的(孟召平等,2009b)。

研究区岩性分界面多为砂岩与泥岩接触面和砂岩、泥岩互层界面。其中:砂岩与泥岩接触面表现为厚层中砂岩或细砂岩与薄层泥岩接触,颗粒粒度突变明显,界面清晰;砂岩、泥岩互层是在水动力环境强弱交替的沉积条件下形成的,沉积交替间断,由此导致沉积岩性和岩石学特征迅速变化。砂岩、泥岩互层在纵向上表现为一层泥和一层砂交互出现,横向表现为砂岩呈透镜体分布,厚度差异较大(图3.4A、B)。由于砂岩、泥岩力学性质相差较大,岩性界面黏结力减弱,沿分界面极易发生断裂;加之砂岩、泥岩厚度不一,界面多不规则,当岩体受外力作用时,容易沿岩性界面产生剪切破坏。由于砂岩和泥岩的矿物成分、颗粒大小、胶结类型不同,其力学性质也有很大的区别,进而影响砂岩与泥岩的结合程度,缺乏整体性,容易在砂岩与泥岩结合处破断(图3.4C),造成顶板岩层脱落,严重破坏顶板岩体的完整性。

A.中砂岩与泥岩接触面(取自6-5孔,孔深893m)

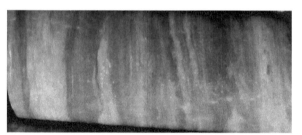
B.砂岩、泥岩互层(取自19-1孔,孔深510m)

C.沿砂岩、泥岩界面破断(取自24-5孔,孔深1198m)

图3.4 研究区砂岩岩性分界面

(3)裂隙。裂隙是指岩体中受到外力作用后产生的无明显位移的裂缝。工程负荷岩体的力学性能由宏观缺陷、微观缺陷以及所处的应力状态决定。其中,裂隙控制着岩体弹-塑性应变,导致岩体的变形特性复杂化。单轴应力状态下,受裂隙几何分布影响较大,岩石力学性质具有明显的脆性和各向异性。

研究区砂岩发育大量裂隙,高角度,倾角多分布在60°~90°之间,排列不规则(图3.5)。其中砂岩裂隙内部多被方解石充填,由于充填物的弹性模量与砂岩相差较大,且低于砂岩弹性模量,岩体内沿受力方向出现较大的拉应力。静态荷载条件下,当裂隙倾角为0°或90°时,岩体的单轴抗压强度出现最大值,而当倾角为45°左右时,岩体沿裂隙极易发生剪切破坏。

2. 泥岩结构面特征

据钻孔揭露,研究区主采煤层顶底板岩层中泥岩、砂质泥岩占比较大,且泥岩、砂质泥岩赋存层位距离主采煤层较近,多以直接顶和直接底存在,对煤矿开采过程中的顶板冒落、底板底鼓等具有重要影响。

研究区顶底板泥岩的颜色普遍较暗,部分含砂质,具水平层理,形成于低能沉积环境。宏观可见,泥岩结构致密,碎屑颗粒均一,呈均质块状体,少见沉积构造薄弱面,偶见生物扰动痕迹,岩芯易成饼状,如图3.6所示。

A. 裂隙被方解石充填(取自24-5孔，孔深1230m)

B. 沿裂隙破断(取自19-1孔，孔深760m)

C. 沿裂隙破断(取自6-5孔，孔深955m)

图 3.5　研究区砂岩裂隙

图 3.6　研究区顶底板泥岩特征(取自 17-1 孔，孔深 1154～1160m)

3.4　潘集矿区深部煤系岩体结构特性分析

煤层顶底板沉积岩体结构是原始层状结构在其演化过程中被改造的结果，岩体结构分类是在岩体结构面、结构体自然特性及其结构特征基础上对岩体特性的概化，可为类比各类岩体力学性能、地质模型的建立及岩体稳定性评价等提供依据。煤层顶底板岩体结构评价是资源勘查和矿井地质保障中工程地质条件研究的重要内容，理论研究和现场经验表明，岩体结构是地质体受多种因素作用的综合反映。对没有开采活动的深部勘查区而言，钻孔 RQD 值和钻孔声波测井波速值可以直接反映深部岩体的结构性特征,这就为研究和预测深部岩体结构和完整性提供了基础。深部的地质构造作用通过影响岩体结构,造成各构造部位岩体损伤程度不同,岩石样本的物理力学性质存在一定差异。因此,煤系岩石质量和完整性评价是煤系岩石力学性质控制因素研究的基础。

3.4.1 主采煤层顶底板岩石质量评价

岩体结构性是工程岩体的重要特性,在工程岩体分类中具有关键作用,RQD 值是一种在国内外比较通用的鉴别岩石工程性质优劣的方法,由美国伊利诺伊州立大学率先提出并得到发展。RQD 值利用钻孔的修正岩芯采取率来评价岩石质量的优劣,在煤田地质勘探阶段也是一种评价岩石质量和岩体结构的重要指标。在岩体工程分类中,RQD 分类如表 3.3 所示。在岩体地质力学 RMR 分类和 Q 分类中,划分岩芯(石)质量指标也同样按表 3.3 划分等级。

表 3.3 RQD 分类

岩石质量	RQD 值/％
很差	<25
差	25～50
一般	50～75
好	75～90
很好	>90

由于煤层顶板范围内相同岩性的岩石可能呈现出多组的形式,因此需要采用加权的方法来求取相同岩性岩石的 RQD 值(彭军,2015)。

同一岩性岩石的质量:

$$\mathrm{RQD} = \frac{N_1 \times \mathrm{RQD}_1 + \cdots + N_n \times \mathrm{RQD}_n}{\sum_{i=1}^{n} N_i} \tag{3.1}$$

式中:N_i 代表同一岩性的厚度;RQD_i 代表相应岩石的 RQD 值。

本次研究中统计 RQD 值方法与岩性类型统计方法相同,首先将研究区主采煤层顶底板岩性类型分为三大类,即砂岩型、粉砂岩型和泥岩型,并根据式(3-1),分别求出 3 种岩石类型的 RQD 值。同时,求出各钻孔的 RQD 值:

$$\mathrm{RQD} = \frac{h_1 \times \mathrm{RQD}_1 + h_2 \times \mathrm{RQD}_2 + h_3 \times \mathrm{RQD}_3}{h_1 + h_2 + h_3} \tag{3.2}$$

式中:h_1 代表砂岩的厚度;RQD_1 代表砂岩 RQD 值;h_2 代表粉砂岩的厚度;RQD_2 代表粉砂岩 RQD 值;h_3 代表泥岩的厚度;RQD_3 代表泥岩 RQD 值。

按照上述 RQD 值计算方法,统计研究区揭露 13-1 煤层顶底板钻孔中有岩芯质量指标 RQD 值的钻孔,计算 13-1 煤层顶底板岩体中各岩性的 RQD 值以及各个钻孔的 RQD 综合加权值,统计结果见表 3.4。

由表 3.4 可知,研究区 13-1 煤层顶底板不同钻孔中相同岩性的岩石 RQD 值差别较大,对于泥岩来说,RQD 值在 0～70％之间,平均值为 47.26％;粉砂岩 RQD 值在 0～90％之间,平均值为 57.62％;砂岩的 RQD 平均值为 64.41％。13-1 煤层顶底板砂岩的岩石质量最好,粉砂岩的岩石质量次之,泥岩的岩石质量最差。根据统计的所有钻孔加权数据作出研究区 13-1 煤层顶底板岩体 RQD 值分布趋势图,如图 3.7 所示。

表 3.4 研究区 13-1 煤层顶底板钻孔 RQD 值统计表

钻孔编号	岩性	RQD 值/% 顶板均值	顶板加权值	底板均值	底板加权值	钻孔编号	岩性	RQD 值/% 顶板均值	顶板加权值	底板均值	底板加权值
3-2	泥岩	31.0	38.0	51.0	47.0	3-1	泥岩	41.0	42.0	41.0	51.0
3-2	粉砂岩	70.0		43.0		3-1	粉砂岩	42.0		90.0	
3-2	砂岩	60.0		/		3-1	砂岩	42.0		70.0	
3-5	泥岩	55.0	43.0	54.0	69.0	3-4	泥岩	55.0	54.0	68.0	67.0
3-5	粉砂岩	15.0		95.0		3-4	粉砂岩	57.0		90.0	
3-5	砂岩	49.0		90.0		3-4	砂岩	15.0		33.0	
6-2	泥岩	30.0	32.0	35.0	48.0	13-1	泥岩	41.0	45.0	63.0	62.0
6-2	粉砂岩	90.0		50.0		13-1	粉砂岩	80.0		56.0	
6-2	砂岩	/		73.0		13-1	砂岩	80.0		/	
6-7	泥岩	55.0	62.0	60.0	60.0	14-3	泥岩	38.0	41.0	36.0	37.0
6-7	粉砂岩	69.0		59.0		14-3	粉砂岩	/		43.0	
6-7	砂岩	65.0		64.0		14-3	砂岩	66.0		/	
9-1	泥岩	0.0	10.0	10.0	13.0	21-2	泥岩	15.0	42.0	23.0	44.0
9-1	粉砂岩	30.0		26.0		21-2	粉砂岩	56.0		79.0	
9-1	砂岩	50.0		15.0		21-2	砂岩	90.0		99.0	
9-3	泥岩	35.0	32.0	42.0	44.0	15-1	泥岩	26.0	32.0	42.0	52.0
9-3	粉砂岩	/		80.0		15-1	粉砂岩	45.0		44.0	
9-3	砂岩	10.0		0.0		15-1	砂岩	49.0		76.0	
9-4	泥岩	23.0	27.0	60.0	52.0	15-2	泥岩	54.0	56.0	52.0	57.0
9-4	粉砂岩	/		/		15-2	粉砂岩	63.0		80.0	
9-4	砂岩	77.0		17.0		15-2	砂岩	72.0		85.0	
9-5	泥岩	48.0	53.0	34.0	35.0	15-3	泥岩	76.0	74.0	52.0	55.0
9-5	粉砂岩	/		/		15-3	粉砂岩	65.0		/	
9-5	砂岩	88.0		50.0		15-3	砂岩	/		73.0	
26-3	泥岩	28.0	39.0	22.0	33.0	26-4	泥岩	20.0	52.0	46.0	44.0
26-3	粉砂岩	50.0		25.0		26-4	粉砂岩	56.0		42.0	
26-3	砂岩	85.0		80.0		26-4	砂岩	79.0		/	

由图 3.7 可以看出,研究区 13-1 煤层顶底板 RQD 值分布趋势较为相似,13-1 煤层顶板岩体的 RQD 值介于 10.48%~73.92%之间,平均值为 44.96%,整体偏小,岩石质量差。在研究区北部区域,4 线和 6 线之间区域岩体的 RQD 值增大,3 线以北和 6 线以南区域岩体的 RQD 值减小,在研究区中部 9 线附近岩体的 RQD 值最小。研究区南部区域的 RQD 极大值出现在 15 线中部和 22 线附近岩体,研究区西部和东南部区域岩体的 RQD 值也相对偏低。13-1 煤层底板岩体的 RQD 值介于 10.00%~87.43%之间,平均值为 50.46%,相较于顶板岩体来说平均值偏大,整体岩石质量为一般。北部区域同

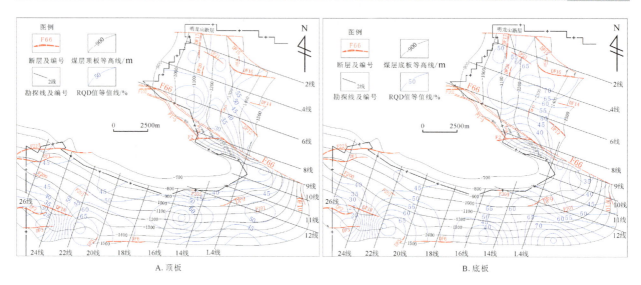

图 3.7 研究区 13-1 煤层 RQD 值分布趋势图

样以 4 线附近区域岩体的 RQD 值偏高,向两侧逐渐减小,8 线至 10 线之间岩体的 RQD 值最小,岩石质量最差。南部区域分布趋势类似波浪式变化。

从岩体 RQD 值的整体分布特征来看,区域构造影响顶底板岩体的 RQD 值分布。在研究区褶皱的核部和大型断裂密集发育的地方,岩体 RQD 值较小,远离断裂和褶皱发育的区域,岩体 RQD 值呈现增大的趋势;岩体 RQD 值的分布趋势与其对应层位的岩性类型分布趋势具有一致性,表明了岩体 RQD 值的分布除了受到岩性的影响外,主要受地质构造(如褶皱、断裂等)的影响。

按照 13-1 煤层顶底板岩体 RQD 值计算和统计方法,分别研究了潘集矿区深部 11-2 煤层顶底板、8 煤层顶底板、4-1 煤层顶底板以及 3 煤层顶板和 1 煤层底板等几个层段的岩石质量分布特征,作出了研究区各主采煤层段的 RQD 值分布图,如图 3.8 所示。

研究区主采煤层从上石盒子组 13-1 煤层至山西组 1 煤层,埋深逐渐加大,揭露煤层的钻孔数量随着深度的增加逐渐减少,逐个统计揭露主采煤层顶底板的钻孔 RQD 值,由图 3.8 中各主采煤层顶底板 RQD 值分布特征,对比分析可以得出如下结论:

(1)研究区各主采煤层研究范围为 -1500m 煤层底板等高线以浅区域,深部主采煤层的研究范围逐渐减小。山西组 1 煤层和 3 煤层的主要研究范围最小,仅为上部 13-1 等主采煤层的一半大小。

(2)图 3.8A、B 反映了研究区 11-2 煤层顶底板泥岩的岩石质量等级为较差,而砂岩岩石质量等级主要为一般、好两个等级,其中一般等级占总数的 77.78%。11-2 煤层顶板 RQD 值介于 18.43%~88.74%之间,平均值为 50.91%,整体上比 13-1 煤层顶底板数值大,岩石质量大多表现为一般、好两个等级。11-2 煤层底板 RQD 值介于 15.21%~82.24%之间,平均值为 50.36%,岩石质量等级为一般。

(3)研究区 8 煤层顶底板岩体的 RQD 值统计结果整体上偏小,顶板 RQD 钻孔加权值介于 16.44%~64.46%之间,区域平均值为 43.87%,岩石质量等级为偏差。8 煤层底板岩体 RQD 值介于 15%~71.93%之间,区域平均值仅为 41.53%,岩石整体质量差。

(4)由图 3.8E、F 对比可知,4-1 煤层顶底板 RQD 值分布较为相似,在研究区西部边界、北部边界以及中部 F66 断层和褶皱转折端区域岩体的 RQD 值较小。在北部 4 线与 6 线之间存在较大 RQD 值区域并向周边边界逐渐递减。研究区南部从西往东呈波浪式变化,在 22 线和 15 线附近区域岩体的 RQD 值较大,在 25 线以西和 12 线以东区域岩体的 RQD 值较小。

(5)研究区 3 煤层顶板和 1 煤层底板岩体的 RQD 钻孔加权值分布趋势也相似,在 F66 断层以北区域的 6 线附近出现 RQD 极大值,并向四周逐渐减小,靠近中部断层附近 9 线 RQD 值均偏小,南部区域在 20 线和 22 线附近有极大值并向东、西两侧逐渐递减。

第3章 潘集矿区深部地质构造与煤系岩体结构特征

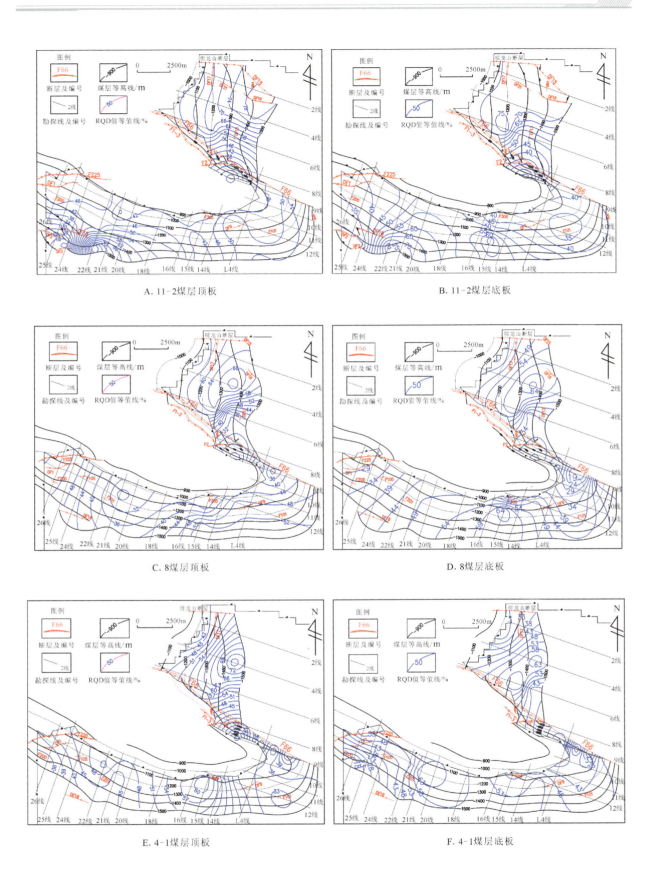

A. 11-2煤层顶板

B. 11-2煤层底板

C. 8煤层顶板

D. 8煤层底板

E. 4-1煤层顶板

F. 4-1煤层底板

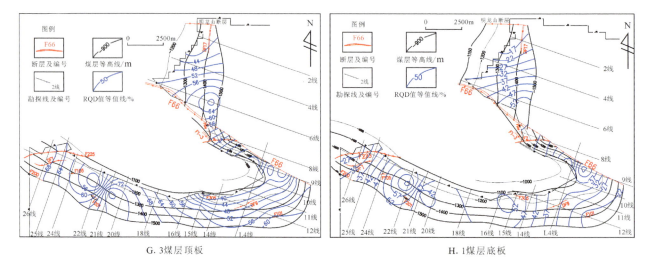

图 3.8 研究区主采煤层段 RQD 值分布图

（6）在研究区主采煤层顶底板岩性类型分区偏砂岩和粉砂岩型区域的 RQD 值也较大，说明 RQD 值的分布受岩性的影响；除此之外，研究区断裂和褶皱也影响着 RQD 值的平面分布，在远离大型构造的区域岩体岩石质量较好。

3.4.2 主采煤层顶底板岩体完整性评价

声波测井是利用岩石的声学性质研究钻井地质剖面和工程质量等问题的一种测井方法，具有基本上不受泥浆矿化度影响、适用条件较广的优点，所获取的资料真实可靠、数据量大且代表性强。测井声波的传播速度与地层岩性、岩石结构、孔隙率、胶结程度、地质年代及埋藏深度有密切的关系，因而声波在岩石中的传播速度，可以较好反映岩石综合物理性质（王敏生和李祖奎，2007）。岩石和岩体的纵波速度通常被用来作为评价地下工程围岩岩体质量指标，完整岩石试样的纵波速度与力学之间的相关性是岩体质量评价的基础。岩体中存在各种不连续结构面，应用声波速度能很好地反映岩石物理力学特性和结构特性（董振国等，2019）。以往研究中通过实验分析发现岩石的抗压强度与声波速度之间有指数相关关系，波速越大，岩石的抗压强度越大（邵军战，2020）。同时岩体波速与围岩的结构密切相关，在地下工程围岩分级中经常采用围岩弹性纵波速度对岩体结构进行分类。研究区钻孔岩层声波测井和 RQD 值有较好的对应关系，两者结合可更好地评价岩石质量和岩体完整性（叶根喜等，2009；Keaton，2009）。

通过对研究区工程地质钻孔的声波测井数值进行统计整理，并用和 RQD 值同样的加权值的方法求出各个钻孔不同岩性岩层的波速，按厚度加权的方法求出该钻孔的波速值。不同岩性岩石的测井波速差别较大，而同种岩性的岩石由于结构及所处的地质条件不同，岩石的测井波速也有较大差异，不同钻孔同种岩性的岩石波速也存在差异。

研究区 13-1 煤层顶底板共有 18 个钻孔进行了声波测井，根据统计的钻孔声波测井加权数据，作出了研究区 13-1 煤层顶底板测井波速分布趋势图，如图 3.9 所示。

由图 3.9 可以看出，13-1 煤层顶底板的测井波速分布趋势较为相似且与研究区 13-1 煤层顶底板 RQD 值分布规律相近。在研究区 F66 断层以北区域测井波速较低，总体上在南部区域顶底板的波速较大，说明该处顶底板岩石质量较好，岩体较完整；在 20 线和 22 线之间的区域，顶底板的测井波速均达到 4000m/s 左右，在该区域往东和西的测井波速减小。14 线和 16 线之间的区域也存在一个极大值区，测井波速在 3800m/s 以上，说明此处岩石质量较好，岩体结构较完整。另外在研究区东部 9 线附近有个极小值区域，顶底板的测井波速均较小，在 2500m/s 以下，说明岩体结构较为破碎。

第3章 潘集矿区深部地质构造与煤系岩体结构特征

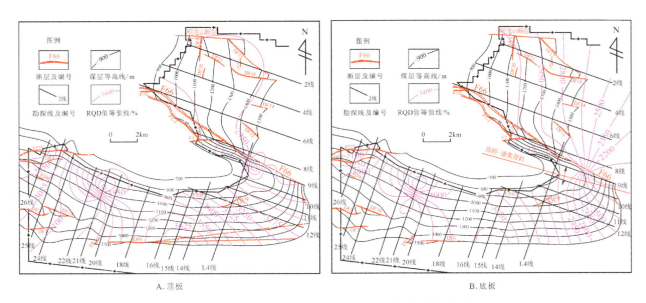

图3.9 研究区13-1煤层顶底板测井波速分布趋势图

研究区11-2煤层顶底板测井波速仅有12个钻孔数据,根据统计的12个钻孔加权数据作研究区11-2煤层顶底板测井波速分布趋势图,如图3.10所示。

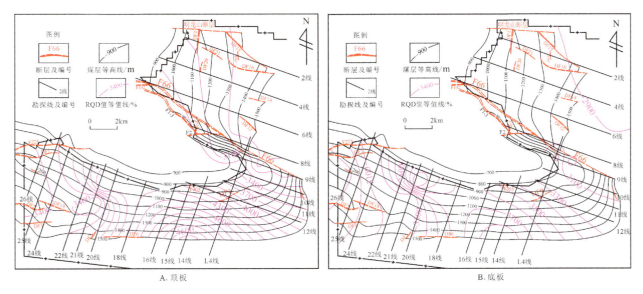

图3.10 研究区11-2煤层顶底板测井波速分布趋势图

11-2煤层顶底板测井波速分布趋势相似,从整体上来看顶板的波速分布范围在3000~5000m/s之间,而底板的波速值范围较集中,在3000~4000m/s之间。从图3.10可以看出,11-2煤层顶底板的测井波速分布在北部区域数据较少,且变化趋势反映不明显,总体上波速偏小。在南部区域总体上在研究区中部较大,向东、西分别减小;在研究区的中西部20线和21线附近和14线至16线区域各有一个极大值分布区域,说明两个区域的岩石结构完整性较好;东部9线附近F66断层处,岩石的测井波速值达到极小值,说明受断层和背斜核部等构造的影响,岩石较碎裂,岩石的完整性较差。

随着煤层的埋深逐渐增大,声波测井钻孔数量越来越少。笔者统计了研究区其他3个主采煤层[即8煤层、4-1煤层和1(3)煤层]的测井波速及其钻孔加权数据,结果见表3.5。

表3.5 研究区8煤层、4-1煤层和1(3)煤层顶底板钻孔声波测井波速值

钻孔编号	岩性	测井波速/(m·s^{-1})					
		8煤层顶底板均值	8煤层顶底板加权值	4-1煤层顶底板均值	4-1煤层顶底板加权值	3煤层顶板和1煤层底板均值	3煤层顶板和1煤层底板加权值
3-2	泥岩	2 934.7	3 059.6 (2 949.9)	2 844.9	3 095.3 (2 826.6)	3 163.0	3 262.4 (3 303.9)
	粉砂岩	3 212.1		3 152.8		3 356.5	
	砂岩	3 151.3		3 244.5		3 299.7	
9-1	泥岩	2 896.8	2 924.8 (3 127.5)	3 110.1	3 115.0 (3 178.5)	3 086.2	3 060.3 (/)
	粉砂岩	/		3 183.4		/	
	砂岩	3 199.6		3 169.8		3 044.7	
9-2	泥岩	3 069.3	3 245.9 (3 257.6)	3 182.7	3 307.6 (3 226.7)	3 196.4	3 284.7 (/)
	粉砂岩	3 476.6		/		3 466.7	
	砂岩	3 578.4		3 677.7		3 298.8	
9-3	泥岩	2 834.3	2 433.9 (2 904.3)	2 729.8	2 732.6 (3133.8)	2 983.7	2 656.4 (3 058.7)
	粉砂岩	2 890.4		/		2 938.3	
	砂岩	977.7		2 744.5		2 141.4	
9-4	泥岩	2 953.3	2 968.5 (3 122.2)	3 064.8	3 075.6 (3 095.1)	3 068.5	3 053.8 (3 032.5)
	粉砂岩	3 000.7		3 095.2		3 176.6	
	砂岩	3 071.4		/		3 004.9	
9-5	泥岩	2 948.4	2 968.2 (3 056.2)	2 893.9	2 958.5 (3 250.0)	3 029.7	2 955.8 (/)
	粉砂岩	/		3 038.7		3 124.2	
	砂岩	3 023.6		3 043.4		2 895.4	
21-2	泥岩	4 180.1	4 170.7 (4 428.6)	4 117.5	4 227.4 (4 607.5)	4 372.9	3 943.3 (4 336.5)
	粉砂岩	4 481.3		4 284.3		4 575.3	
	砂岩	3 988.8		4 546.9		3 640.5	
26-3	泥岩	2 973.2	2 981.8 (3 012.3)	2 618.7	3 013.3 (3 080.0)	3 163.4	2 983.5 (/)
	粉砂岩	3 002.4		3 118.7		3 046.6	
	砂岩	2 985.9		3 140.1		2 930.5	
26-4	泥岩	2 738.8	3 034.8 (2 904.6)	2 609.8	2 931.4 (3 460.7)	/	/
	粉砂岩	3 146.2		3 135.7		/	
	砂岩	3 075.1		3 011.3		/	

由于研究区煤系下部几个主采煤层段的声波测井钻孔较少,仅有9个,且主要集中在9线和西南部边界,北部和中部没有声波测井钻孔。因此,下部3个主采煤层顶底板测井波速的分布趋势图反映不了相应层段的区域平面分布特征,但根据表3.5中的钻孔声波测井数据对比依然可以得出以下结论:

(1)研究区8煤层以下几个主采煤层顶底板在9线上几个钻孔的顶底板测井波速均比其他钻孔的测井波速值小,说明9线处的岩石完整性较差;而21线和26线上个别孔的顶底板测井波速均较大,说明该处的岩石质量较好,结构较完整。

第 3 章　潘集矿区深部地质构造与煤系岩体结构特征

(2) 下部3个主采煤层顶底板测井波速在20线至22线之间出现极大值区域,说明该区域的岩石质量较好,以该区域为中心向四周,测井波速递减。在研究区中部F66断层(9线)附近,褶皱转折端区域,测井波速变小,说明该区域的岩石结构较为松散,完整性差,整体上与上石盒子组13-1煤层和11-2煤层顶底板测井波速分布特征相似。

3.5　本章小结

(1) 淮南矿区位于华北煤田南缘,煤系沉积形成后经历了印支期、燕山期、喜马拉雅期等多期次构造运动,每次构造作用的强度、方向、方式均有所不同,每次构造作用形成的构造体系也有所差异,导致矿区构造形态复杂。矿区整体为一轴向近东西的复向斜构造。研究区中部的F66断层和陈桥-潘集背斜是煤层发育的主要控制构造。陈桥-潘集背斜北翼区域受向南倾的F66逆断层和向北倾的明龙山逆断层的切割,次级褶皱发育,地层走向由南翼的近东西向转变为近南北向。在研究区中部,F66断层区域和陈桥-潘集背斜核部区域的构造较为复杂。

(2) 潘集矿区深部断层在发育程度和空间展布上均表现出一定的分区性。这种分区性主要表现为构造的不均匀性。陈桥-潘集背斜北部断层较发育,且以逆断层为主;陈桥-潘集背斜南部断层不发育,构造相对简单,且以正断层为主。研究区详查阶段揭露的结构面主要为Ⅱ级和Ⅲ级。

(3) 潘集矿区深部煤层顶底板砂岩发育较多类型的软弱结构面,包括层理、岩性分界面、裂隙等。本矿区煤层顶底板泥岩致密程度较高,碎屑颗粒均一,呈均质块状体,易呈饼状岩芯。

(4) 同一钻孔中不同岩性地层和不同钻孔中相同岩性地层的RQD值差异均较大。砂岩RQD值较大,岩石质量等级大多为一般—好;泥岩的RQD值偏低,反映了其岩石质量较差。研究区主采煤层顶底板RQD值在褶皱的核部和大型断裂密集发育的地方较小,远离断裂和褶皱发育的区域,RQD值呈现逐渐增大的趋势。11-2煤层顶底板和4-1煤层顶底板以及3煤层顶板的岩体质量较好;13-1煤层顶底板和8煤层顶底板以及1煤层底板的RQD值相对较小,岩体质量较差。

(5) 钻孔声波测井波速值反映了岩体完整性。主采煤层顶底板测井波速值和RQD值的对应关系较好,钻孔声波测井波速值偏大的区域RQD值也偏高,岩体质量好,岩体完整性也好;随着煤层埋深增大,声波测井钻孔减少。总体上在研究区中部F66断层和陈桥-潘集背斜转折端附近区域说明测井波速值偏低,同时钻孔不同层位发育的小断层也同样会造成该层段岩体测井波速值降低,相应岩体完整性差。

第4章　潘集矿区深部煤系岩石赋存环境

煤系岩石作为一种常见的沉积岩石力学研究对象,本身所处的地质赋存环境如特定的地温场、地应力场和渗流场等对其物理力学性质有较大的控制作用(彭苏萍,2008;张泓等,2009;彭瑞东等,2019)。深部岩体赋存条件是煤矿深部开采界限划分和岩体力学等工程研究的根本依据和出发点。

以往相关研究主要集中在当煤矿实际生产中遇到深部巷道支护和设计问题以及高温热害后,有目的地开展矿井局部地应力和地温地质条件等方面的探查研究,是为了针对性地查明或解释现场面临的工程问题的原因并预测今后出现相关灾害的可能性以及提出相应的防控方法。而在煤矿区资源勘查阶段以及生产矿井补充勘查等过程中,对煤系赋存的初始地应力或地温条件专项探查鲜有涉及,国内外也没有相应成熟的理论和方法体系。一方面,由于深部开采灾害频发且难于治理,深浅部岩石力学行为发生较大改变;另一方面,煤炭精准开采和智能化发展的高要求对深部开采初始地质条件以及岩石赋存条件的探查精细程度要求日益增高(袁亮,2017)。所以,随着煤矿区勘查和生产逐步进入深部阶段,基于煤炭勘查技术条件和工程测试技术的新发展,研究适用于老矿区外围深部或者新的深部勘查区的测试理论和原位测试方法,在矿井设计和生产前对深部岩石的赋存条件进行专项探查与评价是很有必要的。

本章将结合淮南潘集矿区深部研究区勘查工程,利用周边生产矿井的现有条件,对潘集矿区及深部勘查区的地应力条件、地温条件和水文地质条件以及地质动力环境进行探查与评价,为深部条件下的煤系岩石力学试验提供设计基础,并探索适用于矿区深部勘查阶段的煤系赋存条件的测试方法体系。

4.1　潘集矿区深部煤系岩石赋存的地应力环境

随着浅部煤炭资源的枯竭,绝大多数采煤国家不可避免地要面对煤矿深部开采问题。在深部地质力学复杂环境下,巷道围岩所处的应力环境的不同,导致了岩体力学性质的差异。地应力是影响岩石力学性质和岩体开挖工程稳定性的最重要、最根本因素之一。近年来随着大型数值分析计算方法的发展,岩土工程成为一门能定量计算和分析的工程科学,而地应力测量数据是所有岩体力学计算和分析必不可少的依据。

在煤矿深部开采工程中,两淮矿区是典型的巷道围岩变形较严重区域,特别是随采深的增加,变形更加突出。为此,在矿井建设和生产过程中,许多煤矿在井下开展了多种方法的地应力测试工作,基于地应力测试结果进行的巷道支护设计,取得了良好的效果,揭示了地应力对巷道围岩变形破坏的控制作用(刘泉声等,2004;韩嵩和蔡美峰,2007b)。但在现行的煤炭资源勘查规范中对地应力测试没有相应要求,各阶段的勘探报告中也无地应力测试数据,深部勘查对地应力测量工作也不做要求,因此在矿井深部巷道设计过程中也未考虑地应力的影响,致使建成的巷道经常发生较大变形,不仅存在安全隐患,而且也经常造成生产处于被动局面。如能在地质勘查阶段获得矿区地应力准确参数,在煤矿设计中加以考虑,将会起到事半功倍的效果。因此,在深部煤矿区勘查阶段开展地应力测试研究是十分必要的。

4.1.1 深部地应力测试工程布置

深部地应力条件是煤系岩石赋存环境条件的一个重要方面,深部研究区的地应力条件探查测试主要采用地面千米钻孔水压致裂法、煤矿井下巷道围岩应力解除法和岩石 AE 法 3 种方法。探索分析勘查阶段地应力测试方法的可行性和评价深部研究区地应力场的分布特征可以为以后类似深部勘查阶段地应力探查与评价提供理论方法体系。

研究区位于潘集矿区东部,与之相邻的生产矿井几乎都进入了深部开采水平。与研究区西北部相邻的朱集东煤矿二水平大巷深度已达-960m,研究区中部与陈桥-潘集背斜转折端相邻的潘一东煤矿开采深度也达到了-790m 以下。本书充分利用勘查区相邻开采矿井的巷道条件,结合地面钻探对淮南潘集矿区及深部勘查区地应力场进行测试分析。地应力测试工程在深部研究区地面布置 3 个水压致裂法测试钻孔,在潘集矿区 5 个生产矿井布置 10 个测点进行应力解除法测量,岩石 AE 法共测量 8 个生产矿井,制样测试 57 组。研究区及周边矿井的地应力测试工程布置如图 4.1 所示,地应力测试工程量见表 4.1。

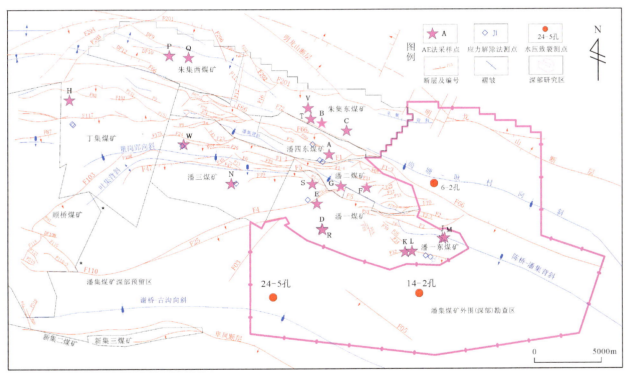

注:图中大写英文字母为 AE 法采样点编号,因有的样品在制作时不成功,没有数据,故编号不连续。

图 4.1 潘集矿区地应力测量工程布置图

表 4.1 地应力测试工程量表

测试方法	测(采样)点位置	测试工程量
地面千米钻孔水压致裂法	14-2 孔	测试 9 段,印模 4 段
	6-2 孔	测试 9 段,印模 4 段
	24-5 孔	测试 10 段,印模 3 段

续表 4.1

测试方法	测(采样)点位置	测试工程量
煤矿井下巷道围岩应力解除法	潘三煤矿	2 个测点
	潘四东煤矿	3 个测点
	丁集煤矿	2 个测点
	潘一煤矿	1 个测点
	潘一东煤矿	2 个测点
煤矿井下巷道围岩 AE 法	潘一煤矿	11 组
	潘二煤矿	4 组
	潘三煤矿	7 组
	潘四东煤矿	4 组
	潘一东煤矿	11 组
	朱集东煤矿	11 组
	朱集西煤矿	5 组
	丁集煤矿	4 组

4.1.2 深部地应力测试方法与测试结果

1. 潘集矿区地面千米钻孔水压致裂法地应力测试

水压致裂法操作较简单,测量速度快,测量深度不受限制,不需要岩石力学参数即可测量,且结果可靠,因此在一定程度上水压致裂法显得更受研究者的青睐。据统计,全国煤矿地应力测点的最大测试深度为−1300m 左右。收集并统计整个淮南矿区的地应力测试结果发现,−1000m 左右的深孔测试地应力研究仅有顾桥煤矿两个地面钻孔,淮南矿区地面钻孔最大测试深度在−1000m 左右,井下巷道地应力测试最大深度为−950m 左右,结果很难真正反映淮南矿区及深部地应力场的特征(刘泉声和刘恺德,2012)。目前对于煤矿地应力的研究多是在矿井施工和开采阶段进行的,即在井下开采活动过程中遇到了由地应力引起的巷道变形等问题才去设计和开展地应力测试,没有在煤矿勘查阶段直接测量地应力的数据。所以有必要探索深部研究区在勘查阶段地面地应力水压致裂测试方法可行性,为今后勘查阶段测量地应力提供可靠方法和依据。

1)测试原理

地面千米钻孔水压致裂法地应力测试采用的设备为中国科学院地质力学研究所研发的用于地面钻孔测量地应力的 SY-2010 型单回路地应力测量系统,如图 4.2 所示。该系统由定向器、高压泵、数据采集计算机、封隔器、印模器等组成,控制和数据记录系统包括现场数据处理计算机、水压致裂程序软件等(彭华等,2011),是一种完整的测试系统。该测试系统可以适配进行 0~2000m 深度的钻孔测量。

实际操作测量采用一对封隔器将按设计选定的测量深度内的某段钻孔(即测试段)封隔起来,并从地面向该段泵入高压流体增压,致使孔壁周围被水压裂产生诱发裂缝。在压裂过程中通过计算机数据采集系统记录测试段内几个压裂循环的典型压力-时间曲线,如图 4.3 所示。

根据压力-时间曲线得到破裂压力(P_b)、重张压力(P_r)与瞬时关闭压力(P_s)等压裂特征参数,然后由式(4.1)计算得到测点的 3 个主应力值(彭华等,2011)。

第4章 潘集矿区深部煤系岩石赋存环境

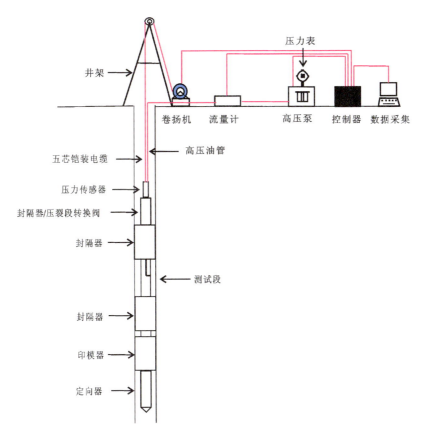

图 4.2 单回路水压致裂地应力测量系统示意图

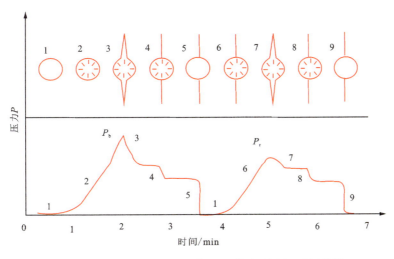

图 4.3 水压致裂应力测量典型压裂过程压力-时间曲线

$$\begin{cases} \sigma_H = 3P_s - P_r - P_0 \\ \sigma_h = P_s \\ \sigma_V = \rho g Z \end{cases} \tag{4.1}$$

式中：σ_H 为最大水平主应力值（MPa）；σ_h 为最小水平主应力值（MPa）；σ_V 为铅直主应力值（MPa）；P_s 为瞬时关闭压力（MPa）；P_b 为破裂压力（MPa）；P_r 为重张压力（MPa）；P_0 为岩石孔隙压力（MPa）；ρ 为岩石密度（g/cm³）；g 为重力加速度（m/s²）；Z 为测段深度（m）。

2)测试钻孔布置与测段选择

根据勘查区地质构造分布情况,地应力测量孔分别位于潘二煤矿东北部(6-2孔)、潘一煤矿东南部(14-2孔)和潘三煤矿东南角的正南部(24-5孔),见图4.1。实际完成工程量及钻孔内测试段(测点)数情况详见表4.2。

表4.2 地面千米钻孔水压致裂法地应力测试实际完成工程量

钻孔编号	孔深/m	钻孔水位/m	测试段(测点)数/段	印模定向段数/段
14-2	1 538.68	2.50	9	4
6-2	1 516.60	6.20	9	4
24-5	1 456.18	6.20	10	3

3)测试过程

钻孔水压致裂法选择的地应力测试段位于钻孔岩石较完整段,钻孔部分测段压力记录曲线标准(图4.4),破裂压力峰值确切、明显。钻孔压裂结束后,采用装有电子定向仪的印模器,在相应测段进行印模测定。根据裂缝方向的测定,求得最大水平主应力的方位。各测段的压裂最终破裂形态为平行于钻孔轴向的近直立裂缝,部分印模段印模结果如图4.5所示。

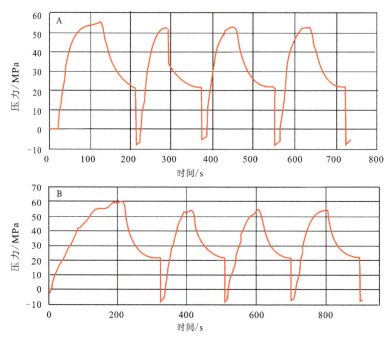

图4.4 部分钻孔测段压裂曲线

A.14-2孔1024m测段;B.6-2孔1460m测段

4)测试结果

将各钻孔测段压裂曲线代入式(4.1)可计算得出所有测点的各主应力大小,以及通过印模结果计算出各测段的破裂面方向。测试结果见表4.3。

根据表4.3中的测试数据作出淮南潘集矿区深部研究区3个地面千米钻孔的水压致裂法各测点主应力值随深度变化分布图以及印模段最大主应力方位分布图,如图4.6和图4.7所示。

第 4 章 潘集矿区深部煤系岩石赋存环境

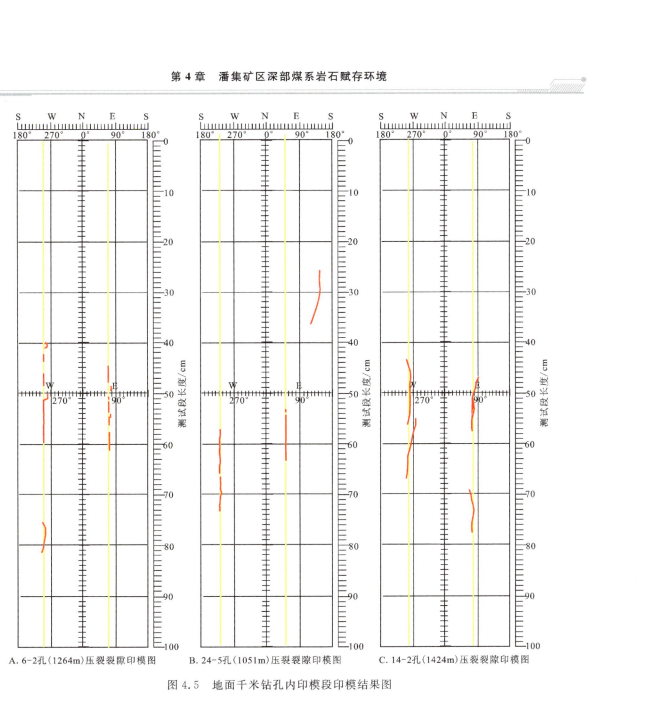

A. 6-2孔(1264m)压裂裂隙印模图　　B. 24-5孔(1051m)压裂裂隙印模图　　C. 14-2孔(1424m)压裂裂隙印模图

图 4.5　地面千米钻孔内印模段印模结果图

表 4.3　潘集深部勘查区钻孔水压致裂法地应力测试结果

钻孔编号	序号	Z/m	压裂参数/MPa					主应力值/MPa			破裂方位
			P_b	P_r	P_s	P_0	T/s	σ_H	σ_h	σ_V	
14-2	1	466	16.53	16.01	11.43	4.66	0.52	13.62	11.43	12.58	/
	2	557	17.76	17.75	13.05	5.57	0.01	15.83	13.05	15.04	N76.7°E
	3	613	23.04	22.52	16.05	6.13	0.52	19.50	16.05	16.55	/
	4	797	28.02	27.03	18.75	7.97	0.99	21.25	18.75	21.52	N78.8°E
	5	999.77	34.33	34.12	24.78	10.00	0.21	30.22	24.78	26.99	/
	6	1238	31.78	31.71	26.01	12.38	0.07	33.94	26.01	33.43	/
	7	1347	39.97	38.39	30.92	13.47	1.58	40.90	30.92	36.37	/
	8	1384	49.18	46.20	34.92	13.84	2.98	44.72	34.92	37.37	N65.5°E
	9	1424	55.28	53.26	38.92	14.24	2.02	49.26	38.92	38.45	N72.8°E

续表 4.3

钻孔编号	序号	Z/m	压裂参数/MPa					主应力值/MPa			破裂方位
			P_b	P_r	P_s	P_0	T/s	σ_H	σ_h	σ_V	
6-2	1	481	10.64	10.20	10.19	4.81	0.45	15.57	10.19	12.99	N70.0°E
	2	535	13.40	12.55	12.03	5.35	0.85	18.18	12.03	14.45	/
	3	615	26.63	25.41	16.91	6.15	1.22	19.16	16.91	16.61	/
	4	725	29.18	28.95	20.08	7.25	0.23	24.05	20.08	19.58	N69.6°E
	5	826	36.30	35.07	23.55	8.26	1.23	27.34	23.55	22.30	/
	6	967	35.76	34.72	24.61	9.67	1.04	29.44	24.61	26.11	/
	7	1064	47.14	45.30	29.70	10.64	1.84	33.16	29.70	28.73	/
	8	1264	54.79	50.52	33.65	12.64	4.27	37.80	33.65	34.13	N68.2°E
	9	1460	60.87	55.44	41.54	14.60	5.43	54.58	41.54	39.42	N60.1°E
24-5	1	888.65	39.64	35.73	24.64	8.89	3.91	29.29	24.64	23.99	N43.0°E
	2	961.05	43.40	38.89	27.85	9.61	4.50	35.04	27.85	25.95	/
	3	1 015.35	41.63	36.76	28.01	10.15	4.87	37.11	28.01	27.41	/
	4	1 051.55	44.18	39.41	29.39	10.52	4.77	38.23	29.39	28.39	N51.6°E
	5	1 105.85	46.30	42.96	31.35	11.06	3.34	40.04	31.35	29.86	/
	6	1 142.09	49.76	48.34	33.19	11.42	1.43	39.80	33.19	30.84	/
	7	1 258.45	56.14	53.44	36.47	12.58	2.70	43.39	36.47	33.98	/
	8	1 341.15	64.79	58.93	39.56	13.41	5.86	46.35	39.56	36.21	/
	9	1 413.55	64.79	59.43	41.48	14.14	5.36	50.88	41.48	38.17	/
	10	1 431.65	64.87	63.02	42.77	14.32	1.84	50.98	42.77	38.65	N62.1°E

注:/表示未做印模测试。

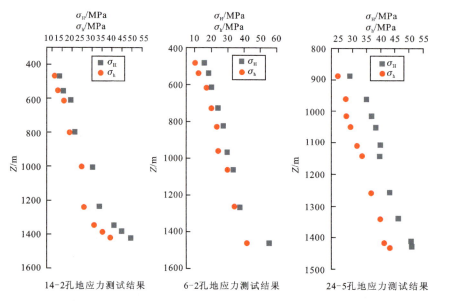
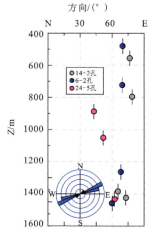

图 4.6　水压致裂法测点主应力值随深度变化分布图　　图 4.7　水压致裂法测试最大主应力方位分布图

由表4.3和图4.6、图4.7可知:

(1)在测段深度466～1460m范围内,深部研究区14-2孔、6-2孔和24-5孔的最大水平主应力值为13.62～54.58MPa,最小水平主应力值为11.43～42.77MPa,铅直主应力值为12.58～39.42MPa。在测试深度范围内,主应力值随深度增加呈线性增大关系。

(2)潘集深部勘查区地面千米钻孔水压致裂法实测最大主应力方向分别为NE73.45°、NE66.98°和NE52.23°,3个钻孔的平均方向为NE64.22°,表明深部勘查区最大主应力方向为近北东东向。主应力在1000m以浅为$\sigma_H>\sigma_v>\sigma_h$的逆冲断层应力状态,在1000m以深为$\sigma_H>\sigma_h>\sigma_v$的走滑断层应力状态。

(3)研究区岩体抗拉强度在0.01～5.86MPa之间,平均2.29MPa。由于测试深度、测段岩性及岩体结构的不同,钻孔所测的岩体抗拉强度结果具有一定的离散性,水压致裂法是一种原位测量方法,其测试结果可直接反映该测段岩体的实际力学性质。

2. 潘集矿区井下巷道围岩应力解除法地应力测试

1)测点布置

在深部研究区周边潘集矿区选择了潘一煤矿、潘一东煤矿、潘四东煤矿、潘三煤矿和丁集煤矿5个生产矿井,每个生产矿井分别选取了1～3个测点,共计10个测点,应用井下巷道套芯应力解除法对地应力进行了原位实测,各个测点平面布置及基本情况见表4.4。巷道测试钻孔深度要求一般大于巷道跨度的3倍,可确保测点所测地应力不受巷道开挖的影响,选择巷道测点岩性必须是完整坚硬岩石,如细砂岩或粉砂岩(夏磊,2019)。

表4.4 潘集矿区矿井地应力测点布置情况

生产矿井	测点位置	序号	测点标高/m	钻孔深度/m	巷道跨度/m	钻孔深度/巷道跨度	方位角/(°)	岩性
潘三煤矿	西三采区皮带机上山	1	-721.1	14.6	4.5	3.24	116	细砂岩
	-817m东翼轨道大巷	2	-817.3	14.8	4.5	3.29	95	细砂岩
潘四东煤矿	-580m东翼放水巷1孔	3	-581.2	12.8	4.2	3.05	135	粉砂岩
	-580m东翼放水巷2孔	4	-582.5	13.2	4.2	3.14	141	粉砂岩
	-650m东翼轨道石门	5	-652.6	14.5	4.5	3.22	56	粉砂岩
丁集煤矿	西11-2轨道大巷1孔	6	-905.4	15.3	4.5	3.40	275	细砂岩
	西11-2轨道大巷2孔	7	-907.2	15.5	4.5	3.44	204	细砂岩
潘一煤矿	西二运输大巷	8	-525.5	15.3	4.5	3.40	270	粉砂岩
潘一东煤矿	-848m西翼轨道大巷1孔	9	-812	14.8	4.5	3.29	280	粉砂岩
	-848m西翼轨道大巷2孔	10	-814	15.2	4.5	3.38	280	细砂岩

2)测量仪器与过程

井下现场使用钻孔套芯应力解除法进行巷道地应力测量,巷道钻孔孔底应变计使用的是KX-81型空心包体三轴应力计(图4.8A),与之配套的系统测试装置为KBJ-12数字智能应变仪(图4.8B)。布置安装仪器后,钻机使用岩芯管将巷道钻孔孔底应变计连同岩芯一起套出(图4.9),过程中一直测量应变变化。将套芯取出的带有应变计的岩芯运至地面立即用围压率定仪(图4.8C)对岩芯的弹性模量及泊松比进行率定测量(董振国等,2019)。

A. KX-81型空心包体应变计

B. KBJ-12数字智能应变仪

C. 围压率定仪

图 4.8　应力解除法测量仪器

潘三煤矿岩芯

丁集煤矿岩芯

潘四东煤矿岩芯

图 4.9　取出的空心包体和岩芯共同体

3)测试结果

本次采用应力解除法对潘集矿区部分矿井测点进行了井下巷道地应力实测,利用解除稳定后的各应变片的读数数据,应用专用的数据处理软件对应变测量数据进行处理,最终计算出来的 6 个独立的应力分量以及 3 个主应力值,将 3 个主应力转换为水平应力,可计算出应力解除法测试深部地应力的结果,如表 4.5 所示。

表 4.5　应力解除法最大水平主应力、最小水平主应力、铅直主应力的计算结果

序号	测点深度/m	σ_H/MPa	σ_h/MPa	σ_V/MPa	$\sigma_{h,av}$/MPa	σ_H/σ_V	$\sigma_{h,av}/\sigma_V$	σ_H 方位/(°)
1	750	26.63	15.08	17.08	20.86	1.56	1.22	28.20
2	843	25.49	19.40	19.55	22.45	1.30	1.15	22.43
3	605	27.65	12.72	16.99	20.19	1.63	1.19	134.02
4	604	32.56	15.91	16.04	24.24	2.03	1.51	132.80
5	678	31.50	17.79	18.70	24.65	1.68	1.32	22.87
6	935	30.14	20.87	21.04	25.51	1.43	1.21	43.79
7	938	28.35	20.68	21.20	24.52	1.34	1.16	33.89
8	555	18.89	14.37	12.12	16.63	1.56	1.37	94.97
9	838	25.85	16.26	18.36	21.06	1.41	1.15	43.83
10	840	25.95	16.81	18.32	21.38	1.42	1.17	41.20

注:①σ_H 为最大水平主应力,σ_h 为最小水平主应力,σ_V 为铅直主应力,$\sigma_{h,av}$ 为平均水平主应力。
②本表的序号与表 4.4 的一一对应。

根据表4.5中数据绘制了应力解除法测点各主应力随深度变化分布图和σ_H方位随深度变化的分布图，如图4.10、图4.11所示。

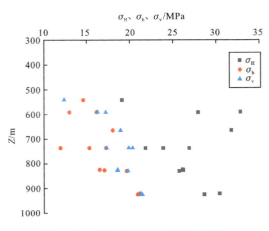

图4.10　潘集矿区应力解除法测点各主应力随深度变化分布图

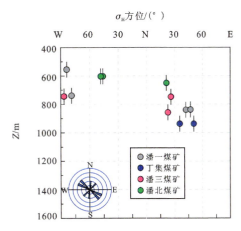

图4.11　潘集矿区应力解除法测点最大主应力方位分布图

将应力解除法地应力测量结果与陆春辉(2011)在淮南矿区采用同样方法进行的测试结果进行对比发现，二者测试结果的分布区间基本一致，证明该方法的有效性和本次测试结果的可靠性。应力解除法结果也表明了潘集矿区最大主应力方向在北东向和北东东向之间，中间主应力及最小主应力为倾斜的。中间主应力除个别测点外倾角均较大，近似直立，数值也接近自重应力，最大主应力与中间主应力之比为1.2~1.9，表明研究区以近水平方向应力为主导，且都为压应力，无张应力。

3. 潘集矿区煤矿井下巷道围岩AE法地应力测试

与地面和巷道原位地应力测试方法相比，AE法的突出优点在于：一是岩芯试块加工与试验均可在实验室内进行，测试操作流程相比原位试验简单容易，不受现场条件限制；二是测试试件可选择多点测试，结果有可比性；三是费用较低(杨宇江，2008)。

1)岩石采样与制样

用于AE法地应力测量的巷道岩石样品均采自研究区相邻的各生产矿井，为了保证每个采样点采取的原岩标本能制得2组以上用于室内AE试验的试样，在每个生产矿井巷道现场采样时注意选取大块、完整、规则的岩石标本，部分照片见图4.12。选择巷道两侧或迎头处的中厚层状裂隙发育较少且硬度较大的中细砂岩，采用风镐采取或撬取岩块，井下巷道采样时需在岩块上准确标明掘进方向，并记录采样点所在巷道位置、采样点深度及走向。为保护采取原岩样品在运输过程中不出现碎裂和记录不清等情况，井下采取岩块样品均由人工背回地面。本次试验原岩样品采取历时4个月，共采集8个生产矿井20个井下巷道采样点的原岩标本约800kg。采样点分布情况见图4.1。

AE法测试是为了进一步确定潘集矿区的地应力场大小，主要研究两个水平方向的主应力特征。为得到测点的水平应力状态，需在该测点采取的岩样中沿3个不同方向制备试样，将2个方向选为坐标轴方向，另一个方向选为XOY平面内的轴角平分线方向，即X、Y和X45°Y 3个方向。结合3个方向试件测试结果，根据式(4.1)计算水平方向的应力大小及其方向。在避免岩石裂隙和结构面影响的情况下，将原岩切割加工成长方体试件，尽量将试样尺寸控制在长×宽×高=50mm×50mm×100mm左右，共制作了57组样品。

图 4.12　潘集矿区部分井下巷道围岩 AE 法测试地应力采样原岩照片

2）试验仪器与过程

岩石声发射测试系统有 3 个部分：主机系统、轴向加载系统和传感器系统。

本次试验岩石声发射系统选用的是美国 PAC 公司生产的 PCI-2 型岩石声发射测量分析系统。该系统还包括 NANO-30-TC 传感器，谐振频率为 300kHz，适合做 50mm×100mm 的小尺寸岩样，2/4/6-AST 型三档可调前置放大器，以及 MTS 轴向加载系统，如图 4.13 所示。

A. PCI-2 型声发射主机系统　　B. MTS-816 轴向加载系统　　C. NANO 传感器系统

图 4.13　AE 法地应力测试系统

3）试验结果

根据各试样声发射试验得出的各参数关系图，采用跳跃点法、最大曲率点法和切线交汇法等凯塞效应点确定的综合方法，对照应力-时间关系图，结合应力-应变曲线曲率变化点，综合确定各试样凯塞效应点应力值，即各方向试样的应力大小（杨宇江，2008）。共解译 57 组 171 个试样，并换算出各测点最大、最小主应力的大小和方向，结果如表 4.6 所示。

由于所取岩样地点的埋深大，大多数岩样的应力大小主要集中在峰值应力的 20%～40% 之间，占总数的 60% 左右，如图 4.14 所示。最高的为 F1-z 试样，凯塞效应点应力大小为峰值应力的 75%，不进行原岩应力计算。

在这 171 个试样中，声发射活动一般都随着应力的增加而更加活跃，声发射率的最大值出现在临近应力峰值。其中共有 163 个试样（其中试验样品总数为 159 个）观测到比较明显的凯塞效应现象，约占总数的 95%。这些试样（其中试验样品总数为 159 个）虽然岩性各异，但均为脆性材料，表现出突然破坏的形式。如图 4.15 所示，破坏时的应力小于 30MPa 的试样有 6 个，占总数的 3.77%；在 70～90MPa 之间的最多，有 41 个，占总数的 25.79%；在 50～70MPa 和 90～110MPa 之间的各有 35 个和 38 个，各占总数的 22.01% 和 23.90%；在 110～130MPa 和 130～150MPa 之间的各有 15 个和 12 个，各占总数的 9.43% 和 7.55%；大于 150MPa 有 12 个，占总数的 7.55%。

表4.6 潘集矿区井下巷道围岩AE法地应力测试结果

序号	矿名	测(采样)点位置	试样分组编号	σ_H/MPa	σ_h/MPa	σ_H方位/(°)	σ_V/MPa	Z/m
1	潘四东煤矿	−640m东翼皮带机大巷	A1	28.60	13.45	147.1	17.87	662
2			A2	26.10	14.75	152.3	17.87	662
3			A3	27.66	10.87	137.4	17.87	662
4			A4	24.77	12.55	155.3	17.87	662
5	朱集东煤矿	东1#瓦斯钻孔找孔巷道	B1	27.61	15.39	90.4	23.54	872
6			B2	26.06	15.04	112.2	23.54	872
7		1151(1)轨顺提料斜巷	C1	30.85	15.95	102.4	25.61	948.5
8			C2	33.36	15.27	98.0	25.61	948.5
9			C3	32.29	19.54	89.9	25.61	948.5
10	潘一煤矿	B组8煤顶板胶带机上山	D1	29.09	13.14	62.4	21.06	780
11			D2	16.87	11.40	68.2	21.06	780
12			D3	26.55	14.25	67.2	21.06	780
13		西翼胶带机斜巷	E1	23.33	12.24	141.5	16.47	610
14			E2	22.14	11.95	130.6	16.47	610
15	潘二煤矿	11123底抽巷	F1	17.53	8.68	82.7	13.35	494
16			F2	17.79	13.39	74.7	13.35	494
17		18114底抽巷	G1	24.91	11.16	108.9	12.93	478
18			G2	21.55	12.63	84.5	12.93	478
19	丁集煤矿	西一13-1轨道大巷	H1	27.85	8.33	128.4	22.73	842
20			H2	30.24	14.42	126.7	22.73	842
21			H3	25.62	19.11	141.9	22.73	842
22			H4	24.84	11.60	125.1	22.73	842
23	潘一东煤矿	西一(13-1)盘区轨道上山	J1	27.43	8.38	64.4	19.90	737
24			J2	28.81	12.96	72.8	19.90	737
25			J3	28.09	11.08	64.5	19.90	737
26			J4	27.45	12.86	83.4	19.90	737
27		西二(11-2)采区胶带机巷	K1	27.90	20.95	82.8	21.95	813
28			K2	28.24	16.08	67.8	21.95	813
29		1422(1)轨顺底板巷	L1	27.52	13.75	80.3	21.90	811
30			L2	29.44	14.98	75.7	21.90	811
31			L3	25.73	15.01	82.2	21.90	811
32		1211(1)轨顺底板巷	M1	28.08	11.34	62.2	21.79	807
33			M2	27.32	12.77	74.1	21.79	807

续表 4.6

序号	矿名	测(采样)点位置	试样分组编号	σ_H/MPa	σ_h/MPa	σ_H 方位/(°)	σ_V/MPa	Z/m
34	潘三煤矿	二水平东—11-2煤采区皮带机上山	N1	22.51	9.80	51.5	20.30	752
35			N2	19.03	10.92	43.1	20.30	752
36			N3	22.95	8.78	37.3	20.30	752
37	朱集西煤矿	西翼13煤轨道大巷	P1	28.94	18.15	61.9	24.38	903
38			P2	30.14	16.20	66.0	24.38	903
39		东翼13煤辅助运输上山	Q1	29.61	19.65	59.3	26.51	982
40			Q2	28.28	14.65	69.1	26.51	982
41			Q3	27.46	17.54	80.7	26.51	982
42	潘一煤矿	21111(3)下顺槽外联巷	R1	30.02	17.44	100.6	21.11	782
43			R2	27.20	22.76	95.6	21.11	782
44			R3	32.14	16.05	96.2	21.11	782
45		西翼8煤矸石胶带机上山迎头后15m	S1	27.76	12.44	141.3	13.82	512
46			S2	23.77	17.52	141.3	13.82	512
47			S3	27.02	17.89	146.9	13.82	512
48	朱集东煤矿	-906m西翼轨道大巷(北)	T1	32.66	18.98	73.8	25.06	928
49			T2	29.39	11.86	88.5	25.06	928
50		1222(1)上顺槽提料斜巷	V1	33.63	19.22	116.3	26.08	965
51			V2	30.32	18.57	92.0	26.08	965
52			V3	32.51	14.51	111.8	26.08	965
53			V4	31.97	23.14	124.6	26.08	965
54	潘三煤矿	西三C组煤中部采区轨道上山	W1	27.94	13.03	59.7	19.98	740
55			W2	26.51	21.71	59.5	19.98	740
56			W3	29.57	22.92	50.8	19.98	740
57			W4	25.53	21.66	51.5	19.98	740

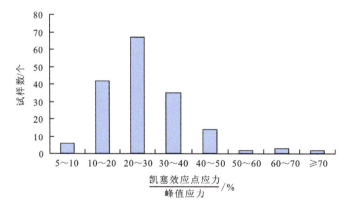

图 4.14 凯塞效应现象存在的应力水平

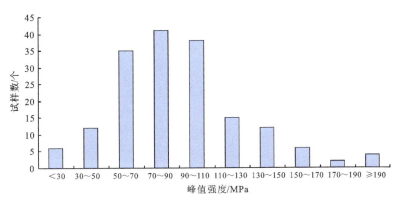

图 4.15 凯塞效应岩样峰值强度分布图

声发射试验证明了有较高强度的脆性砂岩存在比较明显的凯塞效应现象,而在低强度、非脆性的岩石中该现象不明显,甚至观察不到。

在具有凯塞效应现象的试样中,同一水平以及不同水平之间的岩样,峰值应力较高的试样的凯塞效应"记忆"的应力也较高,并且在大于 90MPa 后,凯塞效应"记忆"的应力与破坏时的应力近似成线性递增关系(图 4.16)。从岩性上看,试样中的砂岩类强度较高,"记忆"的应力普遍高于其他的泥质类岩石。

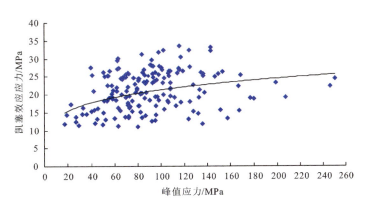

图 4.16 凯塞效应应力与岩样峰值强度关系散点图

根据表 4.6 中的测量计算结果作 AE 法测点主应力随深度变化趋势分布图和最大主应力方位分布图,如图 4.17 和图 4.18 所示。

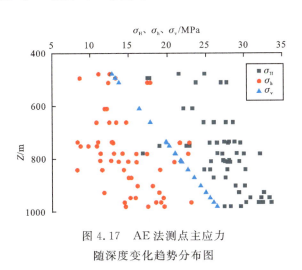

图 4.17 AE 法测点主应力随深度变化趋势分布图

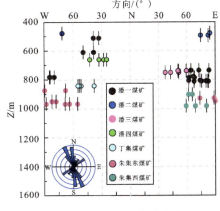

图 4.18 AE 法测点最大主应力方位分布图

由 AE 法测试结果可得声发射试验测试的潘集矿区测点最大水平主应力在 16.87～33.63MPa 之间,平均 27.17MPa,最小水平主应力在 8.33～23.14MPa 之间,平均 14.92MPa;最大水平主应力方向分布在 50°～160°之间,主要集中分布在 60°～100°之间,即主要为北东东方向,其次为南东方向。

4.1.3 潘集矿区及深部勘查区地应力分布特征

综合使用水压致裂法、应力解除法和 AE 法对潘集煤矿及深部勘查区进行了地应力的综合测试,其中水压致裂法测试 3 个孔 28 段,应力解除法测试 5 个生产矿井 10 个测点,AE 法共测试 8 个生产矿井 57 组。测(采样)点位置分布见图 4.1。

对 3 种方法的测试结果均进行了水平应力转换计算,不论是水平应力的大小还是方向均存在一定的离散性,但 3 种方法所测地应力结果的大小和方向分布范围基本一致,说明 3 种方法测试的结果均可靠,可用于工程设计和后续试验研究。淮南潘集矿区及深部勘查区的地应力测点埋深在 466～1000m 范围内的测点共有 40 个,在 1000～1500m 范围内的测点共有 15 个。

1. 潘集矿区及深部勘查区地应力场类型和量级

根据 55 个不同埋深测点各主应力的相对大小排列,深部地应力场可分为 3 种类型:①属于 $\sigma_H > \sigma_v > \sigma_h$ 型的有 37 个,占总测点数的 67.3%;②属于 $\sigma_H > \sigma_h > \sigma_v$ 型的测点有 17 个,占总测点的 30.9%;③属于 $\sigma_v > \sigma_H > \sigma_h$ 型的测点有 1 个,占总测点的 1.8%。在测试结果中 σ_H 大于 σ_v 的测点有 54 个,占总测点数的 98.2%。这表明潘集矿区及其深部研究区地应力场总体上以水平应力为主,属于典型的构造应力场类型,且总体应力场特征呈现为 $\sigma_H > \sigma_v > \sigma_h$ 型。

55 个地应力测点的最大水平主应力在 13.62～54.58MPa 之间,最小水平主应力在 9.83～42.77MPa 之间。受埋深、测点岩性及地质构造等因素影响,矿区内地应力值表现出一定的差异性。如图 4.19 所示,埋深为 466～1000m 范围内的 40 个测点的最大水平主应力主要集中在 18.18～29.79MPa 之间,共有 29 个测点,小于 18MPa 的测点有 4 个,超过 30MPa 的测点有 7 个;而埋深为 1000～1460m 范围内的 15 个测点的最大水平主应力为 33.16～54.58MPa,均大于 30MPa。

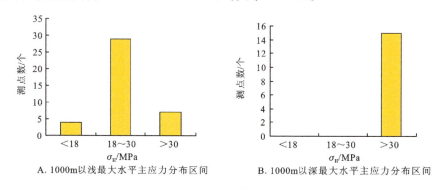

图 4.19 潘集矿区及深部勘查区的实测最大水平主应力分布区间图

在 55 个测点中,$\sigma_H \geq 18$MPa 的测点有 51 个,占总测点数的 92.7%。根据地应力实测值的高地应力定量标准(邵军战,2020),潘集矿区及深部勘查区内 466～1000m 埋深范围内地应力状态主要为高地应力状态,1000m 以深范围地应力状态为超高地应力状态,总体上潘集矿区及深部勘查区处于高—超高地应力状态。

2. 主应力值随深度的变化关系

研究区深部埋深 466～1460m 范围内各测点最大和最小水平主应力的大小随深度的变化关系如图 4.20 所示。

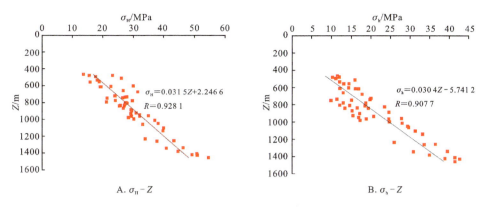

图 4.20 潘集矿区及深部勘查区地应力与深度的关系图

潘集矿区及深部勘查区实测 σ_H、σ_h 总体上均呈现出随深度的增加而增大的趋势,由图 4.20 可得 σ_H、σ_h 值随深度的变化关系如下。

(1)最大水平主应力随测点深度的变化关系:
$$\sigma_H = 0.031\ 5Z + 2.246\ 6 \tag{4.2}$$
相关系数 $R=0.928\ 1$,说明最大水平主应力与深度具有较好的线性相关性。

(2)最小水平主应力随测点深度的变化关系:
$$\sigma_h = 0.030\ 4Z - 5.741\ 2 \tag{4.3}$$
相关系数 $R=0.907\ 7$,说明最小水平主应力与深度也具有较好的线性相关性。

(3)侧压系数 λ 随测点深度的变化关系:侧压系数 λ 为最大水平主应力与铅直主应力的比值,研究区内各测点的侧压系数随深度变化的关系图如图 4.21 所示。由图 4.21 可知,研究区侧压系数 λ 主要集中在 $1.015\sim1.894$ 之间(仅一个测点的侧压系数 λ 小于 1,为 0.987),$\lambda\leqslant1.0$ 的测点有 1 个,占总测点数的 1.82%,$\lambda>1.0$ 的测点数有 54 个,占总测点数的 98.18%,平均 1.294;研究区内最大水平主应力约为铅直主应力的 1.3 倍,说明研究区以水平构造应力为主。研究区内各测点侧压系数随深度变化在埋深 1000m 以浅区域分布较离散,在埋深 1000m 以深区域相对集中,总体上侧压系数表现出随深度增加而减小且接近于 1 的趋势。

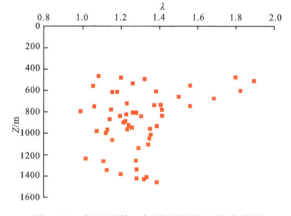

图 4.21 侧压系数 λ 与测点深度 Z 的关系图

(4)最大水平主应力、最小水平主应力与测点深度的关系:

A. 最大水平主应力与最小水平主应力比值随深度的变化关系。如图 4.22 所示,σ_H 与 σ_h 的比值范围为 $1.116\sim2.469$,平均值为 1.511,其中 45.45% 的测点分布在 $1.50\sim2.47$ 之间。

在埋深 1000m 以浅区域,σ_H 与 σ_h 的比值随深度变化分布较离散;在埋深 1000m 以深区域,σ_H 与 σ_h 的比值随深度变化分布相对集中。总体上,σ_H 与 σ_h 的比值表现出随深度增加而减小的趋势。

B. 最大、最小水平主应力差随测点深度的变化关系。图 4.23 为各测点最大水平主应力与最小水平主应力之差 ($\sigma_H - \sigma_h$) 随测点深度变化分布图。由图可知,$(\sigma_H - \sigma_h)$ 总体上的分布离散性较大:约在埋深 1000m 以浅区域,$(\sigma_H - \sigma_h)$ 随深度变化分布离散;约在埋深 1000m 以深区域,$(\sigma_H - \sigma_h)$ 随深度变化分布相对集中。总体而言,研究区最大水平主应力、最小水平主应力的差值表现出随埋深增加有逐渐增大的趋势。由于最大水平主应力、最小水平主应力的差值直接决定了剪应力的大小,而较大的主应力差会为岩体破坏创造优势条件,因此可以根据主应力差的大小为深部开采围岩稳定性评价与巷道支护设计提供参考。

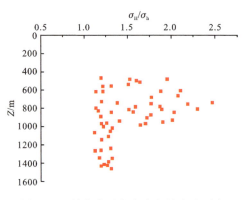
图 4.22 最大水平主应力与最小水平主应力的比值随测点深度的变化关系

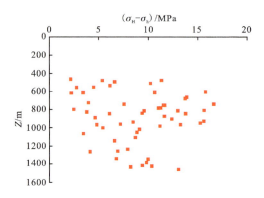
图 4.23 最大水平主应力与最小水平主应力的差值随深度的变化关系

3. 最大水平主应力作用方位

潘集煤矿及深部勘查区最大水平主地应力方向随测点深度变化分布及地应力方向玫瑰花图见图 4.24,由图 4.24 可知,研究区的最大水平主应力轴的优选方位为北东东向,最大主应力呈近水平状态。

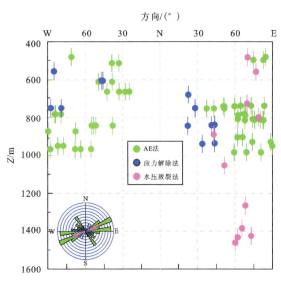
图 4.24 最大水平主应力方位分布图

约在埋深 1000m 以浅区域的最大主应力方向分布较离散,在埋深 1000m 以深区域的最大主应力方向分布相对集中,总体表现出随着测点深度的增加,最大主应力趋近东西向的趋势。研究区内部分矿井所测最大水平主应力方向基本一致,而部分矿井表现出较大的离散性,考虑到各矿井开采深度不同、地质构造分布与采场布局扰动存在较大差异,导致地应力方向局部差异性与离散性属于正常现象,符合煤矿井下地应力场分布特点。

综合以上分析可知,研究区内地应力测试结果无论是大小还是方向都以埋深 1000m 为界限表现出一定特征差异,1000m 以浅区域的地应力结果相对离散,而在 1000m 以深区域的地应力结果总体相对稳定。鉴于此,可以考虑以埋深 1000m 作为研究区内深、浅部开采的临界深度值。

4.1.4 深部构造对地应力场的控制作用分析

1. 地应力方向的构造控制

研究区中部陈桥-潘集背斜和 F66 断层是区域性控制构造,潘集矿区各煤矿均受到这两个构造的控制作用影响。F66 断层以北区域的朱集东煤矿和朱集西煤矿开采深度明显大于陈桥-潘集背斜区域的各煤矿,开采深度不同,构造作用影响大小不同,造成了研究区在南北区域之间的地应力方向也有所差异。

以 F66 断层为界,将深部研究区划分出 3 个区块,即 F66 断层以北区块(图 4.25A;包括研究区北半部和朱集东煤矿和朱集西煤矿)、F66 断层以南的陈桥-潘集背斜核部区块和陈桥-潘集背斜以南深部区块(14-2 孔和 24-5 孔)(图 4.25B)。

第4章 潘集矿区深部煤系岩石赋存环境

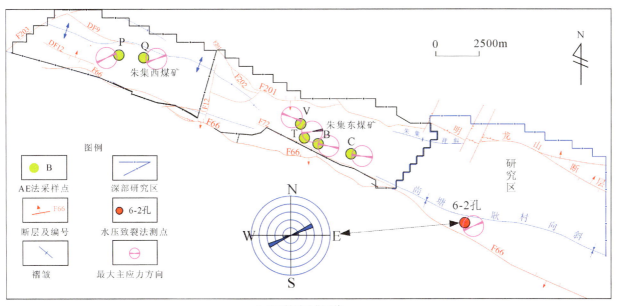

A. F66断层以北区块

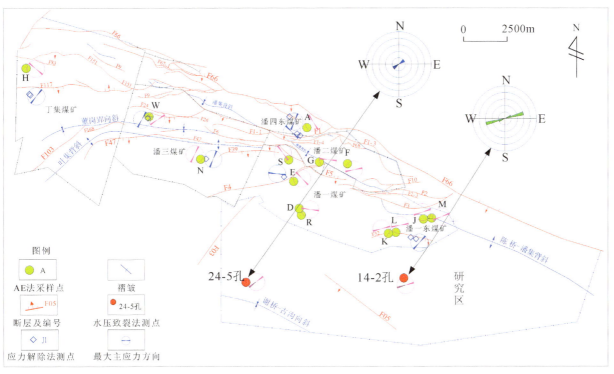

B. F66断层以南的陈桥-潘集背斜核部区块和陈桥-潘集背斜以南深部区块

图4.25 以F66断层为界划分的3个区块示意图

由图4.25中地应力场方向分布特征可以看出，淮南潘集矿区深部现今地应力场中最大水平主应力的方向分布具有较好的规律性，但也存在一定的差异，其原因主要是受地质构造的控制。淮南潘集矿区及深部现今地应力方向区域上主要受太平洋板块作用影响，主体呈北东东—近北西向。

深部研究区局部受区域性的断裂和褶皱构造控制，在F66等断层附近、陈桥-潘集背斜核部转折端等部位，地应力方向受影响发生偏转，平面上表现为地应力方向的离散性。整体上在F66断层以北区块，最大主应力方向还是以近东西向为主；背斜核部区块的最大主应力方向离散性较大；在背斜以南深部区块，最大主应力方向偏北东东向。

2. 地应力大小的构造控制

笔者分别对 3 个区块的地应力测试结果中最大水平主应力大小进行了统计并做回归分析,获得了淮南潘集矿区及深部勘查区各区块地应力随深度的变化趋势(图 4.26),据此预测计算了各区块不同深度(地层埋深)的最大水平主应力值,如表 4.7 所示。

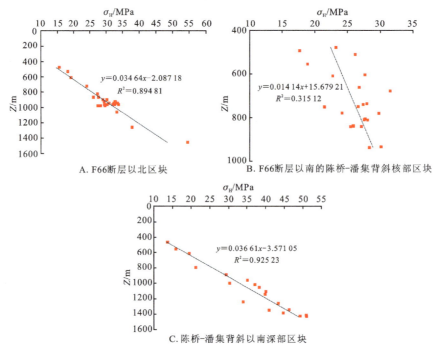

图 4.26 3 个区块最大水平主应力随深度变化趋势

表 4.7 各区块不同深度的最大水平主应力值

Z/m	σ_H/MPa		
	F66 断层以北区块	F66 断层以南的陈桥-潘集背斜核部区块	陈桥-潘集背斜以南深部区块
500	15.233	22.749	14.734
600	18.697	24.163	18.395
700	22.161	25.577	22.056
800	25.625	26.991	25.717
900	29.089	28.405	29.378
1000	32.553	29.819	33.039
1200	39.481	32.647	40.361
1500	49.873	36.889	51.344
2000	67.193	43.959	69.649

从图 4.26 和表 4.7 可以得出,约在 800m 以浅,F66 断层以北区块和陈桥-潘集背斜以南深部区块的地应力大小大致相等,且其最大水平主应力均小于 F66 断层以南的陈桥-潘集背斜核部区块,表明在这个深度范围内褶皱对地应力的影响起控制作用。当深度达到 800m 以深,陈桥-潘集背斜以南深部区

块的地应力最大,F66 断层以北区块和 F66 断层以南的陈桥-潘集背斜核部区块最大水平主应力大致相等。当深度进一步增加,达到 1000m 以深,研究区 F66 断层两侧的最大水平主应力值均超过 30MPa,处于超高地应力水平,F66 断层以南的陈桥-潘集背斜核部区块的最大水平主应力小于 30MPa,处于高地应力水平。超过 1000m,随着深度的逐渐增加,F66 断层以北区块和陈桥-潘集背斜以南深部区块的最大水平主应力与 F66 断层以南的陈桥-潘集背斜核部区块的最大水平主应力的差距明显增大。

综上所述,结合深部勘查区实际情况,在煤炭资源勘查阶段实施以深部钻孔水压致裂法为主和以周边生产矿井井下应力解除法和 AE 法为辅的地应力测试体系,实际测试结果准确且详细,能反映深部地应力场的变化特征。测试结果可用于现今地应力场的评价,指导生产矿井深部建设,同时也为后续地应力条件下的煤系岩石力学性质试验提供准确和有针对性的研究范围。

套芯应力解除法需在煤矿井下巷道中打定向钻孔进行测试,而 AE 法需在井下或定向钻孔中采集大量岩石试块。这两种方法在新区深部勘查阶段无法进行。但当煤矿深部勘查区与生产矿井相邻时,可采用这两种方法进行地应力测试,补充和完善勘查区地应力测试方法体系。

地面千米钻孔水压致裂法是目前在国内外被广泛应用的、能直接进行深孔地应力测量的方法,具有操作简便、测量速度快、测试结果稳定可靠等诸多优点,在煤田勘探阶段可直接在勘查钻孔中进行,一孔多用。该方法可在深部煤田勘探阶段推广应用,为深部煤系地应力条件探查以及深部巷道设计与支护决策提供必要参数。

4.2 潘集矿区及深部勘查区煤系岩石赋存的地温环境

淮南矿区是我国重要的煤炭生产基地,煤炭资源丰富,但开采地质条件较为复杂,除高瓦斯、高地压外,高温热害影响也较大,制约着生产的发展,特别是随着开采深度的逐步增大,上述问题更加突出(李红阳等,2007;任自强等,2015;吴基文等,2019)。因此,系统地开展淮南矿区深部地温地质特征探查与评价是十分必要的。其研究成果不仅可以用于对淮南矿区深部开采热害治理提供指导,更能为进一步研究深部煤系岩石赋存状态与力学性质的关系提供研究基础。

4.2.1 地温数据及其获取方法

地温数据是研究深部地温场分布特征和地温场影响因素的基础。它的获取包括地温测量和地温计算。其中,地温测量即使用测温仪进行直接测定,包括地面钻孔井温测井和井下巷道浅孔测温(徐胜平,2014;任自强,2016);地温计算是指通过地温梯度或利用地球化学温标进行计算(山东省煤田地质勘探公司测井组,1983;王心义等,2001;王莹等,2007)。

1. 地面钻孔井温测井

1)井温测井概况

目前,在煤炭资源勘探过程中,地温数据的获取主要基于地面勘探钻孔,采用井温测量方法进行(洪有密,1993;王华玉等,2013)。其中,钻孔井液连续测温是最为常用的一种方法,并根据井温资料分为稳态测温、近似稳态测温、简易测温和瞬时测温 4 种。简易测温是一种快速简便的非稳态测温方法。考虑到在实际测温工作中,具备近似稳态测温条件的钻孔极少,所以大多采用简易测温方法进行测温工作。近似稳态测井所得井温数据可以直接用于地温场分析,而简易测温所得地温数据须校正后使用(谭静强等,2009)。

本书在系统收集整理潘集矿区生产矿井地质勘探期间钻孔测温及其相关资料的基础上,结合潘集煤矿外围勘查区普查、详查地面钻探工程,开展了地面千米钻孔井温测量工作。

在潘集深部勘查区普查阶段完成井温测井钻孔 28 个,详查阶段完成井温测井钻孔 48 个,共完成测温钻孔 76 个,其中,简易测温钻孔 70 个,近似稳态测温钻孔 6 个,分别为位于研究区北部区域的 2-3 孔、4-3 孔,研究区南部的 10-3 孔、14-3 孔和研究区西部的 18-3 孔、24-4 孔。共收集潘集矿区各生产矿井测温钻孔 209 个,其中近似稳态和稳态测温钻孔 16 个。地面测温钻孔布置图和工程量见表 4.8 和图 4.27。图 4.28 为潘集矿区深部及各矿井采用近似稳态井温测井方法获得的具有代表性的钻孔井温曲线。由图 4.28 可以看出,地温与深度基本呈线性关系,属于典型的热传导型增温模式。

表 4.8 潘集矿区及深部勘查区钻孔测温工程量表

地点		地面测温钻孔数量/个			
		瞬态测温	简易测温	稳态和近似稳态测温	合计/个
生产矿井	潘一煤矿		25	1	26
	潘二煤矿	13	5	1	19
	潘三煤矿	20	3	1	24
	潘一东煤矿		22	1	23
	潘四东煤矿		28	3	31
	朱集西煤矿		30	4	34
	朱集东煤矿		27	4	31
	丁集煤矿		20	1	21
潘集深部勘查区			70	6	76
合计/个		33	230	22	285

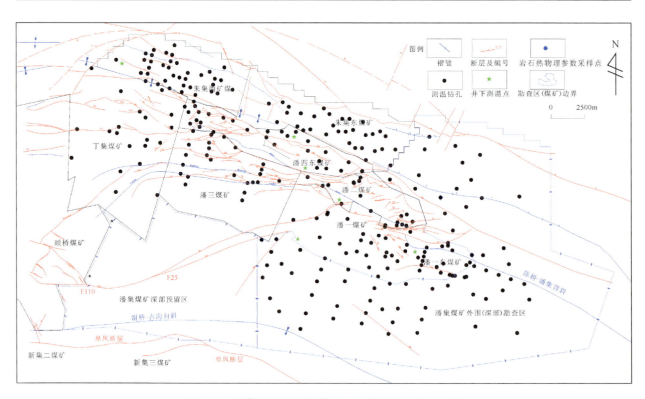

图 4.27 潘集矿区及深部勘查区地温测量工程布置图

第4章 潘集矿区深部煤系岩石赋存环境

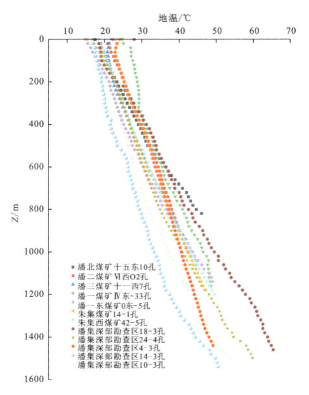

图4.28 潘集矿区及深部勘查区和周边矿井近似稳态井温测井曲线图

2)简易井温测井校正

虽然近似稳态测温所得地温数据与孔内岩石实际温度更为接近,但近似稳态测温工序复杂,测试时间长,因此,在实际钻孔测温过程中,简易测温最为常用,但所获数据不能直接使用,需进行钻孔井底温度校正(余恒昌,1991;洪有密,1993),目前常采用"三点法"(钟仕兴,1985;杨惠中,2007;雒毅等,2011;徐胜平等,2014)。基于近似稳态测温数据,以深部勘查区为单元,作出钻孔不同时刻井底温度与静井时间关系散点图(图4.29),并可拟合出测温钻孔孔底温度的指数函数变化趋势的校正曲线方程,据此获得简易测温钻孔孔底温度变化的校正公式

$$\begin{cases} T_{校} = T_{测}(1+\Delta T) \\ \Delta T = (T-T_i)/T \end{cases} \tag{4.4}$$

式中:$T_{测}$为简易测温实测井底温度(℃);$T_{校}$为校正后的简易测温井底温度(℃);T为近似稳态测温最后一次测得的井底温度(℃);T_i为近似稳态测温某一次测得的井底温度(℃);ΔT为恢复增量百分数,此值是将区内简易测温钻孔静井时间代入拟合的指数曲线方程求出。

在潘集深部勘查区内,分别选取分布在陈桥-潘集背斜南翼的14-3孔和24-4孔,陈桥-潘集背斜北翼的4-3孔以及在陈桥-潘集背斜转折端附近的10-3孔。这些钻孔在研究区平面上分布比较均匀,具有代表性。根据式(4.4)计算每个测温钻孔最后一次测温前的第i次的温度恢复增量ΔT,并计算对应的静井时间t,进行指数函数拟合,建立研究区测温钻孔孔底温度变化趋势的修正曲线公式为:$y=6.8433e^{-0.067x}$,如图4.29所示。

将简易测温钻孔的静井时间t代入上述校正曲线公式,得到相对应的温度恢复增量值(ΔT),并根据式(4.4)即可得到$T_{校}$。

利用各近似稳态测温钻孔资料对该校正方法进行了检验。经检验,其相对误差小于0.15%,进一步验证了该井温校正方法的可靠性(李红阳等,2007)。

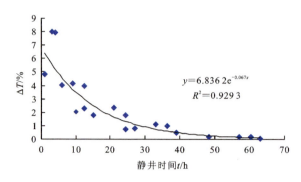

图 4.29 深部测温钻孔底温度恢复与静井时间关系图

2. 井下巷道岩温测试

为了研究深部地温变化规律和补充深部测温资料,笔者在勘查阶段同时开展了勘查区周边矿井井下巷道岩温测试工作。井下测温通常都采用浅钻孔测温方法,即利用井下炮眼温度测定方法。在矿井掘进巷道布置深 2.0~2.5m 的炮眼或锚杆眼(保持钻孔干燥),将测温棒送入孔内,外接精密温度计,用黄泥等材料封孔,经过一段时间,待温度计读数稳定后读取温度。勘查区周边井下实测工作采用的测温仪器为半导体热敏电阻测温仪,传感器探头由德国 UST 公司生产、由安徽宝利公司封装,可适用于井下高温的条件,防水、防爆,长于 1000h 的测量漂移量为 0.2%,显示仪为 AD 型显示仪(任自强,2016)。

测温钻孔的布置应能完全反映岩石温度场的变化情况,测温地点宜选在受通风冷却影响最小的地方。本次在研究区周边煤矿 7 对矿井开展了巷道围岩温度测试研究,井下测温工程布置见图 4.27,测试结果见表 4.9。利用淮南矿区恒温带温度对井下所测各点的地温梯度进行了计算,并与地面钻孔井温测井所得地温梯度进行了对比(表 4.9)。由表 4.9 可知,两种方法所得结果相近,起到相互验证作用。

表 4.9 井下测温结果

生产矿井	测点	测点位置	标高/m	测点温度/℃	测点地温梯度/(℃·hm⁻¹)	测点平均地温梯度/(℃·hm⁻¹)	测温钻孔平均地温梯度/(℃·hm⁻¹)
潘一煤矿	测点 1	−790~−625m 中部 B 组 8 煤层顶板胶带机上山	−760	38.00	2.90	2.90	3.00
潘一东煤矿	测点 1	西一(13-1 煤层)盘区底板回风巷	−782	40.10	3.10	3.06	2.89
	测点 2	−848~−1042m 1# 暗回风斜井	−848	40.30	2.87		
	测点 3	西一(13-1 煤层)盘区轨道上山	−715	38.70	3.20		
潘二煤矿	测点 1	18217 上顺槽	−430	31.0	3.68	4.07	3.17
	测点 2	西一至西二轨道大巷	−516.5	33.70	3.47		
	测点 3	11123 底抽巷(西段)	−472	39.20	5.07		
潘三煤矿	测点 1	西三 C 组煤中部采区轨道下山 H 点前 10m	−723.4	40.00	3.35	3.35	3.09

续表4.9

生产矿井	测点	测点位置	标高/m	测点温度/℃	测点地温梯度/(℃·hm^{-1})	测点平均地温梯度/(℃·hm^{-1})	测温钻孔平均地温梯度/(℃·hm^{-1})
潘四东煤矿	测点1	−650m水平1141(3煤层)下顺槽底抽巷	−635	35.90	3.16	3.16	3.05
朱集煤矿	测点1	−965m东翼轨道大巷	−965	42.30	2.73	2.84	2.83
	测点2	−985m西翼轨道大巷	−983	42.50	2.70		
	测点3	东1#瓦斯钻孔找孔巷道	−852	42.50	3.13		
朱集西煤矿	测点1	11402运输顺槽底抽巷H14	−980	46.6	3.12	3.01	2.79
	测点2	11402运输顺槽底抽巷H8	−955	43.8	2.91		

通过对测温钻孔数据的处理分析,并根据测温钻孔测温数据的分类进行了地温参数的计算。利用以上建立的井底温度和分水平温度校正曲线公式,确定不同水平和井底的温度值。同时,对潘集矿区内缺少地温资料或测温钻孔数量较少的矿井开展了井下巷道围岩温度测试工作,并利用淮南矿区恒温带温度,对井下所测各点的地温梯度进行了计算,并与钻孔测温成果进行对比修正,进一步提高了钻孔测温数据的准确性。根据井下测温资料可知,勘查区内的井下岩温实测值一般都分布在勘探时期的地面钻孔测温资料的预测范围之内,计算得到的地温梯度值与地面钻孔平均地温梯度值基本相同,误差均在5%以内。

本次研究工作共测试和收集测温钻孔285个,并均对简易测温钻孔的井底温度进行了校正,并通过井下测温对地温梯度校正,结合测点深度(Z)计算了主采煤层标高地温值和研究区3个分水平的地温值。深部研究区部分钻孔测温校正和计算结果见表4.10。

4.2.2 地温梯度分布特征

地温梯度是表示地球内部温度不均匀分布程度的参数,以每百米垂直深度上增加的温度值表示,计算公式为

$$G = 100 \times \frac{T-T_0}{H-H_0} \tag{4.5}$$

式中:G为测温钻孔的地温梯度(℃/hm);T为井底温度或校正后的井底温度(℃);T_0为恒温带温度(℃);H为井底深度(m);H_0为恒温带深度(m)(孙占学等,2006;张鹏等,2007)。区内H_0为30m,T_0为16.8℃(苏永荣和张启国,2000;李红阳等,2007;叶根喜等,2009)。将井温测井数据代入式(4.5)即可计算出各测温钻孔的地温梯度值。以各个矿井或勘探区为单元,取各单元的平均值,并据此编制淮南矿区地温梯度分布趋势图(图4.30)。

由图4.30可知,区内地温梯度值普遍较高,变化范围为1.70~3.87℃/hm,众值在2.50~3.50℃/hm之间,平均2.96℃/hm。潘集煤矿外围(深部)地温梯度分布范围在1.82~3.62℃/hm之间,平均2.62℃/hm,比潘集煤矿区的地温梯度要低一些,但整体高于相邻的淮北矿区(何争光等,2009;谭静强等,2010)。潘集矿区及深部勘查区地温梯度分布有如下特征:

(1)地温梯度分布特征总体表现为:中部高、两侧低,西部高、东部低。从陈桥-潘集背斜核部到外围,地温梯度值先升高后降低;在陈桥-潘集背斜北翼,从背斜核部到边界的地温梯度表现出缓慢减小的特征。

(2)潘集矿区及深部勘查区内高温异常区主要位于临近交界的生产矿井周边,分布范围较小,仅在

表 4.10 深部研究区部分钻孔测温及校正情况一览表

钻孔编号	终孔深度/m	校正系数	地温梯度/(℃·hm⁻¹)	13-1煤层 标高/m	13-1煤层 温度/℃	11-2煤层 标高/m	11-2煤层 温度/℃	8煤层 标高/m	8煤层 温度/℃	1煤层 标高/m	1煤层 温度/℃	-1000m 水平温度/℃	-1200m 水平温度/℃	-1500m 水平温度/℃
2-1	1 523.76	0.320	2.5	-1 166.94	46.16	-1 230.51	47.80	-1 305.22	49.71	-1 469.76	53.92	41.87	46.97	54.69
6-2	1 516.60	0.771	2.7	-1 210.14	48.93	-1 280.63	50.82	-1 375.38	53.37	/	/	43.31	48.67	56.71
6-4	1 292.78	0.116	3.1	-811.21	41.34	-997.82	47.18	-1 088.58	50.02	-1 236.54	54.64	47.10	53.50	62.86
8-2	1 519.84	0.771	2.9	-1 132.04	48.98	-1 216.17	51.43	-1 290.70	53.62	-1 469.73	58.84	45.14	50.96	59.70
10-1	1 132.78	0.771	2.3	-797.09	34.68	-869.31	36.32	-927.24	37.63	-1 090.48	41.34	39.24	43.82	50.62
10-2	1 238.60	0.771	2.9	-881.18	42.15	-958.51	44.41	-1 028.90	46.47	-1 199.64	51.46	45.64	51.47	60.18
12-2	1 430.60	0.771	2.8	-1 080.68	46.52	-1 157.69	48.69	-1 230.68	50.71	-1 391.58	55.22	44.28	49.85	58.23
14-2	1 505.00	0.771	2.8	-1 160.02	48.57	-1 224.81	50.36	-1 301.82	52.49	-1 465.31	57.01	44.17	49.67	57.97
18-1	1 307.79	0.673	3.1	-990.62	47.02	-1 045.18	48.71	-1 113.84	50.84	-1 262.94	55.45	47.28	53.49	62.85
20-1	1 206.71	0.771	2.2	-849.91	35.62	-902.22	36.79	-998.35	38.94	/	/	38.99	43.45	50.15
22-1	1 350.86	0.633	2.9	-980.94	45.38	-1 046.09	47.30	-1 142.27	50.14	-1 300.76	54.83	45.94	51.83	60.70
26-1	1 380.88	0.771	2.9	-1 057.30	47.41	-1 117.81	49.17	-1 209.27	51.84	-1 335.09	55.54	45.72	51.58	60.35

注:/代表钻孔未揭露该层,无数据。

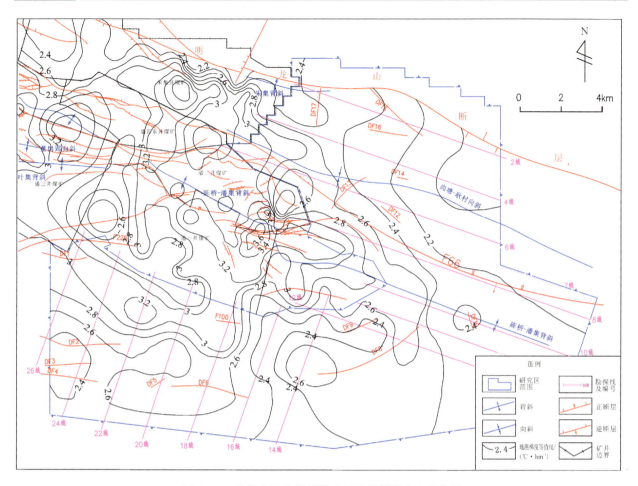

图 4.30　潘集矿区及深部勘查区地温梯度分布趋势图

27 线与 17 线之间沿着潘一煤矿南边界呈一狭长区域分布。

(3) 总体上,在背斜南翼及转折端,由核部至外围地温梯度呈先增大后减小的趋势;背斜北翼,地温梯度由核部至外围缓慢减小。16 线以西,地温梯度由 3℃/hm 以下向南增加至 L9 线附近处最高达 3.62℃/hm,后又减小至 2.6℃/hm 以下;同样在转折端附近,地温梯度由 2.4℃/hm 以下沿着背斜轴增加至 2.6℃/hm 以上,而后又减小至 2.4℃/hm 以下;而背斜北翼,地温梯度由潘集矿区边界附近的高温异常区减小至外围的 2℃/hm 以下。

(4) 潘集矿区内地温梯度等值线在明龙山断层和 F66 断层附近均发生了较大变化。F66 断层靠近背斜转折端,地温梯度等值线在该断层附近向北西方向转折变为与断层走向一致,后向北延伸;在明龙山断层附近,地温梯度等值线同样发生了向北西方向转折,呈现出地温梯度沿垂直于该断层走向方向递减的趋势,这与朱集井田北部靠近明龙山断层处地温梯度等值线顺着断层走向延伸的情况一致。

4.2.3　地温场特征

1. 各水平地温场特征

根据井温测井数据,对潘集矿区各井田及其深部勘查区各水平深度的地温进行了统计,对矿井深部缺少实测地温资料的钻孔通过推算获取,计算公式为

$$T_x = T_y + G \times H \div 100 \tag{4.6}$$

式中:T_x 为所求深部地温(℃);T_y 为浅部水平地温(℃);G 为基岩面以下地温梯度(℃/hm);H 为增加

的深度(m)。据此编制了－800m、－1000m、－1500m水平地温分布图(图4.31),为分析研究区煤系赋存地温环境提供基础数据。

1)研究区－800m水平地温展布特征

由图4.31A可以看出,淮南潘集矿区外围－800m水平平均地温为34.13℃,分布在25～45℃之间,仅在潘一煤矿外围局部地温大于40℃。在F66断层以南,地温等值线总体上呈北西西向沿背斜南翼展布,并且由核部至翼部呈减小的趋势;局部地区有异常,如L9线上的22线和17线之间－800m水平附近温度在39℃以上,但该区域北部的20-1孔－800m水平温度低于36℃,其北部的20-4孔－800m水平温度较高,在异常区附近地温等值线有南北向延伸的趋势。在F66断层附近及以北的区域,地温等值线由F66断层附近的沿背斜北翼北西向展布转为近南北向和近东西向。

2)研究区－1000m水平地温展布特征

由图4.31B可知,淮南潘集矿区外围－1000m水平平均地温为39.41℃,分布在31～52℃之间。地温变化趋势与－800m水平相似:在F66断层以南,－1000m水平地温等值线总体上呈北西西向沿背斜南翼展布,并且由核部至翼部呈减小的趋势;局部地区有异常,如L9线上的22线和17线之间－1000m水平附近温度在46℃以上,但该区域北部的20-1孔－1000m水平温度低于40℃,在异常区附近地温等值线有南北向延伸的趋势。在F66断层附近及以北的区域,地温等值线由F66断层附近的沿背斜北翼北西向展布转为近南北向和近东西向。

3)－1500m水平地温展布特征

由图4.31C可知,淮南潘集矿区外围－1500m水平平均地温为55.64℃,分布在44～67℃之间,在潘一煤矿外围和潘二煤矿外围,地温达到60℃以上,已经属于低温地热资源中的热水资源的范畴。地温变化趋势与－800m水平和－1000m水平相似:在F66断层以南,地温等值线总体上呈北西西向沿背斜南翼展布,并且由核部至翼部呈减小的趋势;局部地区有异常,如L9线上的22线和17线之间－1500m水平附近温度在60℃以上,但该区域北部的20-1孔－1500m水平温度低于54℃,在异常区附近地温等值线有南北向延伸的趋势。在F66断层附近及以北的区域,地温等值线由F66断层附近的沿背斜北翼北西向展布转为近南北向和近东西向。

2. 地温垂向分布特征

为了分析垂向上的地温变化规律,将勘查区中具有代表性的近似稳态测温钻孔的测温数据进行汇总,作出其温度和地温梯度随深度的变化曲线。近似稳态孔中最后一次测温时,足够长的静井时间使得恒温带至孔底的各处温度均已恢复至岩层温度,此时的测温曲线可视为钻孔处原始垂向地温分布曲线,如图4.32所示。

由图4.32可知,各近似稳态测温钻孔中温度均随深度的增加而增加,基本呈线性变化。但不同测温钻孔或同一测温钻孔的不同深度,温度随深度增加的快慢不一致。在相同深度下,靠近研究区内边界的18-3孔温度较高,研究区外围远离背斜轴部的14-3孔温度最低;10-3孔、14-3孔和24-4孔中温度随深度增加的趋势大致相同,虽然不同深度处出现拐点,但总体上均为向下凹的曲线,即下凹型;4-3孔和18-3孔中不同深度下测温曲线呈现不同的变化类型,如18-3孔中400m和1300m处测温曲线明显上凸,为上凸型;4-3孔400m左右测温曲线上凸,1400m以下测温曲线微下凹,总体上呈凹凸型。

以上特点在地温梯度与深度的关系图中有明显的体现。如图4.33所示,在同一深度下18-3孔地温梯度较大,14-3孔地温梯度较小;10-3孔、14-3孔和24-4孔中地温梯度随深度的增加呈先减小而至600m以下呈缓慢增大的趋势,而4-3孔中至1400m以下,地温梯度才出现缓慢增加,18-3孔1200m以下地温梯度随深度减小。除此之外,各稳态测温钻孔在200m以浅地温梯度分布较为离散,最大超过12℃/hm,最小仅为1.35℃/hm;当深度大于200m时,各孔中地温梯度值均小于200m以浅,且随着深度的增加而相近。这与淮北煤田宿临矿区垂向地温场的变化规律相似(谭静强等,2009)。

第4章 潘集矿区深部煤系岩石赋存环境

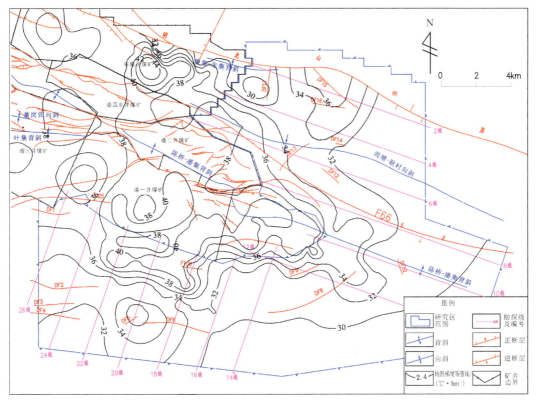

A. -800m水平地温分布

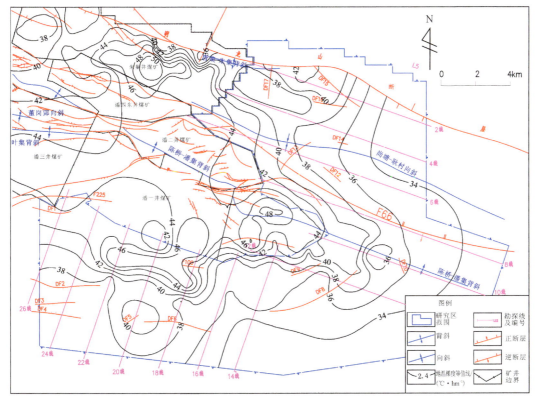

B. -1000m水平地温分布

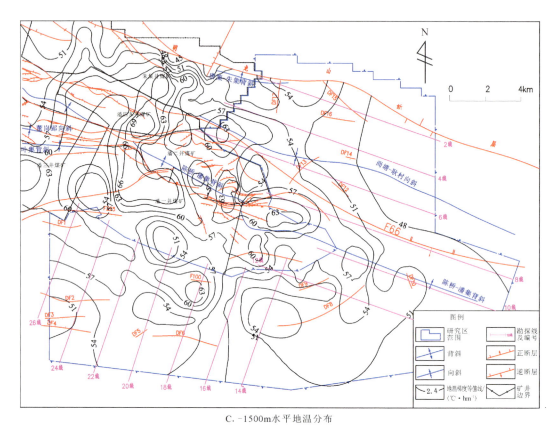

C. -1500m水平地温分布

图 4.31 潘集矿区及深部勘查区各水平地温变化趋势图

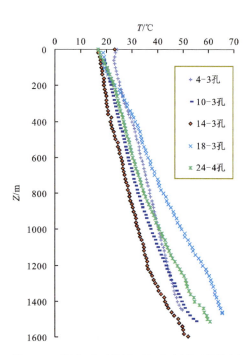 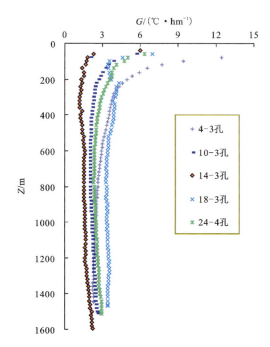

图 4.32 潘集矿区外围近似稳态测温曲线图　　图 4.33 潘集矿区外围地温梯度随深度变化关系图

3. 深部主采煤层地温场特征

根据4.2.1节获得的地温数据统计各测温钻孔中主采煤层的埋深及其对应温度,根据各测温钻孔中主采煤层温度及其埋深拟合各主采煤层温度与埋深关系(图4.34)。

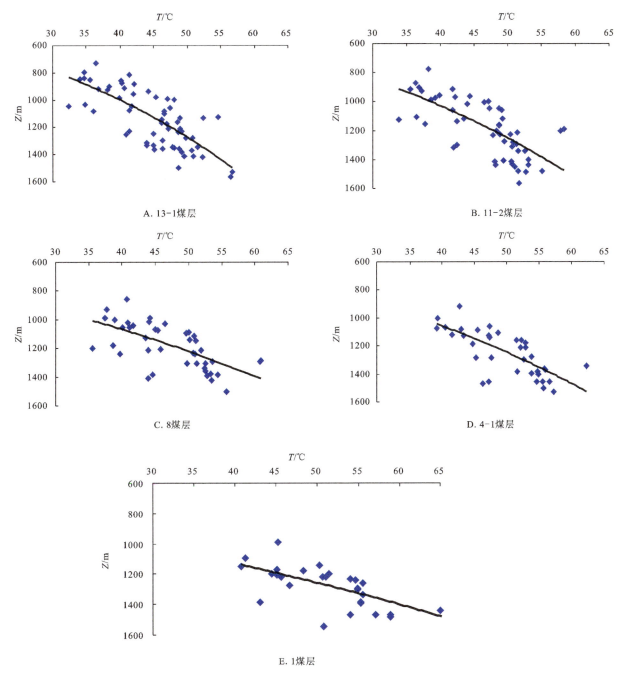

图4.34 潘集矿区主采煤层底板温度与深度的关系

由图4.34可知,虽然总体上各主采煤层温度随着煤层埋藏深度的增加而增大,但是在不同深度下煤层温度随深度增加而增大的速率不同。各主采煤层中,煤层埋深较小时温度随深度增加得较快,随着深度的增大,煤层温度随深度增加的速率变小。

各主采煤层温度分布特征如下:

(1) 淮南潘集矿区外围 13-1 煤层测温深度为 -1 563.73～-725.66m，平均 1 141.58m，煤层温度分布在 32～57℃ 之间，平均 44.81℃。总体上，13-1 煤层地温等值线围绕着陈桥-潘集背斜轴部延伸，并且由背斜核部至两翼递增，但局部地区有异常。地温等值线在背斜南翼为北西向和东西向，至背斜转折端渐渐转为近南北向；F66 断层附近及其以北的北翼，地温等值线由沿着背斜北翼的北西向转为逆断层北部的近南北向。

(2) 淮南潘集矿区外围 11-2 煤层测温深度为 -1 561.79～-774.26m，平均 1 184.81m，煤层温度分布在 33～58℃ 之间，平均 46.48℃。总体上，11-2 煤层地温等值线围绕着陈桥-潘集背斜轴部延伸，并且由背斜核部至两翼递增，但局部地区有异常。在背斜南翼为北西向和东西向，至背斜转折端渐渐转为南北向；F66 断层附近及其以北的北翼，地温等值线由沿着背斜北翼的北西向转为逆断层北部的近南北向。

(3) 淮南潘集矿区外围 8 煤层测温深度为 -1 504.24～-854.71m，平均 1 187.49m，煤层温度分布在 35～61℃ 之间，平均 47.32℃。总体上，8 煤层地温等值线围绕着陈桥-潘集背斜轴部延伸，并且由背斜核部至两翼递增，但局部地区有异常。在背斜南翼为北西向和东西向，至背斜转折端渐渐转为南北向；F66 断层附近及其以北的北翼，地温等值线由沿着背斜北翼的北西向转为逆断层北部的近南北向。

(4) 淮南潘集矿区外围 4-2 煤层测温深度为 -1 525.76～-917.86m，平均 1 253.54m，煤层温度分布在 37～62℃ 之间，平均 49.04℃。总体上，4-2 煤层地温等值线围绕着陈桥-潘集背斜轴部延伸，并且由背斜核部至两翼递增，但局部地区有异常。在背斜南翼为北西向和东西向，至背斜转折端渐渐转为南北向；F66 断层附近及其以北的北翼，地温等值线由沿着背斜北翼的北西向转为逆断层北部的近南北向。

(5) 淮南潘集矿区外围 1 煤层测温深度为 -1 547.36～-987.16m，平均 1 289.98m，煤层温度分布在 40.74～66.14℃ 之间，平均 51.70℃。总体上，1 煤层地温等值线围绕着陈桥-潘集背斜轴部延伸，并且由背斜核部至两翼递增。在背斜南翼为北西向和东西向；北翼 F66 断层以南地温等值线沿着断层呈北西向，断层以北因测温钻孔较少，地温等值线呈东西向延伸。

综上所述，深部研究区在 -780～-675m 以深已进入二级热害区（≥37℃）。根据地温梯度在平面上的分布，以及主采煤层所处水平和地温展布，确定了研究区内 -1000m 平均地温 41.75℃，-1500m 平均地温达 54.55℃，其结果为研究区深部热害防控提供了直接指导，也为后文研究顶底板煤系岩石在地温影响下的力学试验提供准确的深部赋存温度控制范围。

4.2.4 大地热流特征

1. 岩石热导率测试与评价

岩石热导率是岩石热物理参数之一，主要反映岩石传递热量的特点，也是大地热流值计算所必需的数据。目前，淮南矿区煤系岩石热物理参数测试资料较少，为了评价研究区煤系岩石热传导性能，笔者开展了岩石热导率样品采集与测试工作。岩石样品主要取自潘集煤矿外围勘查区补勘钻孔 6-2 孔、26-3 孔等 6 个钻孔，共计 52 块岩石样品。为了使所测岩石热导率具有代表性，岩石样品在矿区平面内均有分布，且在垂向上从 320～1500m 范围内均有分布，涉及地层时代为 P_3—C_2 的各时代地层。主要岩石类型有砂岩、泥岩、煤及石灰岩，基本包含了矿区煤系地层的各种岩性岩石。样品均由中国科学院地质与地球物理研究所测定。测试结果见表 4.11，汇总见表 4.12。

由表 4.11、表 4.12 可知，潘集煤矿外围煤系岩石热导率分布区间为 1.86～5.65W/(m·K)，平均值为 3.31W/(m·K)。测试结果高于淮北矿区中南部[2.192W/(m·K)]（谭静强等，2010）、沁水盆地[2.3W/(m·K)]（孙占学等，2006）和苏北盆地[2.102W/(m·K)]（宋宁等，2011）等能源盆地。研究区岩石热导率基本呈高斯分布，众数介于 2.50～4.00W/(m·K) 之间（图 4.35）。

表4.11 潘集外围岩石样品热导率测试结果

序号	样品编号	岩性	热导率/(W·m^{-1}·K^{-1})			深度/m
			平均值	最小值	最大值	
1	P1	粉砂岩	2.10	1.97	2.24	1 091.7
2	P2	粉砂岩	2.12	2.02	2.27	1 110.9
3	P3	细砂岩	1.93	1.86	2.03	1 119.3
4	P4	粉砂岩	1.94	1.88	2.03	1 123.5
5	P5	细砂岩	5.22	4.55	5.65	1 130.5
6	P6	粉砂岩	2.79	2.55	3.03	1 146.0
7	P7	泥岩	2.80	2.66	2.90	1 153.2
8	P8	细砂岩	4.60	4.30	4.98	1 161.9
9	P9	粉砂岩	3.19	2.88	3.40	1 187.1
10	P10	泥岩	2.87	2.73	2.98	1 222.2
11	P11	粉砂岩	3.60	3.39	3.96	1 250.6
12	P12	泥岩	3.13	2.75	3.54	1 274.4
13	P13	细砂岩	4.35	3.92	4.73	1 282.8
14	P14	泥岩	2.88	2.60	3.18	1 297.6
15	P15	细砂岩	4.17	3.90	4.43	1 320.6
16	P16	细砂岩	4.20	3.74	4.64	1 367.3
17	P17	泥岩	3.96	3.65	4.24	1 423.9
18	P18	细砂岩	4.19	3.68	4.53	1 434.8
19	P20	细砂岩	4.24	3.95	4.51	1 496.4
20	P21	铝质泥岩	3.04	2.93	3.15	1 449.5
21	P22	细砂岩	3.86	3.69	4.15	1 504.2
22	P23	细砂岩	3.08	2.91	3.25	867.4
23	P24	细砂岩	2.80	2.69	2.90	867.7
24	P25	泥岩	2.29	2.09	2.46	926.2
25	P26	细砂岩	4.52	4.28	4.84	941.1
26	P27	泥岩	2.33	2.23	2.45	950.0
27	P28	细砂岩	4.23	3.99	4.46	956.2
28	P29	泥岩	2.63	2.47	2.91	987.6
29	P30	粉砂岩	3.66	3.41	3.91	994.1
30	P31	泥岩	2.98	2.81	3.11	1 006.9
31	P32	细砂岩	3.07	2.96	3.20	1 113.4
32	P33	细砂岩	3.30	3.04	3.48	1 128.2
33	P34	粉砂岩	2.42	2.22	2.59	1 152.3
34	P35	细砂岩	2.76	2.61	2.91	1 168.8

续表4.11

序号	样品编号	岩性	热导率/(W·m⁻¹·K⁻¹)			深度/m
			平均值	最小值	最大值	
35	P37	粉砂岩	2.31	2.00	2.64	1 175.1
36	P38	灰岩	2.77	2.62	2.94	1 185.9
37	P39	细砂岩	3.88	3.71	4.03	773.6
38	P40	砂质泥岩	3.83	3.59	3.98	776.1
39	P41	泥岩	3.74	3.53	3.96	793.4
40	P42	泥岩	2.59	2.48	2.68	805.6
41	P44	泥岩	4.57	4.15	4.85	815.5
42	P45	粉细砂岩	3.63	3.39	3.98	818.5
43	P46	砂质泥岩	2.89	2.64	3.14	825.4
44	P47	砂质泥岩	3.20	2.92	3.36	879.1
45	P48	粉砂岩	4.00	3.81	4.19	885.1
46	P49	粉砂岩	3.90	3.76	4.09	910.0
47	P50	泥岩	3.52	3.10	3.88	925.1
48	P51	泥岩	3.30	2.50	4.25	947.1
49	P53	中砂岩	3.74	3.34	3.95	1 087.1
50	P54	中砂岩	3.21	3.03	3.38	1 095.2
51	P55	粉砂岩	3.21	2.73	3.60	1 105.4
52	P56	石灰岩	2.59	2.52	2.66	1 245.9

表4.12 潘集煤矿外围煤系岩石热导率测试汇总表

采样钻孔编号	采样深度/m	样品数量/个	热导率($\frac{分布区间}{平均值}$)/(W·m⁻¹·K⁻¹)
6-2	1091~1504	21	$\frac{1.86\sim5.65}{3.39}$
26-3	867~1185	15	$\frac{2.00\sim4.84}{3.01}$
9-2	773~1105	15	$\frac{2.48\sim4.85}{3.55}$
27-1	1245~1246	1	$\frac{2.53\sim2.66}{2.59}$

煤系岩石的热导率与岩性的关系比较密切。由图4.36可知,潘集煤矿外围勘查区煤系岩石的热导率存在较大差异,细砂岩的热导率最大,平均为3.79W/(m·K),最低的是灰岩,平均值为2.68W/(m·K);中砂岩、粉砂岩和泥岩则分别为3.47W/(m·K)、2.99W/(m·K)和3.14W/(m·K)。区内煤系岩石岩性以泥岩和砂岩为主,砂岩类热导率变化相对较大,平均值为3.45W/(m·K);泥岩热导率普遍低于砂岩,且变化幅度较小。这种现象较好地说明岩性的差异对热导率的控制作用,与我国多数煤田的热导率分布规律相似(王钧等,1990)。

第4章 潘集矿区深部煤系岩石赋存环境

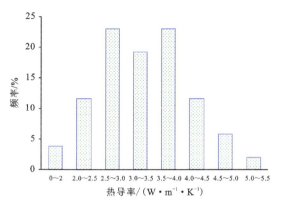

图4.35 淮南潘集矿区煤系岩石热导率分布图

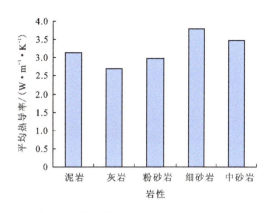

图4.36 潘集煤矿外围不同岩性岩石热导率对比图

2. 大地热流分布特征

1) 大地热流的求取

地球内部向地表或近地表浅层单位面积传导的热量称为大地热流,其值即是岩石热导率与区域垂向地温梯度的乘积。因此,获取了某区域垂向地温梯度和岩石热导率即可求得该区域的大地热流值。

为了使大地热流计算结果更加准确且有代表性,故选择近似稳态测温数据进行计算。基于最小二乘法获得研究区地温随深度变化规律,即可得出地温梯度。计算时选取基岩面之下岩层的地温梯度平均值。

按照大地热流计算原则,岩石热导率测试样品与测温井应为同一钻孔,但在实际工作中很难满足。由于本次取样深度分布均匀,且相同层位煤系岩石热导率差别较小,所以,本次采用岩性厚度加权方法计算各测温钻孔的平均热导率(孙占学等,2006;何争光等,2009),结果见表4.13,其分布趋势见图4.37。

表4.13 淮南矿区大地热流值计算成果表

生产矿井	钻孔编号	地温梯度/(℃·hm^{-1})	热导率/(W·m^{-1}·K^{-1})	大地热流值/(mW·m^{-2})	生产矿井	钻孔编号	地温梯度/(℃·hm^{-1})	热导率/(W·m^{-1}·K^{-1})	大地热流值/(mW·m^{-2})
潘一煤矿	V-3	2.90	2.34	67.92	朱集东煤矿	14-1	2.70	2.30	62.14
潘二煤矿	Ⅳ西C3-Ⅰ	2.84	2.33	66.27	丁集煤矿	二十三12	2.90	2.30	66.67
潘三煤矿	十一西9	3.10	2.34	72.44	潘集煤矿外围勘查区	4-3	1.96	2.95	57.82
潘一东煤矿	I-8	2.80	2.34	65.61		10-3	2.51	2.82	70.78
潘北煤矿	449	3.12	2.40	74.75		14-3	2.27	3.00	68.10
朱集西煤矿	34-4	2.89	2.36	68.11		18-3	3.37	2.75	92.68
朱集西煤矿	42-1	2.70	2.41	65.08		24-4	2.89	2.70	78.03

2) 现今大地热流分布特征

潘集煤矿及外围勘查区大地热流值在 57.82~92.68mW/m² 之间，平均 69.74mW/m²（图 4.37，表 4.13），与我国大陆地区大地热流值范围[(61±15.5)mW/m²]基本一致，略高于安徽省大地热流平均值(62.0mW/m²)（胡圣标等，2001），但远高于淮北矿区平均大地热流值(53.0mW/m²)（张鹏等，2007），整体呈现出较高的地热状态。

研究区内的部分区域大地热流值较高：矿区中部陈桥-潘集背斜的大地热流值均在 70mW/m² 以上，其中位于潘集深部勘查区陈桥-潘集背斜南翼断层位置的大地热流值高达 92.68mW/m²；潘二煤矿煤田北界处的大地热流值为 87.29mW/m²；矿区东北部的大地热流值最小，F66 断层以北只有 60mW/m²。整体来看，潘集矿区大地热流与地温梯度的分布特征十分相近，表明该区地温梯度对大地热流分布有重要影响。

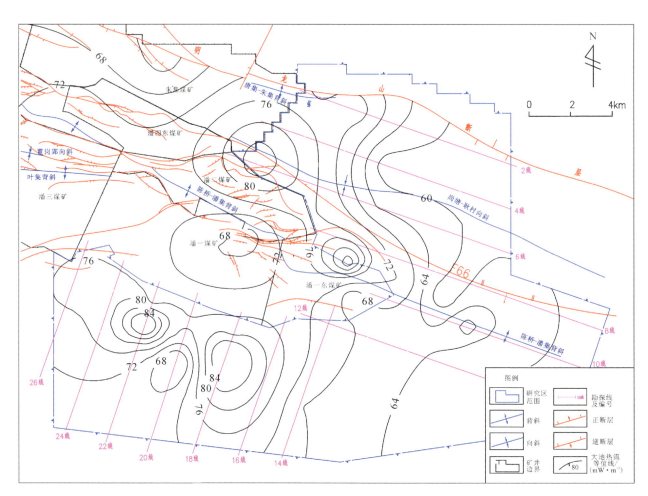

图 4.37　潘集煤矿深部大地热流分布

4.2.5　现今地温场分布的构造控制模式

由潘集矿区现今地温场的分布特征（图 4.30、图 4.31、图 4.37）可以看出，研究区内地温、地温梯度及大地热流值受构造控制明显，地温异常主要分布在矿区内大型褶皱与断层附近。区内不同构造部位大地热流与地温分布差异明显，这与煤田基底构造复杂、构造组合多样密切相关。通过分析可以得出潘集矿区主要有两种构造控温模式，即褶皱型控温模式与断层型控温模式，其中断层型控温模式又包含逆掩断层阻热型控温模式和导水断层传热型控温模式,揭示了地质构造及含水层水的流动等不同条件下地温场控制机理。

1. 褶皱型控温模式

褶皱发育区及基底隆起区地温场分布特征及演化规律属于褶皱型控温模式,其特点表现为褶皱起伏区(背斜)地温、地温梯度及大地热流值偏高,剖面上地温等值线呈上凸形,其外貌与区内褶皱起伏形状相似。例如陈桥-潘集背斜,其地温梯度都在 3.00℃/hm 以上,大地热流值均大于 65mW/m^2,且由背斜轴部向两翼和外围递减(图 4.38);相反,尚塘-耿村向斜核部地温梯度比外围其他区域要低很多。其主要原因是岩石热导率横向差异,导致深部热流在基底隆起区域富集,形成聚热效应,加之低热导率的上覆第四系松散沉积层对热流也起到很好的保护作用(苏永荣和张启国,2000;李红阳等,2007;任自强等,2015;彭涛等,2017)。

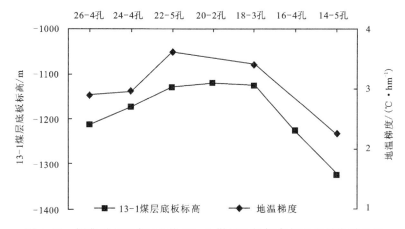

图 4.38　潘集矿区深部 L9 线 13-1 煤层底板标高与地温梯度对比图

2. 断层型控温模式

断层型控温模式主要反映的是断层构造附近的地温场分布特点及其变化规律。断层型控温模式可进一步划分为逆掩断层阻热型控温模式和导水断层传热型控温模式。

1)逆掩断层阻热型控温模式

该类模式的形成是由于断层带被断层泥、角砾等碎屑物质充填,在不考虑断层导水、含水的情况下,断层隔断了下盘热源向上传输,从而造成断层上下盘地温场分布存在明显差别。在淮南矿区北部明龙山逆断层附近的朱集井田,从南到北,地温梯度由 3.6℃/hm 降至 2.5℃/hm(图 4.39)。造成上述现象的主要原因是逆断层上盘抬升,导致晚古生代地层被剥蚀,早期的深部热流散失,从而形成了断层上盘地温较低的现象(任自强等,2015;彭涛等,2017)。

2)导水断层传热型控温模式

断层性质决定了地下水在其内部的流通性,而张性断层、张扭性断层为地下水的流动提供了良好的通道。地下深部热水通过上述通道可以将深部地热传输至浅部,从而使岩石温度升高。如潘集煤矿深部 26-1 孔在 1200m 深度附近穿过 DF1 断层,导致该孔测温曲线斜率在该处发生偏转,温度偏高(图 4.40)、其原因是该断层为导水断层,断层底部与灰岩含水层接触,深部高温热水使得断层段附近围岩温度受其影响较大,偏离正常的地温变化规律(彭涛等,2017)。

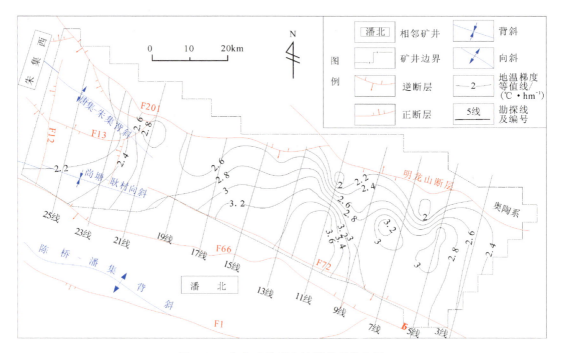

图 4.39 朱集矿井现今地温梯度分布图

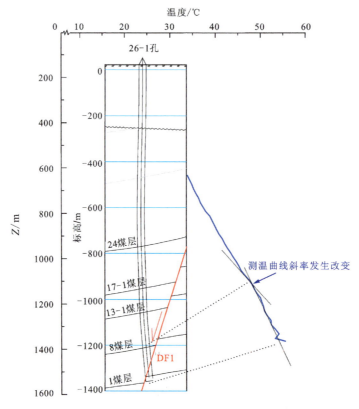

图 4.40 潘集煤矿深部 26-1 孔剖面与测温曲线对比图

4.3 潘集矿区深部煤系岩石赋存的地下水环境

地下水是岩石和周围地质环境进行物质和能量交互作用的主要介质,同时也是直接影响岩石物质状态和应力状态的重要因素。在地下水作用下,岩石物质的亲水性得以表现,发生软化。随渗透压力的增加,岩石有效应力降低,甚至造成岩石的破坏和失稳。

地下水按流域分布一般包括补给区、径流区和排泄区。在不同地区,地下水循环活动性不同,对岩石的影响也不同。饱和区和非饱和区的岩石形状不同,在进一步地下水动态变化时可能产生急剧的变化,在地下水环境评价中应予注意。表 4.14 列出了岩石赋存的地下水环境。

表 4.14 岩石赋存的地下水环境

级别	地下水环境	地下水分区	地下水活动性	地下水类型	地下水压力/MPa	岩石对地下水的敏感性	
						敏感度	岩性
1	良好	补给区	地下水滞流	潜水	<0.2(低)	低	结晶块状岩
2	较好	补给径流区	地下水缓流	裂隙水	0.2~0.5(较低)	较低	厚层状岩
3	中等	径流区	中等	脉状水	0.5~1.0(中等)	中等	互层状岩
4	较差	径流排泄区	较活跃	承压水	1.0~2.0(较高)	较高	泥质岩、页岩、片岩
5	甚差	排泄区	活跃	岩溶水、高承压水	>2.0(高)	高	蚀变岩、风化岩、构造岩

4.3.1 区域水文地质概况

淮南煤田位于华北平原南缘,属华北型岩溶煤田的一部分。主体构造形态为近东西向复向斜构造,南北两翼均为逆冲推覆系统。上覆巨厚松散层,局部古近系发育,下伏太原组灰岩和奥陶系灰岩,局部发育岩溶陷落柱,部分地区伴有岩浆活动。它自西向东可划分为阜东、潘谢、淮南 3 个矿区。

煤田内自上而下主要发育有新生界松散砂层孔隙含水层、二叠系砂岩裂隙含水层、石炭系太原组灰岩岩溶裂隙含水层、奥陶系灰岩岩溶裂隙含水层。同时煤田南部推覆体区还存在古元古界片麻岩裂隙承压含水组、寒武系灰岩岩溶裂隙承压含水组、夹片裂隙岩溶含水带等。

淮南矿区自上而下主要发育有新生界松散含(隔)水层、二叠系煤系砂岩含水层、石炭系灰岩含水层、奥陶系灰岩含水层。各含水层组水文地质条件受主体断裂及新构造运动的控制,深、浅层地下水存在明显的差异(卢祥亭,2017)。

1. 新生界松散含(隔)水层

淮南矿区新生界松散层沉积厚度介于 0~860m 之间,平均 378.20m,厚度变化趋势为由东向西、由南向北逐渐增厚。矿区内新生界松散层自上而下可划分为 4 个含水层和 3 个隔水层(组)。阜东、潘谢两矿区除部分古地形隆起区外,第一含水层至第四含水层发育完全;淮南矿区只发育上部含(隔)水层。各含(隔)水层主要水文地质特征表现如下。

(1)地下水类型:上部第一含水层和第二含水层上段水为孔隙潜水—弱承压水,第二含水层下段则为承压水,第三含水层和第四含水层为承压—自流水。

（2）水质类型：上部第一含水层、第二含水层为 HCO_3-Ca 型，中部第三含水层上段为 $HCO_3 \cdot Cl-Na \cdot K$ 型，而第三含水层下段和下部第四含水层则为 $Cl-Na \cdot K$、$Cl \cdot SO_4-Na \cdot K$ 型水。

（3）矿化度：上部一般小于 1g/L，中、下部在 2g/L 左右。

上部第一含水层水受大气降水和地表水补给，主要消耗途径为蒸发。第二含水层与第三含水层上段水是农业生产和矿区的主要供水水源。上部第一、第二隔水层厚度一般较薄，为弱隔水层。中下部第三隔水层黏土厚度大且分布范围广，是区域内的重要隔水层。下部第四含水层富水性为弱—中等，局部富水性强。与基岩直接接触的各水层水可沿基岩风化带垂直渗入补给，为矿井充水水源之一。同时该含水层也是沟通基岩各含水层，发生水力联系的主要途径。

2. 基岩含（隔）水层

依据淮南矿区内自然地理条件、地质构造、地层及岩性，地下水的储存、分布、运移规律和边界条件等因素，基岩部分含水层划分为南区、中区、北区 3 个一级水文地质单元和 7 个二级水文地质单元（杨胜，2016；陈善成，2016；高加林，2018），如图 4.41 所示。

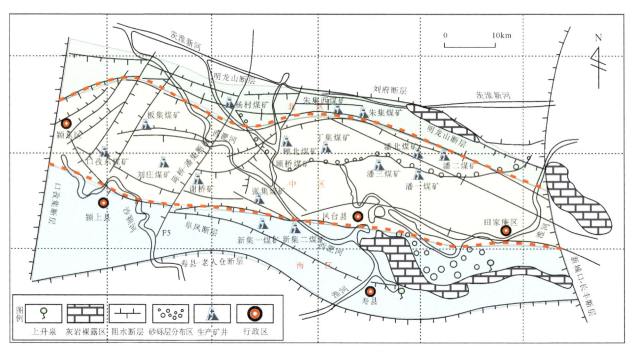

图 4.41 淮南矿区基岩含水层水文地质单元分区简图

1）南区

南区地处淮南复向斜南翼推覆构造的前缘，间夹在阜凤逆冲断层与阜李断层之间，东以新城口-长丰断层为界。自西向东以陈桥-潘集、舜耕山断层为界划分为南-1 区、南-2 区、南-3 区和南-4 区 4 个二级水文地质单元。

本区因受逆冲断层活动影响，古元古界片麻岩、寒武系、奥陶系灰岩和砂泥岩推覆于石炭纪—二叠纪煤系地层之上。推覆体片麻岩和寒武系灰岩裂隙发育具有明显的垂直分带性，上部风化带裂隙较发育，中部为相对完整带，下部为受构造应力作用形成的破碎带。片麻岩裂隙水富水性为弱到中等。寒武系灰岩裂隙局部溶孔、溶洞发育，富水性弱—强。区内中、西部被第四系松散层覆盖，并受其补给，东部形成以灰岩为主的岩溶裂隙含水层裸露区，接受大气降水补给。该区大型断层一般具有一定的阻水特征，而小型断层导水性较好。由于舜耕山断层的阻水作用，东部灰岩水沿断层面上溢成泉，主要有珍珠泉、瞿家洼泉、泉山口泉等,原始涌水量为 20～180m³/h。另有多处小泉分布于山涧谷底,以间隙泉为主,流量 3～5m³/h,水质为低矿化度的重碳酸盐型,水温为 17℃左右。

二叠系煤系砂岩裂隙含水层是煤层开采的直接充水含水层,一般裂隙不发育,富水性弱,不均一,具有储存量消耗型特征。浅部除受上覆松散层渗透补给外,还与推覆体片麻岩含水层和寒武系灰岩含水层存在一定的水力联系。水质类型以 $Cl \cdot HCO_3 - Na$ 型和 $HCO_3 - Ca$ 型为主,矿化度一般小于 1500mg/L。各矿井 2007—2013 年平均涌水量在 123.8(新集三煤矿)～1063.8m³/h(谢一煤矿)之间,最大涌水量为 1320.6m³/h(谢一煤矿,2011 年 8 月)。

本区石炭系太原组一般含 11～13 层灰岩,其中 $C_3 \text{I}$(C_3^1 至 C_3^4 灰岩)组灰岩水为 A 组煤开采直接充水含水层。$C_3 \text{I}$ 组含水层岩溶裂隙发育不均一,富水性弱至中等,局部富水。水质类型为 $Cl - Na \cdot K$、$Cl \cdot HCO_3 - Na \cdot K$、$Cl \cdot SO_4 - Na \cdot K$、$SO_4 \cdot HCO_3 - Na \cdot K$ 等,矿化度 0.379～2.987g/L。奥陶系灰岩岩溶裂隙发育极不均一,中下部比较发育,具水蚀现象,以网状裂隙为主,富水性一般弱—强,是石炭系太原组灰岩含水层的补给水源。

南区目前已在南-2～南-4 区的孔集、大瓜地、土坝孜、李郢孜、沈家岗、大同等基岩裸露区发现有岩溶塌陷现象和岩溶陷落柱。

2)中区

中区是淮南煤田复向斜的主体,夹持于尚塘-明龙山断层和阜凤逆冲断层之间,东以新城口-长丰断层为界,西以阜阳深断裂为界,为松散层全覆盖区。自东向西以陈桥、口孜集-南照集断层为界划分为中-1区、中-2区和中-3区 3 个二级水文地质单元。本区隶属于淮南煤田水文地质单元中区的中-1区(图 4.41)。

因南北两翼逆冲断层的阻水作用,切断了裸露区的水源补给,加上区域性斜切断层的分割,本区基岩含水层构成了封闭型的水文地质单元。除局部因松散层中、下部含水层直接覆盖而存在补给关系外,其余大都具储存量消耗型特征,地下水基本处于停滞状态。本区大型的走向断裂一般导水性较差,多是矿区内重要的隔水、阻水边界。倾向斜切断裂多为正断裂或张扭性断裂,其规模和落差均小于走向断裂,导水性较走向断裂好。但两组断裂由于断裂两盘的岩性及富水性的不同,同一条断裂不同部位其导水性、阻水性存在差异。

煤系砂岩裂隙水是本区矿井充水的直接充水水源,一般裂隙不发育,富水性弱,具储存量消耗型特征。水质多属 $Cl - K \cdot Na$ 型微咸水,矿化度为 2g/L 左右,水温为 25～30℃。各矿井 2007—2013 年平均涌水量在 72.74(顾北煤矿)～331.8m³/h(谢桥煤矿)之间,最大涌水量为 482.6m³/h(潘三煤矿,2010 年 2 月)。

本区下伏奥陶系、石炭系灰岩含水层,补给水源匮乏,地下水以静储存量为主,灰岩溶裂隙发育情况和富水性与南区特征基本相似,对煤层开采的影响和威胁相同。但由于东部潘谢矿区比西部阜东矿区的生产矿井多,且开发生产时间长,受矿井长期疏排水影响,石炭系灰岩含水层水位已有明显下降。目前在潘北煤矿—潘二煤矿、谢桥煤矿—张集煤矿之间形成两个降落漏斗。奥陶系灰岩含水层在阜东矿区基本保持初始水位,潘谢矿区受矿井排水影响有所下降。

中区沿地层走向和倾向上两组断裂构造发育,且规模较大,在两组断裂交会处一般岩溶裂隙发育,局部有岩溶陷落柱。据三维地震解释及井下实际揭露,陷落柱发育于寒武系、奥陶系灰岩中。目前中区在潘二煤矿、潘三煤矿、顾桥煤矿、谢桥煤矿、刘庄煤矿、口孜东煤矿均发现有隐伏岩溶陷落柱或疑似岩溶塌陷现象。其中 2017 年 5 月 25 日潘二煤矿 12123 工作面联络巷底板奥陶系灰岩含水层通过隐伏陷落柱突水淹井,经测算瞬时突水量达 14520m³/h。

3)北区

其构造位置处于淮南煤田北缘尚塘-明龙山反冲断裂推覆构造带和刘府反冲断裂推覆构造带,与南区逆冲推覆构造同期形成。主要是由煤田南翼由南向北挤压推移受阻于蚌埠隆起的反向逆冲而形成。

反冲断裂活动强度和切割深度远小于南区的构造带,其断裂控水性可能也弱于南区断裂的控水性。本区中东部部分区域基岩为寒武系、奥陶系灰岩,组成低山或残丘,构成寒武系和奥陶系灰岩含水层的补给区。上窑区泉井涌水量为 $5\sim60\text{m}^3/\text{h}$,水温为 17℃,为低矿化度重碳酸盐型淡水。

北区目前无生产矿井,各种勘查资料较少,推测其水文地质条件与南区的近似。

4.3.2 研究区水文地质特征

淮南深部勘查区与潘一煤矿、潘一东煤矿、潘二煤矿、潘三煤矿、朱集东煤矿等生产矿井相邻,为上述生产矿井的深部延伸,属同一水文地质单元(中-1区),水文地质条件相近,因此,本书充分利用了生产矿井的水文地质资料,以便更好地反映区域水文地质特征及变化规律。

本区为新生界松散层覆盖的全隐蔽区,含水层按水介质(空隙)类型、地层岩石的含水条件及其赋存的空间分布划分为:新生界松散层砂层孔隙含(隔)水层、三叠系砂岩裂隙含水层、二叠系各煤层间砂岩裂隙含水层、太原组灰岩岩溶裂隙含水层、石炭系本溪组铝质泥岩隔水层、奥陶系灰岩裂隙溶隙含水层。各含(隔)水层的水文地质特征分述如下。

1. 新生界松散层砂层孔隙水含(隔)水层特征

研究区内钻探揭露新生界厚度在 $18.0\sim331.75\text{m}$ 之间,厚度变化较大。新生界最薄的地段位于本区北部,该地段为老地层出露,总体变化趋势为自东向西,新生界厚度逐渐增厚;本区南部,由东向西,新生界厚度逐渐增厚。按区域地层对比研究区可划分为 3 个含水层和 2 个隔水层。第二含水层属于承压含水层,区域富水性较好,是邻近生产矿井主要供水水源;第三含水层分布不稳定,本区古地形隆起部位形成第三含水层缺失区,导致松散层第二隔水层直接与下伏三叠系基岩接触,本区北部第三含水层直接覆盖在煤系露头之上。

2. 基岩含(隔)水层特征

1)三叠系砂岩裂隙含水层

区内钻探揭露厚度为 22.02(5-8-1 孔)$\sim886.42\text{m}$(L7-1 孔),平均累计揭露厚度为 305.16m。大体自西北向东南呈逐渐变厚的趋势,岩性为褐红—棕红色砂质泥岩、粉砂岩、中细砂岩,局部粗砂岩。区域水文地质资料表明本含水层富水性弱。

2)二叠系各煤层间砂岩裂隙含水层

煤系砂岩含水层(段)岩性以中砂岩、细砂岩为主,局部为粗砂岩和石英砂岩,分布于煤层、粉砂岩和泥岩之间,岩性厚度变化较大,砂岩裂隙一般不发育,即使局部发育,也具有不均一性。各主要可采煤层顶底板砂岩含水层之间均有泥岩、砂质泥岩、粉砂岩和煤层等隔水层分布,阻隔砂岩含水层之间的水力联系。依照与主要可采煤层赋存的位置及裂隙发育程度和对矿坑充水影响程度的大小,含水层可划分为 13-1 煤层顶底板、11-2 煤层顶底板、8-4 煤层顶底板和 3-1 煤层顶底板 4 个含水层(段)。

全区共有 138 个钻孔揭露二叠系,其中有 7 个钻孔漏水,漏水孔率为 5%,主要漏水层位为 18 煤层以上部分层段砂岩及不含煤的孙家沟组。区内施工钻孔简易水文地质观测煤系地层泥浆消耗量一般为 $0\sim0.16\text{m}^3/\text{h}$,大者为 $0.80\sim2.40\text{m}^3/\text{h}$;22-4 孔(上石盒子组层位)漏失量为 $5.12\text{m}^3/\text{h}$,10-4 孔(18 煤层下层位)漏失量为 $12.25\text{m}^3/\text{h}$,18-1 孔(25 煤层下层位)全孔漏失,其余钻孔未发现有全孔漏失现象。

对 13-1 煤层、11-2 煤层和 8 煤层顶底板砂岩进行了 4 次抽(注)水试验:静止水位标高为 $-19.29\sim17.694\text{m}$,单位涌水量 $q=0.000\,097\sim0.077\,8\text{L}/(\text{s}\cdot\text{m})$,渗透系数 $K=0.000\,501\sim0.047\,600\text{m}/\text{d}$,整体富水性弱。矿化度为 $1.131\sim3.592\text{g}/\text{L}$,水温为 27℃,水质类型为 Cl-Na 型、Cl·HCO_3-Na 型(表 4.15)。

第4章 潘集矿区深部煤系岩石赋存环境

表4.15 基岩层段抽(注)水试验成果表

钻孔编号	含水层厚度/m	抽水层位	静止水位标高/m	$q/(L \cdot s^{-1} \cdot m^{-1})$	$K/(m \cdot d^{-1})$	水质类型
17-1	16.30	13-1煤层顶底板砂岩	-13.31	0.077 800	0.047 600	注水试验
11-2	20.22	13-1煤层顶底板砂岩	17.694	0.000 803	0.003 660	Cl-Na型
11-3	18.54	11-2煤层顶底板砂岩	8.853	0.000 097	0.000 501	Cl·HCO_3-Na型
24-3	15.72	8煤层顶底板砂岩	-19.29	0.001 860	0.008 600	注水试验
5-1	27.76	太原组第一～第四层灰岩	6.09	0.029 900	0.122 000	Cl-Na型
10-4	27.60	太原组第一～第四层灰岩	20.651	0.004 830	0.017 700	SO_4·HCO_3-Na·Ca型
19-1	27.20	太原组第一～第四层灰岩	-8.596	0.001 340	0.008 890	注水试验
25-1	246.28	奥陶系马家沟组灰岩	-36.77	0.004 060	0.009 760	HCO_3·Cl-Na型

(1)13-1煤层顶底板砂岩含水层(段):厚0～28.27m,平均8.38m。由中细砂岩组成,间夹少量泥岩及粉砂岩,局部见破碎带,裂隙一般不发育,即使局部裂隙发育,也具有不均一性,富水性弱。

(2)11-2煤层顶底板砂岩含水层(段):厚0～24.93m,平均9.07m。由中细砂岩组成,间夹少量泥岩及粉砂岩,该层段裂隙发育程度不均一,整体裂隙不发育,富水性弱。

(3)8-4煤层顶底板煤层砂岩含水层(段):厚0～72.57m,平均23.36m。由中细砂岩组成,间夹泥岩及粉砂岩,整体裂隙不甚发育,富水性弱。

(4)3-1煤层顶底板煤层砂岩含水层(段):厚2.22～39.09m,平均19.76m。由中细砂岩组成,间夹少量泥岩及粉砂岩,裂隙发育不均一。据邻区潘北矿E2-5孔抽水试验资料,单位涌水量为0.000 97L/(s·m),富水性弱,渗透系数为0.000 83m/d,水质类型为Cl·SO_4-Na·K型。

(5)1煤层底板—太原组C_3Ⅰ灰岩顶板隔水层(段):厚8.60～36.21m,平均17.46m。由砂泥岩互层、海相泥岩及粉砂岩组成,局部夹岩浆岩,岩性致密完整,裂隙不发育,特别是底部发育的厚层状海相泥岩隔水性较好。

综合潘谢矿区生产矿井抽水试验资料及研究区内11-2孔、17-1孔、11-3孔、24-3孔抽水资料:本区二叠系煤系砂岩整体富水性弱,补给水源贫乏,以储存量为主。各含水层之间有厚度不等的泥岩、砂质泥岩、粉砂岩,具有一定的隔水性能。

3)太原组灰岩岩溶裂隙含水层

潘谢矿区太原组一般发育灰岩11～13层,其中$C_3^{3上}$灰岩、$C_3^{3下}$及C_3^{11}灰岩的厚度较大,层位稳定,厚度一般在10～20m之间。该层岩性主要为灰色—深灰色结晶灰岩、生物碎屑灰岩与深灰色砂质泥岩、页岩互层,夹薄层砂岩、薄层煤,岩性稳定。太原组一般分成3个灰岩组,第一～第三层灰岩属于C_3Ⅰ组灰岩,第四～第九层灰岩属于C_3Ⅱ组灰岩,第十～第十三层灰岩属于C_3Ⅲ组灰岩。C_3^1至$C_3^{3下}$(太原组第Ⅰ组灰岩)为A组煤开采直接充水含水层,据区域抽水试验资料,含水层单位涌水量为0.000 009～0.469L/(s·m),平均0.084 94L/(s·m),按照《煤矿防治水规定》含水层富水性的等级标准,该层的富水性为弱至中等。

(1)C_3Ⅰ组灰岩:太原组上部第一～第三层灰岩为1煤层底板直接充水含水层,灰岩纯厚度为10.65～27.65m,平均20.64m。

(2)C_3Ⅱ组灰岩:岩溶裂隙较发育,并见有多层薄煤层,灰岩厚度除第四、第五层灰岩相对较厚,其他灰岩厚度都较薄,钻探揭露时,均未发现漏水现象。

(3)C_3Ⅲ组灰岩:岩溶裂隙较发育,见蜓类及海百合茎化石,其中5-2孔见岩浆岩,岩浆岩整体结构完整,偶见细小斜向裂隙。

4)石炭系本溪组铝质泥岩隔水层

矿井内共有 2 个钻孔揭露,其厚度为 2.7~6.3m,平均 4.5m,岩性主要为铝质泥岩、泥岩及薄层灰岩,在正常情况下能起到一定的隔水作用。

5)奥陶系灰岩裂隙溶隙含水层

区内揭露孔有 2 个,揭露厚度为 9.45~246.28m,为巨厚层状灰岩,局部见斜裂隙、垂直裂隙,下部较多虫孔构造,底部见鲕粒,坚硬、致密,局部岩芯较破碎。以灰色隐晶质及细晶厚层状白云质灰岩为主,局部夹角砾状灰岩或夹紫红色、灰绿色泥质条带。岩溶裂隙发育极不均一,且在中下部比较发育,具水蚀现象,以网状裂隙为主,局部岩溶裂隙发育,具方解石脉填充。据 25-1 孔抽水试验,单位涌水量为 0.000 406L/(s·m),富水性弱,静止水位标高为 -36.77m,水温为 24.5℃,水质类型为 $HCO_3-Cl·Na$ 型。

4.3.3 地下水动力环境

1. 松散层各含水层水补、径、排条件和水力联系

上部第一含水层和第二含水层上段因埋藏浅,雨季以大气降水补给为主,平时受地表河流及西北部的山前侧向补给,主要排泄方式为蒸发和人工开采。水位动态随季节变化而变化。

上部第一含水层和第二含水层之间为黏土类隔水层间隔,但此隔水层厚度薄,局部分布不稳定,上、下含水层虽无直接水力联系,但存在大气降水的越流补给。地下水的运动既有层间水平流动,又有垂直方向的交替;但以缓慢的水平运动为主,水位呈西北高、东南低,地下水由西北流向东南。

第三含水层上段因有第二隔水层较为稳定阻隔水的作用,天然状态下第二、第三含水层不存在水力联系,当开采第三含水层地下水时,可能会导致第二含水层和第三含水层地下水对其越流补给。地下水以缓慢的层间径流为主,近于停滞状态,储存量受区域调节。

2. 松散层各含水层组与下部基岩各含水层水力联系

松散层第三含水层直接覆盖在三叠系之上,在其与砂层接触部位对三叠系含水层进行渗入补给。第三含水层厚度变化大,富水性弱—中等,富水性不均。潘集矿区深部(外围)北部,第三含水层直接覆盖在煤系露头之上,可能与煤系地层存在一定的水力联系,通过北部煤层露头附近砂岩裂隙带对煤系砂岩含水层进行地下水补给。

3. 二叠系砂岩含水层

煤系砂岩分布于煤层、粉砂岩和泥岩之间,岩性、厚度变化较大,是煤层开采的直接充水含水层,一般裂隙不发育。各主要可采煤层顶底板砂岩含水层之间均有泥岩、砂质泥岩、粉砂岩和煤层等隔水层,阻隔各砂岩含水层之间的水力联系。据区域抽水试验资料,煤系砂岩含水层富水性弱,一般具有储存量消耗型特征。

潘集矿区深部(外围)煤系地层部分地段与上覆三叠系砂岩裂隙含水层接触,可发生水力联系。将来在开采扰动情况下,各砂岩含水层之间可能产生水力联系,但由于补给径流不畅,主要仍为"封存"状态下的埋藏型储存量。区内 1 煤层底板—太原组 1 灰顶部之间可视为隔水层,该隔水层主要由泥岩、粉砂岩组成,间夹有砂岩,局部地段含有砂泥岩互层,1 煤层底板距 1 灰板顶板平均间距为 17.46m,一般情况隔水效果较好,自然状态下两者之间不发生水力联系,但在两种情况下可发生水力联系:①在将来开采扰动破坏下,由于太灰水水压过高,超过隔水层抗压强度,发生突水;②煤层与灰岩对口的断层破碎带处,在采动扰动情况下,水压突破该部位隔水层阻隔作用,使断层发生活化,造成突水。

4. 太原组灰岩含水层

本组含水层距 1 煤层底板平均间距为 17.46m,最小间距为 8.6m。在正常状态下无水力联系,但当太原组灰岩对 1 煤层底板的水头压力超过 1 煤层底板的抗压强度时,尤其是煤层与灰岩对口的断层破碎带,是 1 煤层底板进水的直接通道。

由于矿井开采的影响,淮南煤田太原组灰岩含水层形成由东、西两侧向中部径流的地下水流场。其中,潘谢矿区在潘四东煤矿周围形成降落漏斗,说明在该部分为排泄区。同时,高水位以及低水位的地段说明潘集矿区深部(外围)与各矿区含水层存在水力联系。据淮南煤田各生产矿井 C_3 Ⅰ 组、C_3 Ⅱ 组、C_3 Ⅲ 组灰岩含水层水位资料分析,潘集矿区深部(外围)各组灰岩之间垂向上存在一定程度水力联系;同时,受构造控水影响,不同块段的水力联系存在较大差异。

5. 奥陶系灰岩含水层

本区奥陶系灰岩裂隙较发育,自然状态下与太原组含水层之间水力联系不密切,两者之间有 4m 左右的铝质泥岩、泥岩间隔,能起一定的隔水作用。但在断裂构造发育的地段,奥陶系灰岩与太原组灰岩可通过断层发生水力联系。据各矿井水位观测资料,奥陶系灰岩含水层水位在陈桥-潘集背斜及煤田南部的新集二煤矿最低,在 −60m 左右,潘集矿区深部(外围)基本保持初始水位,对潘谢矿区西部进行补给,形成由东、西两侧向中部径流的地下水流场,与太原组灰岩含水层水流场基本一致。

4.4 潘集矿区深部煤系岩石赋存的地质动力环境

4.4.1 地质动力环境等级划分(王思敬,2009)

地质动力环境是指岩石所处地区周围内、外地质动力作用的活动性。岩石在活跃的地质环境中受到周围地质动力作用的影响、易于进一步恶化,相反,在平缓环境中岩石的工程性能则比较稳定。

在地球内动力作用下,地质动力环境表现为断层的活动性及地震活动性,而其综合效应可由地震烈度来表征(表 4.16)。

表 4.16 地球内动力地质环境

级别	活动性	地体类型	断层类型	震级 M_s	基本烈度
1	很弱	稳定地体	浅层断裂	<4	<Ⅵ
2	弱	地块	盖层断裂	4~5	Ⅵ
3	中等	断块	基底断裂	5~6	Ⅶ
4	强	活动断块	地壳断裂	6~7	Ⅷ
5	强烈	强震断裂带	岩石圈断裂	>7	>Ⅷ

岩石所处的地质动力环境可划分为 5 级。在地球外动力作用下或内外动力耦合作用下,地质动力环境表现为脆弱地质环境和地质灾害的发育状况及活跃程度(表 4.17)。

表 4.17 地球表层动力地质环境

级别	地质环境动力强度	地形地势	斜坡地质灾害（崩塌、滑坡、泥石流）	地面变形（塌陷、沉降、地裂）
1	很弱	平原	极少	极少
2	弱	盆地	偶发	偶见
3	中等	丘陵、谷地	常见	少见
4	强	中、低山	高频、群发	常见
5	很强	高山峡谷	高频、大规模、群发	大量

4.4.2 淮南矿区新构造运动特征

新构造运动系指自晚新生代以来的构造运动。新地层（晚新生代以来）出现的断层属于活断层，是新构造运动的一种表现形式，是老构造的继承或复活（彭苏萍等，2008）。关于新构造运动的时限，目前国内大致有 5 种不同的观点（李达等，2009）：①认为发生于新近纪到第四纪初；②发生于第四纪；③发生于新近纪到现代；④始于上新世；⑤不予时间限制，指能形成现代地貌的地壳运动。

煤田地质界对新构造运动的关注也较早。闫嘉祺和杨梅忠（1991）通过对渭北煤田新构造及其特征的研究，指出新构造运动性质是决定煤田地质灾害类型、地质灾害过程以及地质灾害强度的控制因素，并发现：渭北煤田的地震活动与断裂类型、分布，地面裂陷、滑坡、奥陶系灰岩水害和瓦斯突出的地质背景均受新构造运动的影响。曹代勇等（2007）通过遥感图像解译、天然地震活动性分析了峰峰矿区新构造运动的特征及其与煤田底板突水和瓦斯突出等地质灾害的关系，指出了新构造运动对煤田地质评价和采煤工程开拓的重要性。闫昆（2012）从遥感图像分析解译的角度，结合地面塌陷、沉降、地裂缝的分布，发现在淮南复向斜的多期次构造运动叠加过程中，以新构造运动对明龙山断层影响最大，是淮南矿区环境地质灾害的主控因素。贺江辉（2015）研究发现：淮南煤田北部矿区的重要控水构造为喜马拉雅运动以来发育的大量北东向张裂正断层，新构造影响最大。

淮南煤田紧邻郯庐断裂带和苏鲁-大别超高压变质带，晚新生代以来构造活动性较强（方仲景等，1986；李西双等，2010；朱日祥等，2012；杨德彬等，2013）。淮南地区新构造运动主要表现在以下几个方面。

1. 活动断裂（含老断裂复活）

据相关研究（闫昆，2012），在本区具有老断裂再活动的复活断裂有：五河-合肥断裂，宽 19～35km，断裂切割新近系和第四系，地貌上出现垄岗和断裂陡坎；固镇-长丰断裂带，宽 12～30km，有过 1.8～4.5 级地震；永城-阜阳断裂带，宽 0～35km，断裂带以西大幅度下沉，有过 2.0～4.5 级地震；临泉-凤阳（刘府）断裂，属于多期活动断裂；寿县-定远断裂，属于多期活动断裂。新活动断层有顾桥 FD108、顾桥 FD105-1 等。主要活动断裂特征简述如下。

1）明龙山断裂

明龙山断裂是淮南煤田北缘规模较大的边界断裂（宋传中等，2005），第四纪以来具有一定的活动性（姚大全等，2003；陈安国等，2010）。

根据卫星影像解译及野外地质调查可知（方良好等，2017），断裂沿北西—北西西向系列线性挤压山体（明龙山、上窑、凤阳山）西南缘断续展布，全长约 68km，为逆走滑断层，走向 300°～315°，倾向北东，倾角为 70°～85°。明龙山断裂的几何结构较为清晰，分段特征明显，多条不连续的次级断裂段呈雁列状展布,可初步分为明龙山段、上窑段、凤阳山段等西、中、东3条次级断裂段。在断裂带经过的采石场断层剖面中,采集了断层泥样品,采用电子自旋共振方法(electron spin resonance,ESR)得到的测年结果为(243±24)ka和(126±15)ka,并与区域内的重要断裂进行对比(陆镜元等,1992;姚大全等,2003;陈安国等,2009;方良好等,2015),推断明龙山断裂为中更新世晚期至晚更新世早期断裂。

2) 阜凤断层

阜凤断层(曾称二道河断层)是印支期—燕山期强烈活动的逆冲断层,新生代以左旋平移为主,全新世以来,阜凤断层的左旋平移使自北西流向东南的架河在陈家大桥附近发生左行扭曲,最后导致架河水沿断层位移形成的洼地向东注入淮河。陈家大桥至古城子一段河道废弃,只留下流入架河的二里河以及一连串水塘和洼地(图4.42)。资料显示,陈家大桥开挖的剖面中发现全新世断层(图4.43),走向为南北至北北东向,规模不大,可能是阜凤断层活动造成的派生断层。全新统沉积层内还保存地层扰动、砂管、砂脉、砂土液化形迹,可能是古地震的遗迹。陈家大桥周边多座桥梁地面沉陷现象显著,陈家大桥东侧约1km处的淮河堤坝(该段走向近南北),在洪水期几乎年年毁坏出现险情。推测大桥和堤坝频频沉陷和毁坏,正是阜凤断层现代活动的重要证据(闫昆,2012)。

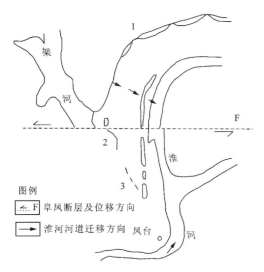

图例
⇐─F 阜凤断层及位移方向
→ 淮河河道迁移方向

1.淮河废弃河道被架河利用;2.二里河被拖拽扭曲,向北西流入架河;3.被废弃的架河下游,形成串珠水塘和洼地。

图4.42 凤台县阜凤断层位错架河示意图

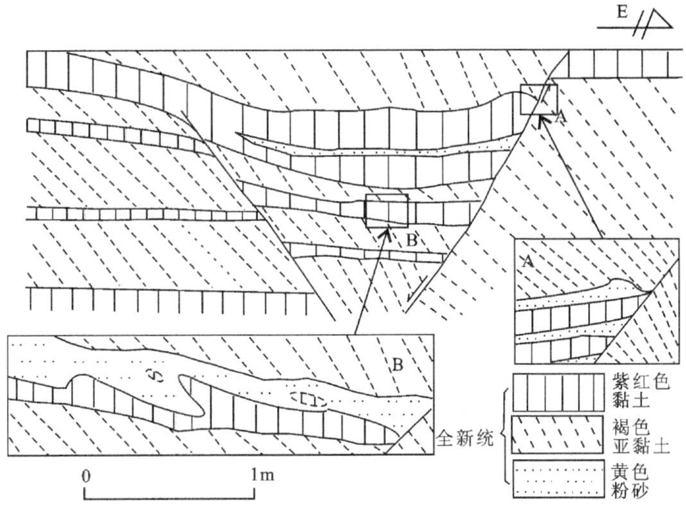

图4.43 凤台县陈家大桥槽探素描图

3) 怀远-五河断层

怀远-五河断层位于怀远到黄家湾一线,大致展布于蚌埠复背斜核部,走向近东西,断面陡立,北倾,显示出逆冲断层的性质,属于隐伏断层。在遥感图像上表现为断层两侧色调差异明显,出现山前陡坎。钻孔资料显示,该断层发育在古元古代变质岩中,而且被北北东向的断裂切割成数段。尽管如此,该断层的展布方向平行于淮河河道,是控制淮河河道走向的断层之一,近代仍有微弱活动。

4) 固镇-长丰断裂

该断裂在遥感图像上的特征表现为河流直角状转弯,应属于隐伏断裂。电测深表明该断裂呈北北东向展布;在重力异常图上,该断裂处在重力异常的交变带部位。钻探资料揭示,在尹集、怀远一带,前震旦系、震旦系、侏罗系、白垩系走向不连续,前震旦系西延受到控制,为蚌埠块隆的西界断裂,并控制着新近系和第四系的沉积。

5) 顾桥活断层

韩必武等(2020)结合区域构造背景和顾桥煤矿的地震地质条件,利用地震解释中的层拉平技术恢复了研究区典型剖面的古构造地貌,厘定了各条断层的时空配置关系(图4.44),其中,图4.44B中的⑥号断层对应图4.44A中的FD105-1断层,④号断层对应图4.44A中的FD108断层;共解释层位5个,分别为13-1煤层、11-2煤层、8煤层、6煤层、1煤层。

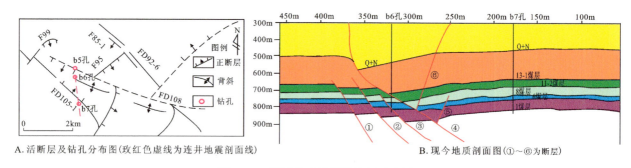

图4.44 顾桥煤矿活断层特征示意图

采用ESR和热释光两种方法,对b5孔、b6孔、b7孔所取得的13块岩样进行了年龄测试,测得FD108断层活动年龄为距今165.00~59.61ka,时代为晚更新世;FD105-1断层活动年龄为距今303~695ka,时代为中更新世,表明顾桥煤矿存在新构造运动。

从顾桥煤矿南翼胶带机大巷(二)揭露的FD108断层(垂直断距$H>40m$),即图4.44B中④号断层破碎带(宽约3.2m)内发育的新生界沉积岩性(破碎带充填物多为砂质黏土及中细砂等)情况来看,FD108断层的活动时代确实处于新生代,这与b5孔、b6孔所揭露的地层年代对比分析结论相吻合,从而证实该地区确实存在新构造运动。

6) 八里塘断层的复活

凤台城北有一条断层,即八里塘断层,是老的逆断层。南盘,即上盘,原为上升盘;北盘,即下盘,原为下降盘。但据设在断层两边的短水准测量结果,发现断层出现反向复活,如1978年3月—12月,南盘相对下降,北盘相对上升了4mm;1978年12月—1979年3月初,南盘又相对下降,北盘又相对上升了1mm(曹松涛等,1979)。

综上所述,这些断裂的存在,尤其是这些断裂不仅具有多期活动,而且在第四纪以来仍有活动,使得本区构造呈现复杂性和活动性,同时这些断裂的存在构成了新的地质单元的边界,也构成了活动构造的主体。它们对本区的矿产赋存状态和环境地质条件起着一定的影响与控制作用。

2. 地壳升降运动

1) 大面积地区沉降

宿北断裂以北、蒙城-蚌埠构造带东段丘陵山区属于断续隆起地区,余者均属沉降区,在淮北平原自西向东普遍沉降幅度为130~60m不等,蚌埠以东淮河河槽已降至海拔0m以下。

2) 淮南复向斜活动

淮南复向斜在新近纪以后仍在明显活动:两翼主要是南翼节奏性抬升,槽部节奏性沉降(曹松涛等,1979)。

淮南复向斜的槽部在新近纪以后总的趋势是沉降,但属一种有节奏的沉降,在沉降的总趋势中,有时还夹有轻度的抬升。同时,在松散层沉积的内部,由于存在古土壤和钙质结核多层,并有韵律多个,表明了其沉降过程中的多节奏性和明显的韵律性。这便是淮南复向斜槽部在沉降过程中的第一个特征。

淮南复向斜的槽部且新近纪以来的沉积,不论是总厚度,还是各组厚度,概为东南薄而西北厚。如从田家庵到顾桥,两者相距50km,但沉积物的厚度差达400余米。这说明淮南复向斜槽部的沉积是由东南向西北呈倾伏状的。倾伏沉降便是淮南复向斜槽部沉降的第二个特征。

淮南复向斜的两翼,尤其是南翼,自新近纪以来的抬升是十分明显的。由于抬升,形成了多级阶地(图4.45),并伴有河流改道,如古淮河南汊的改道与消失(傅先兰,1996)。

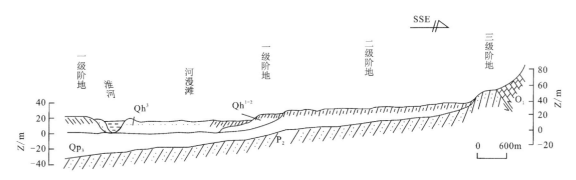

图4.45 淮河阶地综合剖面图

3. 区内水系

研究区内的水系呈平行、等距展布(图4.46),流向都大致为120°,由北西向南东斜贯本区注入洪泽湖。濉河在符离集附近突然改变流向,呈东西向横贯宿州市、灵璧县境,可能与宿北断裂的继承性活动有关。

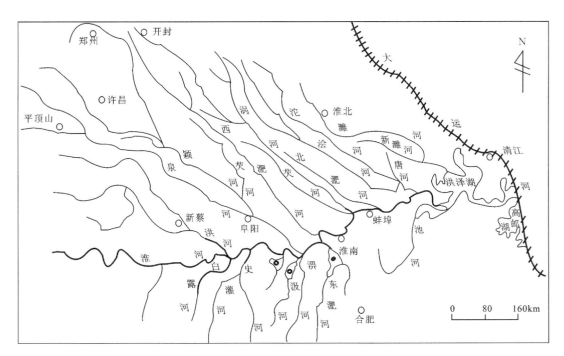

图4.46 研究区水系分布图

4. 非地震引起的地裂缝

地裂缝主要发育在沿淮(河)地区,长数米至几十米,最长达1200m,宽近1m,深几米至十余米。

5. 地震

区内小于 3 级地震较多；大于 3 级地震一般分布于阜阳断裂以东、宿北断裂以南与淮河以北的广大地区，其中 5～6.25 级有破坏性强震主要分布在固镇-长丰断裂以东和蒙城-蚌埠构造带上。淮北—蚌埠一线以东及阜阳地区为地震烈度 7～9 度区；淮南市及亳州地区为地震烈度 7 度区；其余地区为地震烈度 6 度或小于 6 度的稳定区。

4.4.3 淮南矿区地质动力环境类型

根据野外地质调查、地层露头分析和河流阶地观测、地震活动性评价，淮南复向斜的两翼存在差异性沉降和节奏性抬升，存在复活的老断层，也产生了新断层，表明这一区域自新近纪以来存在较活跃的新构造运动，淮南地区是典型的中等强度地震活动区。对照表 4.16 和表 4.17，本区内动力地质环境与表层动力地质环境均属于弱—中等类型。

4.4.4 环境地质灾害特征

地质灾害是指由地质作用（自然的、人为的或综合的）使地质环境产生突发的或累进的破坏，并造成人类生命财产损失的现象或事件。

人类在向大自然索取的同时，往往破坏了自身生存的地质环境而引起灾害。矿业生产是对地质环境影响最大的产业，特别是近年各地盛行的小煤窑和滥采乱挖，使地质环境日趋恶化，为此，运用科学的方法掌握此类灾害发生和发展的规律，预测其发展趋势，采取切实有效的减灾防灾措施，已经逐渐引起人们的重视。煤矿地质灾害主要有地面沉陷及塌方、地震、煤与瓦斯突出及突水和滑坡等，严重地威胁着煤矿的正常生产秩序和人民的生命安全（图 4.47）。

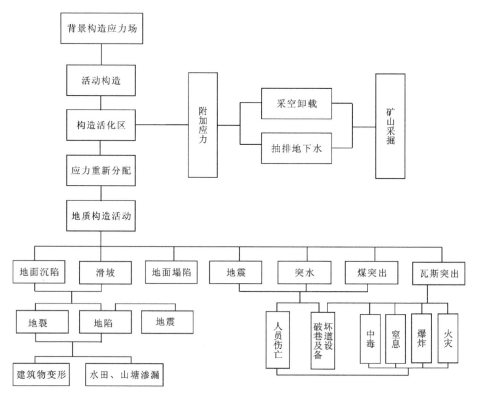

图 4.47　地质灾害链框图（据肖和平，2001）

煤矿的主要地质灾害包括：

(1)地面沉陷及塌陷是煤矿地质灾害比较普遍发生的一种。地面塌陷会引起矿区积水受淹、破坏耕地及建筑设施等，造成环境的破坏和巨大的经济损失。伴随着煤矿的开采，会抽排大量的地下水，造成采空区不断扩大，使本地区的地下水重新分布、加大水力坡度，形成大面积的地面沉陷和降落漏斗。煤矿采掘造成的地面沉陷和塌陷还会引起表层的共轭断裂活动、岩层倾滑并触动走向断裂活动，形成地裂缝，造成水塘渗漏、民房开裂、田坎陷落，甚至溢冒瓦斯气体，从而威胁到周边群众的生活和生产安全。

(2)矿震：其中最多的一种形式就是煤矿地震，造成的损失也是巨大的。它具有下述特征：矿震震源浅，对地面建筑造成损失的同时，也对地下的矿井设施造成严重破坏，从而威胁到工人的人身安全；矿震的级别和波及范围都比较小，但造成的危害不容忽视；矿震的破坏程度随矿井深度而增加；由于煤矿开采是引起矿震的主因，因此矿区的边界断层处比其他地区受到的破坏严重，从而引起矿区断层复活；矿震会加重矿区塌陷、岩爆和岩石突出等矿山压力现象的程度。

(3)煤与瓦斯突出：严重威胁着矿山生产和矿工的人身安全。突出时产生的强大的冲击气浪不仅可以推翻矿车、破坏矿井支架、掀翻巨石等，甚至会引起火灾，产生爆炸，使人员窒息中毒等伤亡事故。

(4)突水：煤矿开采所处的地区一般地质及水文地质条件复杂，特别是井下在开采时经常会遇到老窑水、承压水、断裂水及地表水的威胁，极易引起矿井突水的地质灾害事故，造成巨大的人员伤亡和经济损失。

(5)滑坡：煤矿滑坡与自然山体滑坡都具有类似的地质条件(包括岩石结构、岩层产状、水利条件)及地形地貌条件，但是诱发煤矿滑坡最主要的因素是人类工程活动，人类工程活动会使老滑坡再度活动或者造成新的边坡滑落。

4.5 本章小结

(1)基于勘查工程地面钻孔，采用水压致裂法开展了研究区深部地应力原位测试工作，获得了深部研究区现今地应力场类型、大小及方向。结果表明：-1000m以深，水平最大主应力在30～55MPa之间，随深度增加呈线性增大，天然应力比值系数在0.99～1.35之间，平均1.21，揭示出深部地应力场以构造应力为主，最大主应力方向为NE64°。

(2)采用套芯应力解除法在潘集矿区5个生产矿井进行测试，不同深度地应力大小与水压致裂法测试成果基本一致，天然应力比值系数在1.1～2.03之间，平均1.47；同时在周边生产矿井巷道采集岩样，采用AE法开展了地应力测试，采样点最大水平主应力值在16.87～33.63MPa之间，平均27.17MPa。最大水平主应力方向分布在50°～160°之间，主要集中分布在60°～100°之间，即主要为北东东方向，次为南东向。

(3)矿区深部地应力场以水平应力为主，是典型的构造应力场类型且总体表现为$\sigma_H>\sigma_v>\sigma_h$型，主要为高—超高地应力状态，水平主应力与深度呈良好的线性关系，研究区的最大水平主应力轴的优选方位为北东东向，最大主应力呈近水平状态。研究区内地应力测试结果大约以埋深1000m为界表现出一定特征差异。矿区深部现今地应力场受区域大地构造控制，研究区可分为3个不同区域，不同位置的地应力大小和方向存在一定差异。

(4)基于深部研究区不同位置近似稳态钻孔测温数据，建立了研究区测温钻孔孔底温度校正曲线公式，并对简易测温钻孔数据进行了校正，获得了淮南矿区深部现今地温场展布规律，地温梯度值变化范围为1.52～3.41℃/hm，众值在2.00～3.00℃/hm之间，平均2.46℃/hm，并得到了-800m、-1000m及-1500m三个水平及垂向地温分布规律，确定了研究区内-800m水平平均地温34.13℃，-1000m水平平均地温达39.41℃，-1500m水平平均地温达55.64℃。

(5)对矿区不同深度范围内主采煤层的地温分布特征进行了分析,13-1 煤层温度分布在 32~57℃ 之间,平均 44.81℃;11-2 煤层温度分布在 33~58℃之间,平均 46~48℃;8 煤层温度分布在 35~61℃ 之间,平均 47.32℃;1 煤层温度分布在 40.74~66.14℃之间,平均 51.70℃。均达二级以上热害程度。

(6)淮南矿区自上而下主要发育有新生界含水层、二叠系砂岩含水层、石炭系灰岩含水层、奥陶系灰岩含水层。各含水层组水文地质条件受主体断裂及新构造运动的控制,深层、浅层地下水存在明显的差异。研究区基岩含水层单元位于淮南矿区水文地质单元的中-1 区,区内主采煤层顶底板砂岩含水层抽(注)水试验结果表明,二叠系主采煤层顶底板砂岩含水层单位涌水量 q 在 $0.000\,097\sim0.077\,8$ L/(s·m)之间,渗透系数 K 在 $0.000\,501\sim0.047\,6$ m/d 之间;煤系砂岩含水层整体富水性弱,补给水源贫乏,以储存量为主。

(7)系统分析了淮南矿区新构造运动特征,确定本区内动力地质环境与动力地质环境均属于弱—中等类型,对环境地质有一定的影响。

第5章 潘集矿区深部煤系岩石物理力学性质

由于含煤岩系形成于地壳浅部,其生成和赋存环境与岩浆岩或变质岩不同。岩性较为软弱,成分复杂且变化较大,使得含煤岩系岩石具有不同于其他岩类的力学特性。影响岩石力学性质的因素很多,沉积岩石的成分和结构是内在因素,其赋存环境如温度、应力和含水条件等外在因素也起着重要的作用。在煤炭地下开采过程中,岩石总是处于一定的深部环境中,尤其是随着开采深度的逐年增加,因地温、地应力和地下水等条件引起的地质灾害也逐渐增多。考虑深部煤系岩石赋存条件的影响,在解决煤炭开采地质条件评价和工程地质稳定性问题时,有必要加强岩石在温度、应力和水等条件下的变形与强度特性试验研究。只有全面考虑岩性和赋存环境因素的影响,才能对深部岩石力学性质作出准确地评价。从目前的研究现状看,深部煤系岩石物理力学性质的控制因素试验研究相对较少,对深部赋存条件下岩石强度、变形特性及岩石破裂发展过程均有待深入研究。

本书前两章结合淮南煤田潘集矿区深部勘查工程,对深部研究区主采煤层顶底板岩石岩性组成、结构构造和沉积环境作了详细分析,并对深部研究区地温场、地应力场和地下水流场分布特征也进行了探查与评价。本章将以此为基础,通过深部煤系岩石的系统采样与制样,对岩石密度、水理性质(包括含水性、吸水性、软化性等)以及纵波波速等物理性质进行测试,并系统地开展常规条件,深部地温、地应力条件以及含水状态下,煤系岩石单轴、三轴力学性质试验研究,总结分析不同岩性岩石在不同围压、不同温度和不同含水条件下的岩石力学性质变化规律,研究岩石力学性质与其成分、结构、地应力、温度和水等主要影响因素之间的定性、定量关系,为深部开采地质条件研究和深部地下工程设计提供理论和试验依据。

5.1 潘集矿区深部煤系岩石样品采集与试样制备

5.1.1 采样钻孔工程布置

研究区采样工程贯穿整个勘查阶段,结合深部勘查区煤炭勘查工程的施工进度,于2013年6月开始,按时间和钻孔完工顺序系统采集煤系地层岩芯样品,重点研究层段为13-1煤层、11-2煤层、8煤层、4-1煤层和1(3)煤层5个主采煤层顶板上50m和底板下30m范围。根据研究区钻孔终孔层位和工程地质编录情况,采样钻孔分为两类:含煤段全层段采样钻孔和部分层位采样钻孔。对完整揭露研究区各主采煤层的钻孔,按照采样标准系统采集整个煤系地层即所有主采煤层顶底板岩石样品;对研究区其他钻孔,根据钻孔岩芯质量、岩性和厚度特征,补充采取各煤层段的岩石样品。

研究区全层段系统采样的钻孔包含普查钻孔7个和详查钻孔12个,加上研究区部分层位采样钻孔16个,共计涉及35个钻孔。研究区全层段采样钻孔统计详见表5.1,采样钻孔布置如图5.1所示。

表 5.1 研究区全层段采样钻孔岩芯采集表

序号	采样钻孔编号	采样层位	采样深度/m	采样块数/块	采样质量/kg
1	14-2	11-2 煤层顶板—1 煤层底板	962~1200	184	276
2	12-2	13 煤层顶板—1 煤层底板	958~1307	226	339
3	10-2	13 煤层顶板—1 煤层底板	825~1018	232	348
4	10-1	13 煤层顶板—1 煤层底板	749~1109	240	360
5	6-1	13 煤层顶板—1 煤层底板	941~1186	180	220
6	24-4	13 煤层顶板—太原组	1160~1509	184	276
7	18-4	13 煤层顶板—太原组	1020~1342	138	207
8	15-3	13 煤层顶板—山西组	871~1230	188	232
9	22-4	13 煤层顶板—太原组	1160~1297	234	301
10	3-2	17 煤层底板—山西组	870~1255	142	213
11	24-3	13 煤层顶板—太原组	1019~1419	138	207
12	25-1	13 煤层顶板—太原组	918~1307	240	360
13	20-4	13 煤层顶板—3 煤层顶板	1030~1418	144	216
14	21-2	13 煤层顶板—太原组	1140~1459	166	249
15	26-3	13 煤层顶板—3 煤层顶板	1016~1269	142	263
16	11-1	11 煤层顶板—1 煤层底板	941~1208	121	225
17	20-2	13 煤层顶板—1 煤层底板	960~1312	166	205
18	12-2	13 煤层顶板—1 煤层底板	1156~1268	230	255
19	L4-1	13 煤层顶板—1 煤层底板	950~1289	223	345

5.1.2 煤系岩石样品采集与制备

1. 样品采集

样品采集严格按照《矿区水文地质工程地质勘查规范》(GB/T 12719—2021)进行,具体工作与要求如下:

(1)现场钻机取芯,及时蜡封,保存岩芯原有的结构和状态;采样时优先选取蜡封岩芯样品,如果钻机现场岩芯没有蜡封,在采样时尽量选择较完整岩芯样品,最大限度地保持岩样原有性质。

(2)样品按岩性分层采取,每组试样应具有代表性。取样时,将岩芯按顺序排好,进行分层编录。

(3)所采试样的尺寸和数量应满足所做的力学试验要求。

(4)采样时要做好记录工作,包括钻孔名称、试样编号、岩石名称、采样深度和采样时间等,然后包好、装箱,运送到实验室。

具体步骤为:岩芯顺序摆放→地层岩性分层→分层岩性描述→岩芯现场鉴定和分组→采集包装和装箱→运输至实验室。钻机现场岩芯照片如图 5.2 所示。

第5章　潘集矿区深部煤系岩石物理力学性质

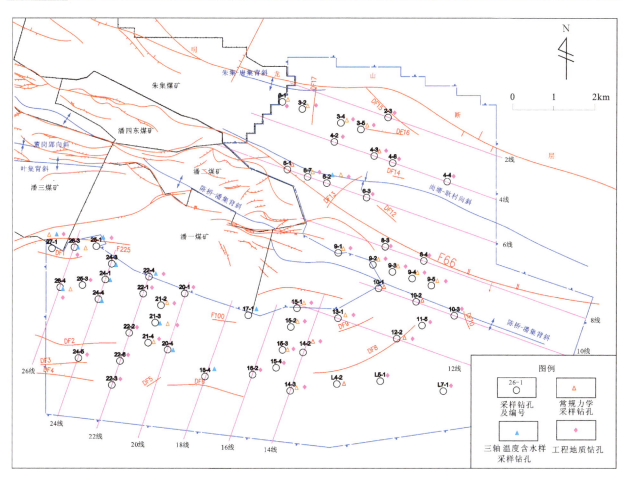

图5.1　研究区煤系岩石力学性质测试样品采集钻孔分布图

图5.2　钻探现场岩芯陈列

现场采样后运抵实验室并及时对样品进行分类整理，将每次采集回来的岩芯样品分钻孔深度从上到下依次排列。根据每一层采集的岩芯按岩性进行分组，对岩样宏观特征进行描述（包括岩样岩性、结构、完整性等），重新编号，并逐一拍照，记录采样深度、柱状层号等相关内容，编制钻孔采样柱状图。研究区部分全层段采样钻孔柱状图如图5.3所示。

地层	岩性	柱状图	层号	厚度/m	埋深/m	采样数/个
上石盒子组	细砂岩		171	3.65	871.10	
	泥岩		172	4.85	875.95	
	细砂岩		173	0.90	876.85	
	泥岩		174	9.95	886.80	
	细砂岩		175	0.75	887.55	
	粉砂岩		176	2.00	889.55	
	泥岩		179	1.85	891.40	
	细砂岩		180	0.70	892.10	
	15煤层		182	1.28	893.38	
	泥岩		183	2.37	895.75	1
	粉砂岩		184	0.65	896.40	
	泥岩		185	1.45	897.85	
	细砂岩		186	1.35	899.20	1
	泥岩		188	3.40	902.60	1
	细砂岩		189	3.15	905.75	1
	泥岩		190	6.82	912.57	
	13-1煤层		191	6.83	919.40	
	泥岩		192	2.05	921.45	1
	粉砂岩		193	0.98	922.43	
	12煤层		194	0.60	923.03	
	粉砂岩		195	6.32	929.35	2
	泥岩		196	1.50	930.85	1
	细砂岩		197	1.10	931.95	1
	粉砂岩		198	1.00	932.95	
	细砂岩		199	1.10	934.05	1
	泥岩		200	0.65	934.70	
	细砂岩		201	0.80	935.50	1
	泥岩		205	6.85	942.35	2
	细砂岩		206	1.05	943.40	
	泥岩		209	9.45	952.85	2
	细砂岩		210	1.70	954.55	1
	泥岩		211	1.25	955.80	1
	粉砂岩		212	2.55	958.35	1
	泥岩		213	3.05	961.40	
	粉砂岩		214	3.30	964.70	1
	细砂岩		215	5.20	969.90	2
	粉砂岩		216	1.45	971.35	
	泥岩		217	4.40	975.75	2
	粉砂岩		218	0.80	976.55	
	泥岩		221	1.30	982.00	1
	粉砂岩		222	2.90	984.90	1
	细砂岩		223	3.45	988.35	1
	11-2煤层		225	2.58	990.93	
	泥岩		226	6.17	997.10	2
	细砂岩		227	1.30	998.40	1
	泥岩		228	5.10	1 003.50	1
	细砂岩		229	1.85	1 005.35	
	粉砂岩		230	2.00	1 007.35	1
	细砂岩		231	2.15	1 009.50	1
	粉砂岩		232	1.85	1 011.35	1
	泥岩		233	6.65	1 018.00	2
	细砂岩		234	3.35	1 021.35	
	泥岩		235	5.20	1 026.55	
	粉砂岩		238	11.00	1 037.55	2
	泥岩		239	2.05	1 039.60	1
	粉砂岩		240	0.85	1 040.45	1
下石盒子组	细砂岩		243	7.40	1 047.85	
	泥岩		246	2.25	1 050.10	1
	粉砂岩		247	4.30	1 054.40	1
	泥岩		250	2.95	1 057.35	
	8煤层		251	2.40	1 059.75	
	泥岩		252	1.95	1 061.70	
	7-2煤层		256	3.20	1 064.90	
	粉砂岩		257	0.95	1 065.85	1
	细砂岩		258	2.05	1 067.90	1
	粉砂岩		259	1.00	1 068.90	1
	7-1煤层		263	3.03	1 071.93	
	粉砂岩		264	3.62	1 075.55	
	细砂岩		265	7.50	1 083.05	2
	泥岩		268	3.85	1 086.90	1
	6-1煤层		271	2.25	1 089.15	
	泥岩		274	4.25	1 093.40	1
	粉砂岩		275	4.80	1 098.20	1
	泥岩		276	2.40	1 100.60	
	细砂岩		277	17.80	1 118.40	4
	砂泥互层		280	5.20	1 123.60	1
	4-1煤层		282	3.90	1 127.50	
	泥岩		283	6.10	1 133.60	2
	细砂岩		284	1.30	1 134.90	
	泥岩		285	4.70	1 139.60	1
	粉砂岩		286	3.55	1 143.15	1
	铝质泥岩		287	1.50	1 144.65	
	中砂岩		288	4.50	1 149.15	
	细砂岩		289	5.55	1 154.70	2
山西组	粉砂岩		290	7.00	1 161.70	2
	泥岩		291	6.20	1 167.90	2
	细砂岩		292	3.95	1 171.85	
	粉砂岩		293	1.85	1 173.70	1
	细砂岩		294	2.25	1 175.95	1
	粉砂岩		295	5.55	1 181.50	1
	粗砂岩		296	1.85	1 183.35	
	中砂岩		297	11.25	1 194.60	2
	粗砂岩		298	10.80	1 205.40	2
	3煤层		300	5.43	1 211.20	
	泥岩		301	1.20	1 212.40	
	1煤层		303	4.10	1 216.50	
	泥岩		304	0.65	1 217.15	
	细砂岩		305	3.25	1 220.40	1
	粉砂岩		306	1.80	1 222.20	
	泥岩		307	7.28	1 229.48	1
太原组	灰岩		308	1.20	1 230.68	1

A. 17-1孔

地层	岩性	柱状图	层号	厚度/m	埋深/m	采样数/个
上石盒子组	粉砂岩		181	6.00	870.40	
	泥岩		182	2.15	872.55	
	粉砂岩		183	1.05	873.60	
	细砂岩		184	3.20	876.80	
	泥岩		185	5.15	881.95	
	细砂岩		186	1.25	883.20	
	砂质泥岩		187	4.04	887.24	
	泥岩		188	1.21	888.45	
	细砂岩		189	0.55	889.00	1
	泥岩		197	12.97	901.97	2
	粉砂岩		198	6.06	908.03	2
	泥岩		200	5.34	913.37	1
	粉砂岩		201	3.45	916.82	
	13-1煤层		204	5.24	922.06	
	泥岩		208	1.02	925.40	
	细砂岩		209	1.19	926.59	1
	粉砂岩		210	8.82	935.41	2
	泥岩		211	3.14	938.55	1
	粉砂岩		212	1.20	939.75	
	泥岩		213	7.00	946.75	2
	细砂岩		214	6.25	953.00	1
	泥岩		215	1.90	954.90	
	粉砂岩		216	2.05	956.95	1
	细砂岩		217	1.75	958.70	
	泥岩		218	4.45	963.15	1
	细砂岩		219	1.45	964.60	1
	泥岩		220	11.10	975.70	2
	细砂岩		221	0.65	976.35	
	泥岩		226	5.14	981.49	1
	11-2煤层		227	0.93	982.42	
	粉砂岩		229	2.58	985.00	1
	泥岩		234	2.20	987.20	
	粉砂岩		235	19.85	1 007.05	3
	中砂岩		236	19.50	1 026.55	1
	细砂岩		237	8.00	1 034.55	2
	泥岩		240	4.20	1 038.75	
	粉砂岩		241	6.83	1 045.58	1
	细砂岩		242	3.35	1 048.93	
	中砂岩		243	10.07	1 059.00	2
下石盒子组	粉砂岩		244	9.75	1 068.75	2
	粉砂岩		246	4.74	1 073.49	1
	砂质泥岩		247	4.62	1 078.11	1
	8煤层		248	2.53	1 080.64	
	泥岩		249	3.42	1 084.06	1
	粉砂岩		252	1.93	1 087.40	1
	细砂岩		253	2.70	1 090.10	
	泥岩		254	0.51	1 090.61	
	7-1煤层		255	1.61	1 092.22	
	泥岩		258	3.18	1 095.40	1
	粉砂岩		259	3.69	1 099.09	1
	细砂岩		260	5.26	1 104.35	1
	中砂岩		261	4.65	1 109.00	1
	泥岩		262	0.64	1 109.64	
	6-2煤层		263	0.84	1 110.48	
	泥岩		264	2.80	1 113.28	1
	6-1煤层		265	1.61	1 114.89	
	泥岩		268	1.65	1 116.54	
	粉砂岩		269	1.94	1 118.48	
	泥岩		271	1.62	1 120.10	
	5-2煤层		272	1.13	1 121.23	
	粉砂岩		273	3.57	1 124.80	1
	泥岩		275	1.5	1 126.30	
	粉砂岩		276	7.70	1 134.00	2
	泥岩		279	2.04	1 136.04	1
	粉砂岩		282	5.13	1 142.16	1
	4-1煤层		285	3.42	1 145.58	
	泥岩		286	10.34	1 155.92	2
	铝质泥岩		287	2.23	1 158.15	
	菱铁质泥岩		288	1.45	1159.60	
	泥岩		289	1.65	1 161.25	1
	细砂岩		290	4.57	1165.82	1
	铝质泥岩		291	2.27	1168.09	1
	细砂岩		292	3.41	1171.50	1
	铝质泥岩		293	1.40	1172.90	
	粗砂岩		294	8.98	1 181.88	2
山西组	细砂岩		295	0.77	1 182.65	
	泥岩		296	8.15	1 190.80	2
	细砂岩		297	11.50	1 202.30	2
	泥岩		298	8.10	1 210.40	1
	细砂岩		299	10.67	1 221.07	2
	粗砂岩		300	2.00	1 223.07	1
	中砂岩		301	2.75	1225.82	1
	3煤层		304	6.72	1232.54	
	泥岩		305	1.81	1234.35	
	1煤层		306	3.65	1 238.00	
	粉砂岩		307	15.73	1 253.73	2
太原组	灰岩		308	0.93	1 254.66	

B. 24-3孔

地层	岩性	柱状图	层号	厚度/m	埋深/m	采样数/个
上石盒子组	泥岩		217	10.10	1 141.40	
	细砂岩		218	0.75	1 142.15	
	泥岩		225	19.75	1 161.90	2
	细砂岩		226	0.80	1 162.70	
	泥岩		229	3.65	1 166.35	1
	细砂岩		230	1.75	1 168.10	
	泥岩		231	1.10	1 169.20	
	粉砂岩		232	8.40	1 177.60	2
	泥岩		235	1.57	1 179.17	
	13-1煤层		238	6.71	1 185.88	
	泥岩		239	3.38	1 189.26	1
	粉砂岩		240	1.19	1 190.45	1
	泥岩		241	3.00	1 193.45	
	细砂岩		242	1.25	1 194.70	1
	泥岩		243	6.25	1 200.95	2
	细砂岩		244	1.90	1 202.85	
	粉砂岩		245	2.25	1 205.10	1
	泥岩		246	5.85	1 210.95	2
	细砂岩		247	0.95	1 211.90	1
	泥岩		252	15.95	1 227.85	2
	粉砂岩		253	2.00	1 229.85	
	泥岩		257	8.15	1 238.00	2
	11-2煤层		260	1.93	1 239.93	
	泥岩		261	4.42	1 244.35	2
	粉砂岩		262	5.85	1 250.20	2
	细砂岩		263	27.55	1 277.75	3
	粉砂岩		264	7.65	1 285.40	2
	细砂岩		265	1.30	1 286.70	
	粉砂岩		266	2.05	1 288.75	
	细砂岩		267	4.52	1 293.27	1
	粉砂岩		268	7.08	1 300.35	2
	泥岩		269	2.40	1 302.75	1
	粉砂岩		270	3.25	1 306.00	2
	泥岩		271	2.45	1 308.45	
	粉砂岩		272	5.40	1 313.85	2
	泥岩		273	7.65	1 321.50	2
	细砂岩		274	10.75	1 332.25	2
下石盒子组	泥岩		277	14.60	1 346.85	3
	8煤层		278	2.88	1 349.73	
	泥岩		279	2.23	1 351.96	1
	7-2煤层		280	1.00	1 352.96	
	泥岩		281	1.44	1 354.40	
	细砂岩		282	1.10	1 355.50	1
	泥岩		283	1.32	1 356.82	
	7-1煤层		284	1.96	1 358.78	
	泥岩		285	1.52	1 360.30	1
	细砂岩		286	0.85	1 361.15	
	粉砂岩		287	2.35	1 363.50	1
	泥岩		288	3.35	1 366.85	1
	粉砂岩		289	4.50	1 371.35	1
	泥岩		292	2.75	1 374.10	
	粉砂岩		293	0.90	1 375.00	
	泥岩		296	3.9	1 378.90	
	粉砂岩		297	5.70	1 384.60	2
	泥岩		298	3.43	1 388.03	1
	5-2煤层		300	1.18	1 389.21	
	5-1煤层		305	7.04	1 396.25	2
	泥岩		307	0.65	1 396.90	
	粉砂岩		308	5.75	1 402.65	2
	细砂岩		309	3.45	1 406.10	1
	泥岩		314	3.92	1 410.02	1
	粉砂岩		315	1.53	1 411.55	
	细砂岩		316	1.25	1 412.80	1
	粉砂岩		317	2.57	1 415.37	1
	4-1煤层		318	4.40	1 419.77	
	泥岩		323	2.83	1 422.60	
	4-1煤层下层		324	0.50	1 423.10	
	泥岩		325	4.20	1 427.30	1
	粉砂岩		326	2.90	1 430.20	
	铝质泥岩		327	2.90	1 433.10	1
	细砂岩		328	6.35	1 439.45	2
山西组	粉砂岩		329	4.90	1 444.35	2
	细砂岩		330	3.40	1 447.75	
	泥岩		331	3.45	1 451.20	1
	粉砂岩		332	2.15	1 453.35	2
	泥岩		333	8.20	1 461.55	2
	细砂岩		334	0.75	1 462.30	
	泥岩		335	1.90	1 464.20	
	细砂岩		336	1.25	1 465.45	1
	粉砂岩		337	4.80	1 470.25	2
	细砂岩		338	3.29	1 473.54	
	中砂岩		339	8.21	1 481.75	2
	细砂岩		340	6.96	1 488.71	2
	3煤层		341	4.42	1 493.13	
	泥岩		342	1.58	1 494.71	1
	1煤层		343	3.72	1 498.43	
	粉砂岩		344	16.02	1 514.45	2
太原组	灰岩		345	1.21	1 515.66	

C. 24-4孔

图 5.3 研究区部分全层位采样钻孔柱状图

2. 样品制备

研究区煤系岩石力学试验样品均取自钻孔岩芯,为圆柱状,直径在 55~75mm 之间。由于煤系地层层理发育,强度较低,全部深加工较为困难,制样成功率也较低。针对不同岩性特征选择不同加工方式,尽可能多地制作标准试件(中华人民共和国地质矿产部,1988;中国电力企业联合会,2013),以满足力学试验的需要。室内三轴压缩试验对试样要求较高,经过切割、室内取芯和双端面磨平,最终制取的三轴压缩试验标准试件尺寸:直径为 50mm,高径比为 2.0。部分钻孔岩石试样制样后分组照片见图 5.4。

图 5.4 部分加工样品分组照片

3. 试件宏观特征描述与尺寸测量

试样制备完成后,对其宏观特征进行描述,主要内容包括:①岩石试件的颜色、结构构造、矿物成分、颗粒大小、胶结物性质等特征,并确定岩石名称;②岩芯试样中节理裂隙的发育程度及其分布,层理裂隙与试件长轴方向间的关系;③试件尺寸(长度、直径)量测。

将上述测量与描述内容记录到试验样品记录表格中,完善试验前岩石试件相关信息。

5.2 深部煤系岩石物理性质

5.2.1 岩石物理性质测试

本次主要测试的岩石物理性质指标有含水率、吸水率、相对密度、视密度、纵波波速等。常规条件力学试验试件、侧压条件力学试验试件、温度条件力学试验试件和含水条件力学试验试件均进行了物理性质测试,计算了岩石的孔隙率,同时收集了勘查阶段所做的试验成果,纵波波速测试过程见 5.2.2 节,并在此基础上进行了综合分析。测试工作量见表 5.2。

5.2.2 岩石物理性质测试结果

1. 常规岩石物理性质指标测试结果

研究区各煤系岩石物理性质指标测试结果统计见表 5.3。

表 5.2 岩石物理性质指标测试工作量统计表

试件类型	测试项目的试件数量/个					
	自然含水率	自然吸水率	相对密度	视密度	孔隙率	纵波波速
常规条件力学试验试件	255	170	170	170	85	
侧压条件力学试验试件				331		259
温度条件力学试验试件				388		334
含水条件力学试验试件	81			80		80
勘查工程力学试验试件	413	322	491	627		
合计	749	492	661	1596	85	673

表 5.3 研究区煤系岩石物理性质指标测试结果统计表

岩石岩性 数量/个	统计特征	相对密度	视密度/ $(g \cdot cm^{-3})$	自然含水率/ %	自然吸水率/ %	孔隙率/%	纵波波速/ $(m \cdot s^{-1})$
粗砂岩 64	最大值	2 721.00	2 810.00	0.96	3.30	6.50	4 317.80
	最小值	2 594.00	2 450.00	0.66	1.69	1.36	2 341.98
	平均值	2 675.60	2 545.80	0.78	2.85	3.54	3 707.68
中砂岩 97	最大值	2 923.00	3 060.00	1.00	2.04	6.29	5 000.00
	最小值	2 514.00	2 450.00	0.46	0.92	1.51	2 525.05
	平均值	2 691.50	2 636.98	0.77	1.57	3.30	3 858.52
细砂岩 530	最大值	3 208.00	3 500.00	1.71	4.19	7.84	5 488.89
	最小值	2 534.00	2 356.00	0.17	0.36	0.66	2 395.12
	平均值	2 716.40	2 664.07	0.72	1.79	3.08	4 020.40
粉砂岩 273	最大值	3 394.00	3 340.00	3.68	9.81	10.41	5 556.60
	最小值	2 512.00	2 240.00	0.20	0.39	0.77	1 500.00
	平均值	2 681.00	2 674.30	1.11	2.48	3.79	3 680.23
泥岩 743	最大值	3 405.00	3 380.00	3.85	9.76	10.76	5 046.30
	最小值	2 473.00	2 341.00	0.06	0.22	0.89	1 879.06
	平均值	2 702.52	2 624.24	1.34	3.52	4.24	3 154.68
砂质泥岩 79	最大值	2 849.00	3 260.00	2.28	7.01	10.11	4 982.61
	最小值	2 544.00	2 426.00	0.43	1.00	0.94	1 609.85
	平均值	2 689.93	2 645.68	1.04	2.68	4.57	3 517.07

由表 5.3 可知,总体上不同岩性煤系岩石试件各种物理性质试验数据均差异较大,同种岩性的物理性质分布也比较分散。细砂岩的自然含水率在 0.17%～1.71%之间,平均 0.72%;自然吸水率在 0.36%～4.19%之间,平均 1.79%;孔隙率在 0.66%～7.84%之间,平均 3.08%。粉砂岩的自然含水率在 0.2%～3.68%之间,平均 1.11%;自然吸水率在 0.39%～9.81%之间,平均 2.48%;孔隙率在 0.77%～10.41%之间,平均 3.79%。泥岩的自然含水率在 0.06%～3.85%之间,平均 1.34%;自然吸水率在 0.22%～9.76%之间,平均 3.52%;孔隙率在 0.89%～10.76%之间,平均 4.24%。岩性由细砂岩、粉砂岩至泥岩变化时,平均自然含(吸)水率和孔隙率都在逐渐增大。

根据研究区岩石视密度测试结果，笔者编制了细砂岩、粉砂岩和泥岩的视密度分布直方图(图5.5)。研究区煤系细砂岩视密度的分布较集中(图5.5A)，主要分布在2500～2800kg/m³区间内，最大值在3400kg/m³左右，总体基本符合正态分布。细砂岩视密度标准差为133.78kg/m³，平均值为2664.07kg/m³，变异系数(coefficient of variation, CV)为5.02%，可见其离散程度较小，平均值较能反映细砂岩视密度的大小。粉砂岩的视密度分布范围较砂岩大，主要是由于个别粉砂岩样品含菱铁矿，粉砂岩的视密度主要分布在2500～2800kg/m³区间内(图5.5B)，标准差为171.17kg/m³，平均值为2674.30kg/m³，变异系数为6.40%，离散程度稍大。泥岩的视密度主要分布在2500～2700kg/m³区间内，基本符合正态分布(图5.5C)，标准差为136.12kg/m³，平均值为2624.24kg/m³，变异系数为6.19%，离散程度也较大。

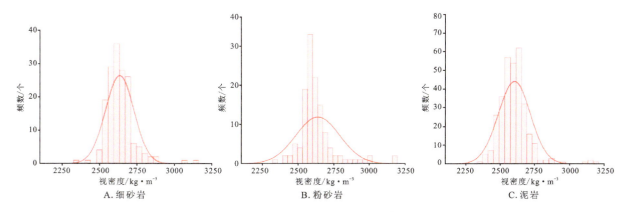

图5.5 深部煤系岩石视密度分布直方图

2. 岩石试件纵波波速测试结果

1) 纵波波速测试原理与测试过程

当声波在不同的岩体(石)介质中传播时，由于其矿物成分、密度、孔隙率、含水率及裂隙发育程度不同，波速及能量出现差异。在实际工作中，可根据这些差异分析岩体的工程物理力学性质，为生产设计提供依据。

由弹性波理论可知，岩体的声波波速主要取决于岩体的弹性常数和密度。当岩体为均匀介质时，有

$$v_P = \sqrt{\frac{E(1-\mu)}{\rho(1+\mu)(1-2\mu)}} \tag{5.1}$$

式中：ρ为岩体密度(g/cm³)；E为杨氏模量(GPa)；μ为泊松；v_P为纵波波速(m/s)。

式(5.1)表明，岩石的纵波波速V_P与E的平方根成正比，与密度ρ的平方根成反比。一般在同一介质中测试时，密度ρ变化不大，所以V_P主要由E决定。当岩石中存在裂隙、孔隙、软弱面时，声波波速将明显降低。因此，声波波速V较好地反映岩体的弹性模量和岩体内部的结构特征，是力学试验样品分组和力学试验结果解释的基础。工程实践中常用抗压强度R表示岩体的静力学特征，而在一定的强度范围内，R与E之间呈单调函数关系。因此，可以通过试验建立R与波速v之间的相关关系，即

$$R = f(V) \tag{5.2}$$

根据式(5.2)及现场波速测试结果即可反演岩体的原位抗压强度和抗拉强度。

建立$R=f(V)$相关关系式的方法：主要通过室内声波波速标定与室内岩石力学试验取得实测值，然后用数理统计的方法确定函数中的常数项。

波速测试样品主要为侧压条件试验试件和温度条件试验试件。使用WSD-3声波参数测定仪和100K-P40F激发、接收探头进行声波波速测试。测试时，探头与样品之间使用汽车黄油进行耦合，在

其一端用发射探头向岩石发射脉冲信号,在另一端接收这个信号,采用连续触发采样方式对岩芯试样进行对穿测试,通过个人电脑端软件界面直接获取时间间隔,通过计算得出试件波速。每块样品要求重复测试3次。测试过程如图5.6所示,测试工作量如表5.2所示,测试结果见表5.3。

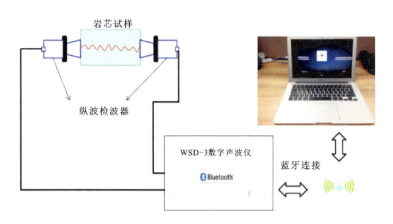

图5.6 深部煤系岩石纵波波速测试过程示意图

2)纵波波速测试结果分析

对研究区煤系各岩性岩石的纵波波速测试结果进行了统计,并分别作出各岩性岩石的波速分布直方图(图5.7)。各岩性岩石波速分布特征如下。

A. 砂岩类岩石纵波波速分布特征

由表5.3可以看出,细砂岩纵波波速平均值最大,达到4000m/s左右;中砂岩纵波波速平均值次之,在3800m/s左右;粗砂岩纵波波速平均值最小,只有3700m/s左右。3种砂岩纵波波速的分布范围均较大,在2000～5500m/s区间内。细砂→中砂→粗砂,纵波波速逐渐减小。

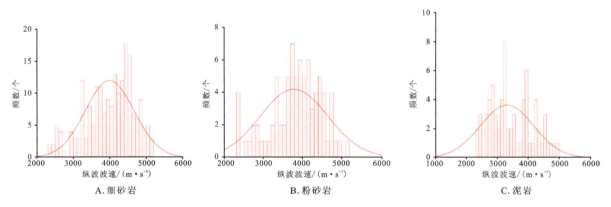

图5.7 深部煤系岩石纵波波速分布直方图

由图5.7A可知,细砂岩的纵波波速分布图线较连续,主要分布在3200～5000m/s区间内,基本符合正态分布。细砂岩纵波波速标准差为613.76m/s,平均值为4 020.40m/s,变异系数为15.27%,说明样本离散程度略微偏大。

B. 粉砂岩纵波波速分布特征

由表5.3可知,粉砂岩的纵波波速平均值与细砂岩的纵波波速平均值较接近,分布范围较其他两类砂岩的波速分布范围大,分布于1500～5600m/s区间内。由图5.7B可知,粉砂岩的纵波波速分布较为集中(在3000～4800m/s区间内),分布范围较大,其分布图线比较符合正态分布规律。粉砂岩纵波波速标准差为789.37m/s,平均值为3 780.23m/s,变异系数为20.88%,说明样本离散程度较大。

C. 泥岩类岩石纵波波速分布特征

泥岩纵波波速的分布范围较大,从 2000m/s 到 5000m/s 都有分布,总体基本符合正态分布;砂质泥岩较泥岩的纵波波速分布集中,主要分布于 3000~5000m/s 区间内,其他区间分布得不多,最大值在 5000m/s 左右(表 5.3,图 5.7C)。泥岩纵波波速标准差为 782.42m/s,平均值为 3 254.68m/s,变异系数为 24.04%,说明样本离散程度较大,数据较分散。

综合以上几种岩性的纵波波速分布特征可以看出,不同岩性岩石的纵波波速差异明显,主要的规律是岩石越致密,其纵波波速越大。从泥岩到砂岩,它们的纵波波速越来越大,泥岩的纵波波速平均值在 3000~3500m/s 区间内,砂岩的纵波波速平均值在 3500~4000m/s 区间内;同种岩性岩石纵波波速也存在较大差异,这主要受岩石结构和成分的影响。

5.3 常规条件下煤系岩石力学性质

5.3.1 常规条件岩石力学试验与结果分析

1. 常规条件岩石力学试验仪器与试验方法

常规条件下岩石力学试验是指在常温常压条件下,实验室内制取岩块试件在相关岩石试验仪器上进行基础力学试验,直接得出或计算出岩石试件相关力学参数的试验方法。本书研究所采用的加载设备为 RMT-150B 电液伺服试验系统。该岩石力学试验系统主要由主控计算机、数字控制器、液压源、三轴压力源、液压作动器等试验附件组成(图 5.8)。常规条件下的力学试验在煤矿安全高效开采省部共建教育部重点实验室中完成。

图 5.8 RMT-150B 型岩石力学试验系统

岩石单轴压缩试验是实验室内常用的岩石力学试验方法(图 5.9A),研究区煤系岩石单轴抗压强度、弹性模量和泊松比这 3 个力学参数均由单轴压缩试验得出。研究区煤系岩石抗拉强度均由 RMT-150B 试验系统中进行巴西劈裂试验得出(图 5.9B)。岩石内摩擦角和凝聚力由岩石直剪试验或者常规三轴压缩试验获得,研究区煤系岩石内摩擦角和凝聚力由 RMT-150B 系统低围压的三轴压缩试验数据轴向应力和侧向应力求得(图 5.9C)。

 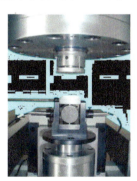 

A. 单轴压缩试验　　　B. 巴西劈裂试验　　　C. 低围压三轴压缩试验

图 5.9 常规条件下岩石力学试验方法

2. 常规条件下煤系岩石力学性质测试结果分析

常规条件下的岩石力学性质测试共进行了 6 种岩性(粗砂岩、中砂岩、细砂岩、粉砂岩、泥岩和砂质泥岩)230 组岩石样品试验,分别测试了研究区 6 种岩性的抗压强度、抗拉强度、内摩擦角、凝聚力、弹性模量和泊松比等岩石力学指标。测验结果统计见表 5.4。

表 5.4 常规条件下煤系岩石力学性质指标测试结果统计表

岩性	统计特征	抗压强度/MPa	抗拉强度/MPa	内摩擦角/(°)	凝聚力/MPa	弹性模量/GPa	泊松比
粗砂岩	最大值	91.80	4.67	39.56	4.54	42.60	0.35
	最小值	34.43	1.48	36.68	3.13	27.60	0.13
	平均值(样本数/个)	53.75 (17)	3.52 (17)	37.88 (12)	3.77 (12)	34.38 (17)	0.18 (17)
	标准差	23.31	1.16	1.22	1.73	6.72	0.085
	变异系数/%	43.37	33.10	3.23	46.13	19.56	47.22
中砂岩	最大值	88.90	10.81	40.77	15.90	63.80	0.34
	最小值	12.46	1.42	26.64	1.27	15.00	0.10
	平均值(样本数/个)	57.05 (30)	3.76 (28)	36.03 (22)	6.52 (22)	28.68 (30)	0.18 (30)
	标准差	19.46	2.56	3.67	4.41	15.95	0.062
	变异系数/%	34.12	68.07	10.18	67.66	55.62	34.52
细砂岩	最大值	140.00	15.00	44.00	18.00	65.00	0.32
	最小值	6.34	0.47	30.23	1.36	12.66	0.08
	平均值(样本数/个)	65.87 (164)	5.00 (156)	36.92 (121)	5.84 (121)	36.09 (113)	0.16 (161)
	标准差	23.32	2.44	2.42	3.26	12.28	0.048
	变异系数/%	35.42	48.84	6.57	55.90	34.03	30.00
粉砂岩	最大值	120.00	7.00	45.00	11.00	60.00	0.40
	最小值	0.86	1.61	27.86	1.09	4.24	0.08
	平均值(样本数/个)	44.09 (131)	2.90 (129)	35.78 (93)	4.30 (93)	23.20 (85)	0.20 (117)
	标准差	19.97	1.44	2.59	2.31	13.23	0.052
	变异系数/%	44.95	49.80	7.26	53.62	57.04	25.85
泥岩	最大值	95.00	6.50	40.00	16.00	36.00	0.40
	最小值	0.87	0.30	25.06	0.73	1.76	0.09
	平均值(样本数/个)	28.84 (265)	1.87 (258)	32.98 (160)	2.87 (160)	15.73 (143)	0.22 (227)
	标准差	15.02	1.10	2.41	2.21	6.03	0.050
	变异系数/%	52.10	59.31	7.30	77.01	38.36	22.19

续表 5.4

岩性	统计特征	抗压强度/MPa	抗拉强度/MPa	内摩擦角/(°)	凝聚力/MPa	弹性模量/GPa	泊松比
砂质泥岩	最大值	60.00	5.10	40.00	9.00	37.00	0.35
	最小值	12.63	0.43	30.48	0.61	7.58	0.12
	平均值（样本数/个）	33.10 (29)	2.27 (26)	34.52 (20)	2.71 (20)	22.16 (27)	0.21 (27)
	标准差	1.35	0.91	2.25	2.15	7.95	0.040
	变异系数/%	34.30	40.00	6.50	79.53	35.87	22.35

由表 5.4 可知，研究区煤系岩石抗压强度、内摩擦角和弹性模量分布较符合正态分布特征，抗压强度为 0～140MPa，平均值为 47.12MPa；抗拉强度为 0～15MPa，平均值为 3.22MPa；内摩擦角有 90% 分布在 30°～40° 区间内，平均值为 35.69°；凝聚力为 0～10MPa，平均值为 4.34MPa；弹性模量有 80% 分布在区间 0～50GPa 内，平均值为 26.71GPa；泊松比分布比较集中，有 95% 分布在 0.1～0.3 区间内，平均值为 0.20。

研究区不同岩性的岩石力学性质有着较大的差异，细砂岩、粉砂岩和泥岩试样较多，其统计参数可以代表区域内该岩性岩石的力学性质。

研究区煤系细砂岩各项岩石力学性质指标分布直方图如图 5.10 所示。由图 5.10 可知，研究区煤系细砂岩抗压强度和内摩擦角分布特征较符合正态分布，抗拉强度和凝聚力较符合正偏态分布，而弹性模量和泊松比分布较分散，正态拟合度不高。抗压强度主要分布于 20～120MPa 区间内，平均值为 65.87MPa，离散程度较大；抗拉强度有 90% 分布在 0～10MPa 区间内，平均值为 5.0MPa，离散程度较大；内摩擦角有 80% 分布在 35°～40° 区间内，平均值为 36.92°；凝聚力有 80% 分布在 0～10MPa 区间内，平均值为 5.84，分布较分散；弹性模量在 20～60GPa 区间内，分布范围较大，平均值为 36.09GPa，离散程度大；泊松比分布比较集中，均分布在 0.08～0.32 区间内，平均值为 0.16，离散程度相对较小。

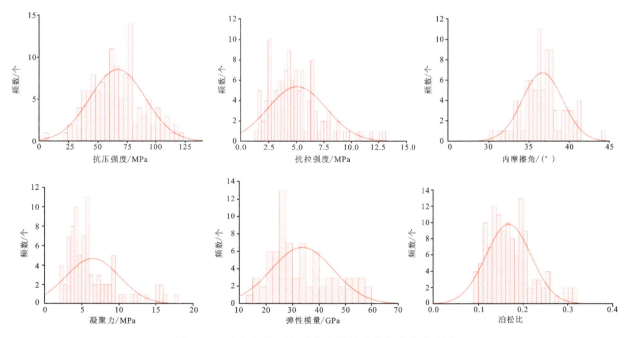

图 5.10 常规条件下细砂岩力学性质指标分布直方图

研究区煤系粉砂岩的力学指标分布直方图见图 5.11。由图 5.11 可知,粉砂岩抗拉强度和泊松比分布特征较符合正态分布,抗压强度、凝聚力及弹性模量正态拟合度不高,内摩擦角基本符合负偏态分布。

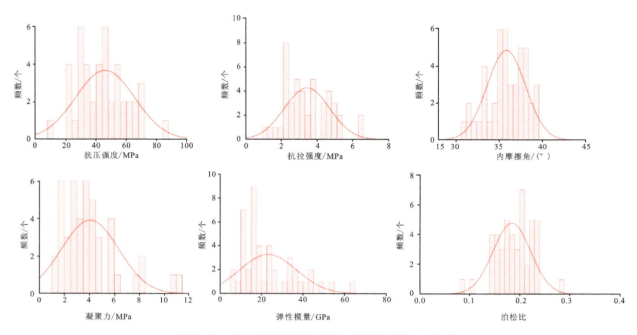

图 5.11　常规条件下粉砂岩力学性质指标分布直方图

研究区煤系粉砂岩抗压强度有 80% 处于 20~80MPa 区间内,平均值为 44.09MPa,变异系数为 44.95%;抗拉强度有 90% 处于 1~6MPa 区间内,平均值为 2.90MPa,变异系数为 49.80%;内摩擦角有 90% 处于 30°~40°区间内,平均值为 35.78°,变异系数为 7.26%,离散程度小;凝聚力有 80% 处于 2~8MPa 区间内,平均值为 4.30MPa,变异系数为 53.62%,离散程度大;弹性模量有 80% 处于 10~40GPa 区间内,平均值为 23.20GPa,变异系数为 57.04%,分布范围较大,分布较分散;泊松比分布比较集中,90% 分布在 0.1~0.3 区间内,平均值为 0.20,变异系数为 25.85%,离散程度较小。

图 5.12 为研究区煤系泥岩各项力学性质指标分布直方图。由图 5.12 可知,泥岩内摩擦角、弹性模量和泊松比分布特征较符合正态分布,抗压强度、抗拉强度和凝聚力分布基本符合正偏态分布。

研究区煤系泥岩抗压强度有 90% 处于 10~60MPa 区间内,平均值为 28.84MPa,变异系数为 52.10%;抗拉强度有 90% 处于 0.5~4MPa 区间内,平均值为 1.87MPa,变异系数为 59.31%;内摩擦角有 90% 处于 28°~40°区间内,平均值为 32.98°,变异系数为 7.30%,离散程度小,分布较集中;凝聚力有 90% 处于 2~8MPa 区间内,最大值在 16MPa 左右,平均值为 2.87MPa,变异系数为 77.01%;弹性模量有 80% 处于 5~25GPa 区间内,最大值在 36GPa 左右,平均值为 15.73GPa,变异系数为 38.36%;泊松比有 90% 分布在 0.1~0.3 区间内,最大值为 0.4 左右,平均值为 0.22,变异系数为 22.19%,离散程度较小。

研究区 3 种常见岩性的岩石力学性质参数都比较分散,总体上各岩性的岩石力学参数基本符合正态或偏正态分布。与岩石物理性质参数相比较而言,在岩性相同时,岩石的物理性质参数离散性要低于力学性质参数;相较于其他两种岩性岩石,泥岩的力学参数离散程度要更大,泥岩的力学参数离散程度大于粉砂岩,而粉砂岩的力学参数离散程度又大于细砂岩。

同种岩性岩石力学参数试验结果较为集中,在试验数据量较大的基础上,各指标的平均值能反映各岩性岩石力学试验数据的变化情况。研究区 6 种岩性岩石抗压强度和抗拉强度的平均值变化趋势较一致,其中细砂岩抗压强度和抗拉强度均最大;而泊松比的变化趋势与强度参数变化趋势相反,总体上细

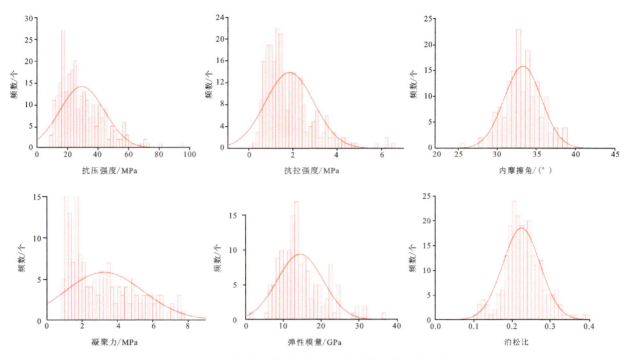

图 5.12　常规条件下泥岩力学性质指标分布直方图

砂岩的弹性模量最大,泥岩的弹性模量最小,而泥岩、粉砂岩的泊松比最大,细砂岩的泊松比最小。

5.3.2　煤系岩石力学性质指标相关性分析

岩石的力学性质在不同岩性类型间差异表现较大,但主要的力学性质指标之间存在着一定的相关关系。本研究用 SPSS 软件对常规条件下力学参数之间的关系进行了分析,编制了研究区细砂岩、粉砂岩和泥岩的抗压强度与抗拉强度相关关系散点图,如图 5.13 所示。

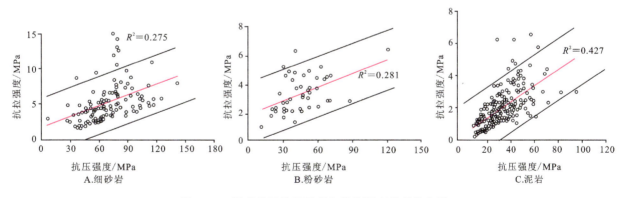

图 5.13　煤系岩石抗压强度与抗拉强度关系散点图

3 种岩性的抗压强度和抗拉强度散点图均拟合出一条直线。其线性测定系数 R^2 分别为:细砂岩,0.275;粉砂岩,0.281;泥岩,0.427。细砂岩的皮尔逊相关系数为 0.524,在置信度为 0.01 时的相关性高;粉砂岩的皮尔逊相关系数为 0.53,在置信度为 0.01 时有较高的相关性;泥岩的皮尔逊相关系数为 0.653,散点集中分布,相关性高。研究区煤系各种岩性岩石的抗压强度和抗拉强度线性拟合度都较高,单轴抗压强度高的岩石,其抗拉强度也较高。

本研究用SPSS统计分析软件对研究区细砂岩、粉砂岩和泥岩的抗压强度与弹性模量和凝聚力之间的相关关系进行了具体分析,如图5.14和图5.15所示。

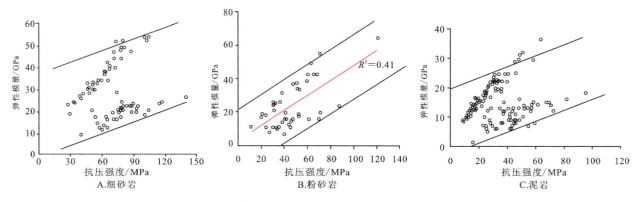

图5.14 煤系岩石弹性模量与抗压强度关系散点图

由图5.14可知,煤系岩石弹性模量与抗压强度之间存在一定的正相关关系。粉砂岩弹性模量与抗压强度的皮尔逊相关系数为0.494,在置信度为0.01时的相关性高,并拟合出一条直线,其线性测定系数R^2为0.41。

图5.15反映了煤系岩石抗压强度与岩石颗粒间的凝聚力有着很好的正相关关系。砂岩和粉砂岩的抗压强度与凝聚力的相关系数偏低,但均能在置信度为0.01时显著相关,相关性良好;泥岩的抗压强度与凝聚力的相关性相对于砂岩、粉砂岩来说更明显,其线性测定系数R^2为0.44,皮尔逊相关系数为0.718,属于显著线性相关,岩石抗压强度随着凝聚力的增大而增加。

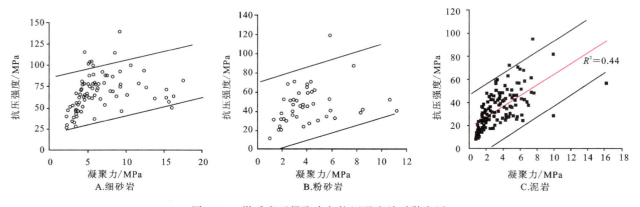

图5.15 煤系岩石凝聚力与抗压强度关系散点图

5.3.3 不同层位岩石力学性质变化特征

1. 各组岩石力学性质变化特征

不同层位的岩石力学性质由于深度、沉积环境的不同而存在较大差别。研究区煤系岩石分属上石盒子组、下石盒子组和山西组3个层位。本研究对3个层位内的砂岩、粉砂岩和泥岩3类岩性的岩石力学性质指标进行了统计,结果见表5.5。

根据表5.5,对上石盒子组、下石盒子组和山西组中的3种岩性岩石分别作出抗压强度、抗拉强度的平均值对比图,如图5.16~图5.18所示。

第5章 潘集矿区深部煤系岩石物理力学性质

表5.5 不同层位各类岩石力学性质指标平均值统计表

层位	岩性	抗压强度/MPa	抗拉强度/MPa	内摩擦角/(°)	凝聚力/MPa	弹性模量/GPa	泊松比
上石盒子组	砂岩	66.16	4.97	36.89	6.05	37.81	0.16
	粉砂岩	44.69	2.83	35.77	4.12	24.06	0.19
	泥岩	29.32	1.85	33.20	2.86	16.27	0.22
下石盒子组	砂岩	63.03	4.96	36.58	5.77	34.77	0.17
	粉砂岩	40.76	2.93	35.25	4.52	22.82	0.20
	泥岩	29.69	2.12	32.98	2.78	17.67	0.22
山西组	砂岩	62.63	4.35	37.08	5.30	34.69	0.18
	粉砂岩	49.43	3.25	36.40	4.76	19.69	0.19
	泥岩	28.73	1.89	33.57	2.98	16.18	0.22

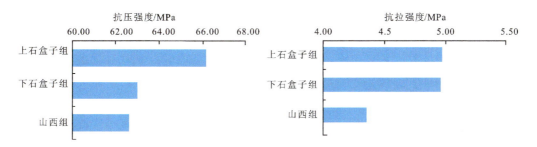

图5.16 砂岩抗压强度、抗拉强度分层位对比图

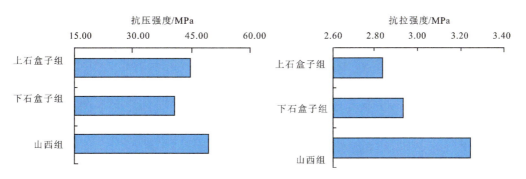

图5.17 粉砂岩抗压强度、抗拉强度分层位对比图

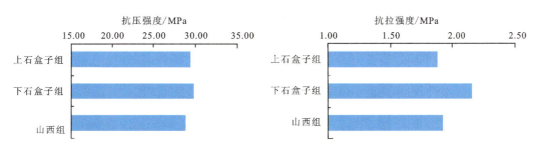

图5.18 泥岩抗压强度、抗拉强度分层位对比图

由表 5.5 和图 5.16～图 5.18 可知,3 个层位不同岩性岩石的各项力学性质指标存在较大差别。上石盒子组砂岩的抗压强度、抗拉强度最大,下石盒子组砂岩次之,山西组砂岩最小(图 5.16);砂岩的凝聚力和内摩擦角也有同样的变化。粉砂岩的平均抗拉强度从山西组到上石盒子组依次降低,山西组粉砂岩的平均抗压强度、抗拉强度最大(图 5.17)。图 5.18 反映了泥岩的平均抗压强度、抗拉强度在不同层位有所不同,但总体上数值变化不大,表明泥岩强度参数受层位影响不明显。

2. 各主采煤层顶底板岩石力学性质变化特征

本研究对研究区主采煤层顶底板岩石的抗压强度、抗拉强度、弹性模量的均值分岩性进行了统计,根据统计数据分别作出了研究区各主采煤层顶底板砂岩、粉砂岩和泥岩的抗拉强度、抗压强度、弹性模量对比图,如图 5.19、图 5.20 所示。

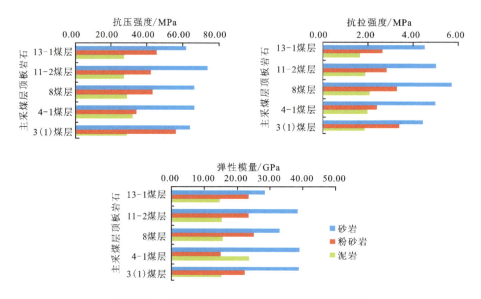

图 5.19 主采煤层顶板岩石力学性质指标对比图

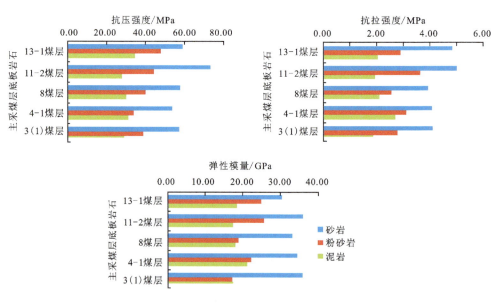

图 5.20 主采煤层底板岩石力学性质指标对比图

由图 5.19 可知,11-2 煤层顶板砂岩的平均抗压强度最高,其他主采煤层顶板砂岩的平均抗压强度接近,均在 60～70MPa 区间内;粉砂岩的平均抗压强度以 3(1)煤层顶板为最高,4-1 煤层最低,其他 3 个主采煤层差别不大;泥岩的平均抗压强度最低且各主采煤层大小接近,均在 30MPa 左右。在各主采煤层顶板中,砂岩的平均抗拉强度以 8 煤层顶板为最高,3(1)煤层顶板较低;粉砂岩的平均抗拉强度以 4-1 煤层顶板为最低,其他几个主采煤层相差不大;泥岩的平均抗拉强度在各主采层顶板中相差不大,在 1.5～2.0MPa 区间内。11-2 煤层、4-1 煤层和 3(1)煤层顶板砂岩的平均弹性模量较高且相近,13-1 煤层相对较低;4-1 煤层顶板粉砂岩的平均弹性模量较低,低于 20GPa,其余 4 个主采煤层比较接近;顶板泥岩的平均弹性模量以 4-1 煤层为最高,其余比较接近,均在 15GPa 左右。

由图 5.20 可知,11-2 煤层与 13-1 煤层底板砂岩和底板粉砂岩的抗压强度较高,4-1 煤层与 3(1)煤层的较低,8 煤层的居中;而泥岩的抗压强度比较均一,每个主采煤层的差别不大。底板砂岩和粉砂岩的抗拉强度平均值也以 11-2 煤层或 13-1 煤层为较高,其他主采煤层比较接近;而泥岩的抗拉强度均值以 4-1 煤层为最高,3(1)煤层最低。砂岩弹性模量均值比较接近,11-2 煤层与 1 煤层较高,13-1 煤层较低;粉砂岩弹性模量均值以 13-1 煤层与 11-2 煤层为最高,其他 3 个主采煤层底板较接近;泥岩的弹性模量平均值总体差别不大,均在 20GPa 左右,但 4-1 煤层稍高。

5.4 围压条件下煤系岩石力学性质

5.4.1 室内三轴压缩试验装置与试验过程

在探查深部地应力场分布规律的基础上,本研究采用侧向等压 $\sigma_2=\sigma_3<\sigma_1$ 条件下的常规三轴压缩试验方法,分析深部高围压($\sigma_2=\sigma_3$)条件对岩石变形、强度及破坏的影响。

1. 试验装置

本次室内三轴压缩试验使用的是 MTS-816 型岩石三轴伺服试验系统,由 MTS 加载主机、MTS 伺服控制器、计算机控制系统以及位移和应力测量系统等部分组成,如图 5.21 所示。

A. 控制系统与加载系统　　　　　　　　B. 三轴试验腔

图 5.21　MTS-816 型岩石力学试验系统

2. 试验方案

淮南矿区深部地应力场在测试深度范围内随地应力测点深度的增加呈增大趋势,实测最大水平主应力达 54.58MPa。本次三轴压缩试验主要研究对象为淮南矿区潘集深部钻孔取芯的主采煤层顶底板岩石。根据深部原岩地应力场测试结果,在满足原岩深度与应力范围内对各煤层顶底板不同岩性沉积岩进行了不同围压下的常规三轴压缩试验,分析研究在不同围压作用下深部煤系岩石的力学特性与变化特征。综合设定 9 个不同等级三轴围压水平分别为 5MPa、10MPa、15MPa、20MPa、25MPa、30MPa、40MPa、50MPa 和 60MPa,同时每组均有零围压即单轴试验进行对比。

通过室内取芯、端面磨平等步骤制取了 5 个主采煤层顶底板的粗砂岩、中砂岩、细砂岩、粉砂岩以及泥岩 5 种不同岩性共 85 组(358 件)、尺寸为 100mm×50mm 的标准样。由于深部煤系岩石岩性和结构的影响,室内制取标准样的综合成功率仅为 50% 左右,且以强度较高的砂岩试样居多。每个钻孔岩芯试样都根据层位和岩性分组试验,同一钻孔同一层位(同种岩性)的岩芯试样不少于 3 块;保证试验结果中同一钻孔同一层位数据可以进行横向对比,同一钻孔不同层位的试验结果可以进行纵向对比;不同钻孔岩芯试样可以根据钻孔深度、层位和标志层控制与其他钻孔同层位试验结果进行横向对比。

3. 试验步骤

试验前核对试件编号,首先对三轴标准样进行防油处理(图 5.22A),安装环向和轴向位移引伸计(图 5.22B),然后再将试件装入三轴压力室内(图 5.22C)并密封。在计算机控制系统设置围压与轴向荷载量程,围压的加载方式与轴压同时且等速率增加,最后保持围压不变,开始试验轴向加载;试验直至试件破坏,然后保存试验数据,最后将试件取出后描述记录。

A.防油处理　　B.安装位移引伸计　　C.三轴压力室内试件安装

图 5.22　实验室内三轴压缩试验过程

4. 试验结果曲线

岩石的力学特征主要反映在岩石变形与应力的关系上,实验室内得出的单轴或三轴压缩应力-应变变化曲线可以更为直接地反映岩石的变形特征。

所有岩石试验完成后经过原始数据处理,作出各岩石试件的三轴应力-应变曲线图,如图 5.23 所示,并计算得出强度和变形参数。由于试验系统设置位移保护,所以试验研究主要集中在加载和变形段,对试验峰后曲线段没有完全统计分析。图 5.23 中 D 点对应的应力值即为煤系岩石三轴抗压强度或记为峰值应力 σ_c,峰值应力 σ_c 对应的最大轴向应变即为峰值应变 ε_{hc}。本书中统计使用的各种弹性模量含义和取值如下:

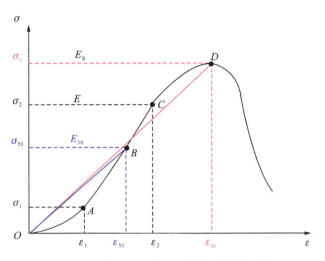

图 5.23 煤系岩石应力-应变全过程曲线图

(1)弹性模量 E:试验系统软件中选取计算弹性模量的数据默认为试验曲线的弹性阶段,即变形阶段的 AC 段,所以本书试验结果统计选用的弹性模量计算公式为

$$E=\frac{\sigma_2-\sigma_1}{\varepsilon_2-\varepsilon_1} \tag{5.3}$$

式中:σ_2 为应力-应变曲线 C 点抗压强度应力值;σ_1 为 A 点的抗压强度应力值;ε_2 为应力-应变曲线 C 点的轴向应变值;ε_1 为 A 点的轴向应变值。

(2)割线模量 E_{50}:在应力-应变曲线上,作通过原点与应力相当于 50% 峰值强度处的应变点的连线,其斜率即为下文中所有统计的割线模量。

$$E_{50}=\frac{\sigma_{50}}{\varepsilon_{50}} \tag{5.4}$$

式中:σ_{50} 相当于 50% 峰值强度应力值;ε_{50} 为 50% 峰值强度应力时的轴向应变值。

(3)变形模量 E_S:在应力-应变曲线上,作通过原点与应力最大处的应变点的连线,其斜率即为本次试验中的变形模量。

$$E_S=\frac{\sigma_c}{\varepsilon_{hc}} \tag{5.5}$$

式中:σ_c 为峰值强度应力值;ε_{hc} 为峰值强度应力最大时的轴向应变值。

5.4.2 深部煤系岩石三轴压缩试验结果与分析

1. 围压作用下粗砂岩强度与变形破坏规律

本次三轴压缩试验粗砂岩试样取自研究区 22-4 孔、24-1 孔、24-3 孔和 17-1 孔,分别采自 4 煤层下层位的下石盒子组底部与 3 煤层上层位的山西组顶部,共计 5 组粗砂岩标准样,编号 GS。两个层位的岩性略有差异,不同钻孔的岩芯样品岩性也有差异。下石盒子组底部粗砂岩俗称骆驼钵子砂岩,一般呈浅灰色,粗粒结构,泥质或钙质胶结,岩芯完整,但遇水时强度降低变松散,室内制取标准样时易碎裂。山西组顶部也有中粗砂岩发育,中砂岩居多、粗砂岩较少,粗砂岩一般呈灰白色。将 5 组粗砂岩三轴压缩试验结果进行整理,得到粗砂岩强度与变形参数,见表 5.6。

1)粗砂岩强度随围压变化特征

根据 5 组粗砂岩的三轴压缩试验曲线,统计各组试样粗砂岩在不同围压下的峰值应力(三轴抗压强度)值,绘制了煤系粗砂岩三轴抗压强度-围压关系散点图,如图 5.24 所示。

表 5.6 粗砂岩三轴压缩强度与变形试验参数结果

试样编号	围压/MPa	峰值应力/MPa	峰值应变/$\times 10^{-3}$	弹性模量/GPa	试样编号	围压/MPa	峰值应力/MPa	峰值应变/$\times 10^{-3}$	弹性模量/GPa
GS1-1	0	48.55	—	10.53	GS3-2	50	206.15	13.825	24.01
GS1-2	50	122.95	14.996	20.43	GS3-3	60	367.92	11.441	43.39
GS1-3	60	234.76	16.618	23.27	GS4-1	10	139.02	5.722	26.90
GS2-1	0	76.12	—	8.59	GS4-2	20	197.53	6.322	34.31
GS2-2	30	195.85	11.671	27.73	GS5-1	0	81.41	4.764	22.53
GS2-3	40	194.70	13.507	30.07	GS5-2	5	122.68	5.281	25.24
GS2-4	50	252.33	16.611	27.17	GS5-3	15	188.98	9.193	32.40
GS2-5	60	131.86	12.622	20.24	GS5-4	25	255.10	10.542	35.15
GS3-1	40	170.59	17.935	19.34					

从图 5.24 中可以看出,随着围压的增大,粗砂岩的三轴抗压强度离散程度逐渐增大,但总体上粗砂岩试样的三轴抗压强度值都在不断提高,且呈非线性关系,当围压增加到一定程度时,三轴抗压强度增加幅度逐渐变小。

2)围压作用下粗砂岩的变形特性

粗砂岩的三轴抗压强度随围压的增大逐渐增大,达到峰值应力时所对应的峰值应变也随围压增大而增大,表现为应力-应变曲线上直线段增长,岩石的变形增大(图 5.23)。笔者统计了不同围压下各组粗砂岩试样的轴向峰值应变大小,绘制了峰值应变-围压关系散点图,如图 5.25 所示。

从图 5.25 可以看出,粗砂岩峰值应变与其抗压强度有较相似的变化规律,但峰值应变随着围压的增加逐渐增大,但离散程度要小于抗压强度的变化。围压在一定程度上增大了岩石的弹性变形量,同时粗砂岩塑性变形阶段不断增加,岩石试验曲线的累进性破裂阶段逐渐增长,转折点曲线变平缓,岩石塑性增强。

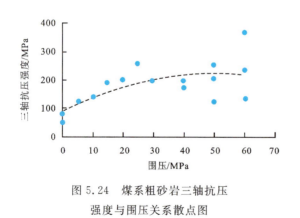

图 5.24 煤系粗砂岩三轴抗压强度与围压关系散点图　　图 5.25 粗砂岩峰值应变与围压关系散点图

3)围压作用下粗砂岩破坏特征

试验完成后,对岩石试样进行拍照,对试样破坏后的破裂特征进行描述(张茜,2015)。粗砂岩的三轴压缩破坏形式受围压影响。部分试样破裂特征见表 5.7。

表5.7 粗砂岩的三轴压缩破坏特征

围压/MPa	试样编号	破坏模式	试样破裂照片
5	13-1	剪切破坏	
破裂特征描述			
主破坏面为一条斜向裂隙,有一定张开,未贯通,少有几条横向裂隙。破坏面不平整,有多个竖向不规则破坏面,将破坏面表层分成多薄片。剪切面上有挤压痕迹,剪切面端部摩擦痕迹最为明显,端部有纵向裂隙,剪切面不平整、不规则			
围压/MPa	试样编号	破坏模式	试样破裂照片
25	13-3	剪胀破坏	
破裂特征描述			
剪切外露迹线有裂纹与主控剪切面相交,剪切面起伏,不平整,局部上端有较短的竖向裂隙。在主裂纹两端有次级分支裂纹、破坏面较不平整,凹凸不平。有擦痕、岩屑、岩粉。剪切破坏面的表面可以看到一些微裂纹,剪切破坏后随着加压试样中部胀起			
围压/MPa	试样编号	破坏模式	试样破裂照片
30、40	K10-4、K10-5	剪切破坏	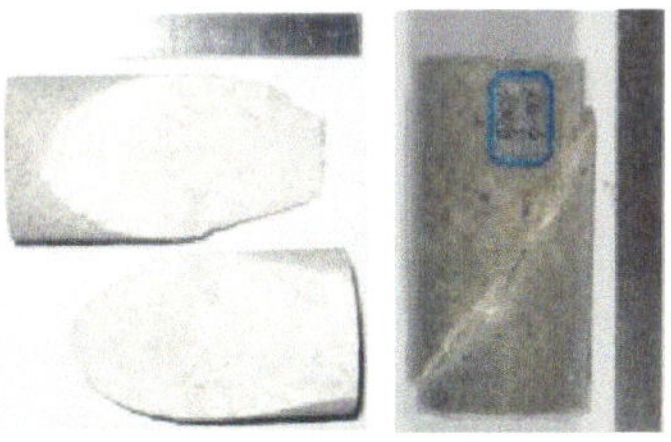
破裂特征描述			
剪切面比较平整,有擦痕、岩粉,主要为一个主剪切破坏面,剪切面切割成的岩体,整体性较好,不破碎。围压增大到30MPa以后岩样大多为类似的典型剪切破坏,仅由于岩性略有差异,剪切角度和破裂面高低不同			
围压/MPa	试样编号	破坏模式	试样破裂照片
50、60	K10-7、F19-3-2	剪胀破坏	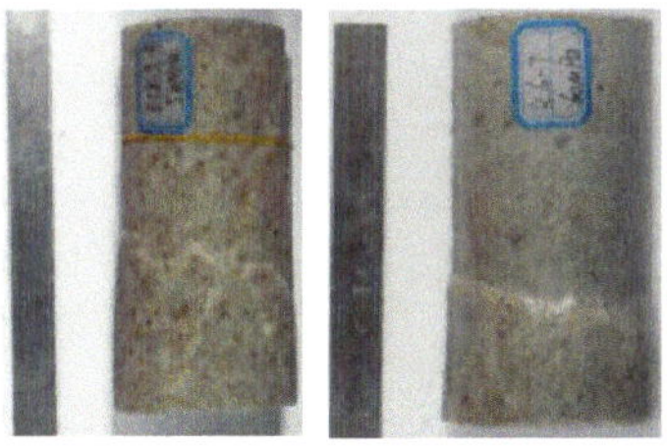
破裂特征描述			
当围压增加到50~60MPa后,岩石试样破裂大多还是属于典型的剪切破坏,但也会出现一种如右图所示的剪胀破坏,有一条侧向剪切裂隙,底部出现压胀现象,由于试样底部岩石颗粒更大或裂隙更多,岩石压密之后直接从底端破坏,上部被剪切或依然保持完整,所以会导致K10-7这种围压增大而抗压强度反而降低			

2. 中砂岩强度与变形随围压变化特征

研究区煤系发育中砂岩的层位较多,本次试验采样并制作了17-1孔、22-4孔、24-1孔、24-3孔、22-4孔和26-4孔6个钻孔共计12组中砂岩标准样,编号为MS。

采样按地层顺序从上到下依次有上石盒子组13-1煤层顶板、11-2煤层底板、上石盒子组底部、4煤层底板、下石盒子组底部和山西组顶部3煤层顶板等6层中砂岩,其中以4煤层底板中砂岩和3煤层顶板中砂岩数量较多。将12组中砂岩三轴压缩试验结果进行整理,得到中砂岩强度与变形参数见表5.8。

表 5.8 中砂岩三轴强度与变形试验参数结果

试样编号	围压/MPa	峰值应力/MPa	峰值应变/×10⁻³	弹性模量/GPa	试样编号	围压/MPa	峰值应力/MPa	峰值应变/×10⁻³	弹性模量/GPa
MS1-1	0	126.87	5.10	26.26	MS7-1	30	121.69	13.69	15.24
MS1-2	5	189.97	5.85	46.13	MS7-2	40	123.94	18.25	14.44
MS1-3	10	231.14	8.33	39.42	MS7-3	50	214.29	10.58	28.69
MS1-4	15	305.82	6.54	54.01	MS7-4	60	150.93	22.26	13.60
MS1-5	25	312.98	11.06	39.88	MS8-1	0	66.57	5.81	14.45
MS2-1	10	180.81	9.58	29.69	MS8-2	10	126.56	8.01	19.64
MS2-2	15	231.76	9.43	38.51	MS8-3	20	209.75	5.76	42.56
MS2-3	25	251.07	12.89	29.52	MS8-4	30	217.25	10.85	27.99
MS3-1	5	188.12	7.20	35.91	MS8-5	40	247.88	13.46	29.33
MS3-2	10	231.73	9.65	34.66	MS8-8	50	262.60	14.73	28.69
MS3-3	20	297.64	12.44	34.17	MS8-7	60	293.72	16.52	29.47
MS3-4	25	332.04	11.66	41.08	MS9-1	0	97.73	5.46	22.89
MS4-1	10	220.75	7.09	46.14	MS9-2	10	159.16	5.85	34.27
MS4-2	50	352.69	14.83	36.04	MS9-3	20	172.64	5.53	32.51
MS4-3	60	339.20	13.13	32.23	MS9-4	30	195.28	10.89	28.37
MS5-1	0	202.53	7.39	35.64	MS9-5	50	259.44	12.56	30.03
MS5-2	30	249.84	7.42	41.65	MS10-1	15	168.68	10.24	23.18
MS5-3	40	330.71	10.72	40.62	MS10-2	25	209.07	10.77	25.67
MS5-4	50	546.83	10.95	58.83	MS10-3	40	242.35	15.03	28.47
MS6-1	0	92.43	7.18	17.67	MS10-4	60	293.71	16.52	29.44
MS6-2	5	104.58	8.11	17.78	MS11-1	10	224.81	7.50	39.65
MS6-3	15	169.06	9.57	21.89	MS11-2	15	222.82	8.94	35.32
MS6-4	25	206.33	12.69	23.67	MS11-3	25	254.04	13.72	27.75
MS12-1	10	135.35	5.18	35.12	MS12-3	30	195.81	11.67	27.75
MS12-2	20	193.31	6.20	40.08	MS12-4	50	252.37	16.61	27.15

1)中砂岩强度随围压的变化特征

根据中砂岩试验数据(表 5.7),作三轴抗压强度随围压变化散点图,如图 5.26 所示。

从图 5.26 中可以看出,总体上各组中砂岩试样三轴抗压强度都随着围压的增加逐渐增大,当围压增加到一定水平后,随着围压的逐渐增加三轴抗压强度增长幅度逐渐减小。22-4 孔 MS6 组试样的三轴抗压强度从围压为 0MPa 时的 92.43MPa 增长到围压为 25MPa 时的 206.33MPa,相比增加了 123%;24-1 孔 MS8 组试样的三轴抗压强度从围压为 0MPa 时的 66.57MPa 增长到围压为 60MPa 时的 293.72MPa,相比增加了 341%,增加幅度最大。

第5章 潘集矿区深部煤系岩石物理力学性质

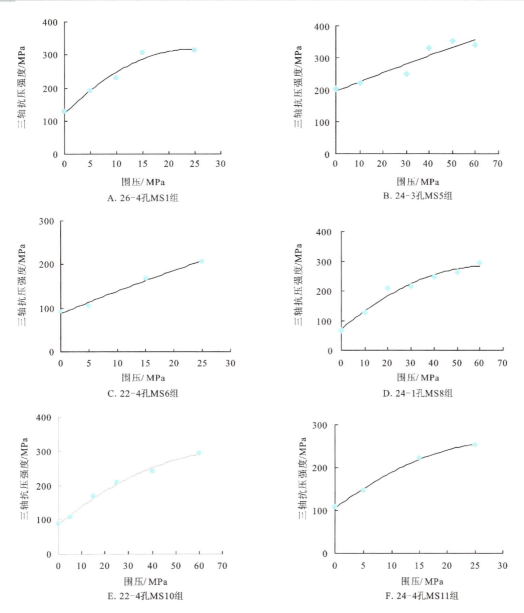

图5.26 各组中砂岩三轴抗压强度随围压变化散点图

从拟合曲线中可以看出,围压较低时,三轴抗压强度随围压增加的增长速度较快,围压达到一定水平,三轴抗压强度的增长幅度减小。如24-1孔 MS8 组试样在围压从 0MPa 增加到 30MPa 的范围内,三轴抗压强度由 66.57MPa 增长到 217.25MPa,增加了 226.3%;而当围压从 30MPa 增加到 60MPa,抗压强度仅仅增加了 76.4MPa,增长幅度仅有 35.2%。

总体上6组试样三轴抗压强度随围压增大均有不同幅度的增加,平均增长幅度达 150% 以上,中砂岩试样三轴抗压强度随围压的增大增速有逐渐变缓的趋势,转变点取决于中砂岩本身的物质组成和结构性。从试验结果来看,当围压大于压密阶段的最大应力值时,抗压强度的增长幅度即出现降低趋势。由于每组中砂岩的岩性略有差异,孔隙裂隙发育也不均匀,研究区的中砂岩当围压达到 20~30MPa 时会出现增幅减小的现象。

2)中砂岩的变形特征随围压的变化

根据表 5.8 中岩石变形参数,中砂岩的峰值应变在相同围压下的数值离散程度较大,且随着围压增大离散程度也增大,但总体上峰值应变随围压增大而明显增加,如图 5.27 所示。

图 5.28 为中砂岩三轴压缩试验应力-应变关系曲线,反映了中砂岩应力-应变曲线随着围压的增大有较大差异,当试验围压较低(0～20MPa)时,中砂岩试验曲线均存在完整的 4 个阶段,围压越小,试样的压密阶段越短,同时弹性阶段较短,岩石试样的最终变形越小,最后破裂段曲线较陡,表现为脆性破坏。当围压达到 30MPa 以上时,中砂岩的压密阶段增长,线弹性变形阶段也同样变长,围压越大试样的线弹性阶段越长,塑性变形阶段明显,岩块塑性不断增大,岩石由脆性向脆性-塑性转变,试样的最终变形越大。总体上中砂岩试样随着围压的不断增加,轴向变形逐渐增大,弹性模量逐渐增大,但由于岩性和结构的差异,弹性模量的变化较离散。

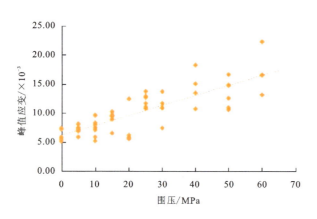 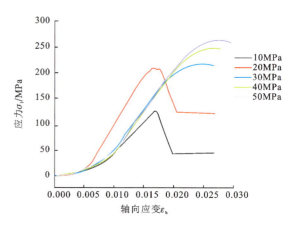

图 5.27 中砂岩峰值应变与围压关系散点图　　图 5.28 中砂岩三轴压缩试验应力-应变曲线图

3)中砂岩三轴压缩破坏特征

中砂岩在岩性上与粗砂岩较容易以矿物颗粒大小区分,但从结构组成上来说不如粗砂岩一致,结构上有差异,且有些岩石试样存在粒序层理,岩性逐渐向细砂岩过渡,破坏特征受岩性和结构的影响较大。中砂岩三轴压缩试验岩石试样破裂特征见表 5.9。

表 5.9　中砂岩三轴压缩破坏特征

围压/MPa	试样编号	破坏模式	试样破裂照片
10	MS8-1 等	剪切破坏	
破裂特征描述			
试样为剪切破坏,破坏面不平整,主剪切面为贯通试样两端的斜向裂隙,可见岩粉和岩屑,试样较脆,被剪切后形成两块完整的锥体,一端凸出明显			
围压/MPa	试样编号	破坏模式	试样破裂照片
20	MS8-2 等	剪切-拉张破坏	
破裂特征描述			
破坏面不明显,为纵向裂隙与横向裂纹相交贯通,外部试样表面一端有竖向微裂纹,局部有竖向层状纹理凸出,与试样剪切破坏时的塑性变形有关,岩样一端破坏明显,破坏变形较大			

续表5.9

围压/MPa	试样编号	破坏模式	试样破裂照片
30、40	MS8-3、MS8-4等	剪切破坏	
破裂特征描述			
剪切面比较平整,有擦痕、岩粉,主要为一个主剪切破坏面,但破坏面从顶部破坏在距另一端部有1cm的地方剪出。剪切面切割成的岩体,整体性较好,不破碎			

围压/MPa	试样编号	破坏模式	试样破裂照片
50	K16-7等	剪胀破坏	
破裂特征描述			
以剪切破坏为主,在中部有横向裂纹与剪切面外露迹线相交,切割岩体导致中部鼓胀。在另一侧,剪切迹线上部有另一斜向裂纹与之相交错。剪切面为斜三角锥形,每个面都不平整,擦痕、岩粉明显,微裂纹较多			

围压/MPa	试样编号	破坏模式	试样破裂照片
60	K17-4等	剪切破坏	
破裂特征描述			
破坏面从顶部破坏,在距另一端部2cm处剪出。破坏时轴向变形较大,导致试样破坏形成锥体刺穿热缩管,液压油浸入整个试样,剪切面有大量岩粉岩屑,剪切后整体性好			

3. 煤系细砂岩三轴力学试验结果分析

本次共制取细砂岩标准样210件,从下到上样品分布于:山西组即第一含煤段1煤层、3煤层上层位中厚层细粒砂岩,本次试验的22-4孔FS2组、24-4孔FS3组、24-3孔FS5组等35块试样均采自山西组3煤层上层位;17-1孔FS20组、FS21组,26-4孔FS28组、FS29组、FS30组和21-3孔FS1组、FS32组等59块试件均采自第二含煤段;上石盒子组第三含煤段含11-2煤组,本次试验的18-4孔FS45组、6-2孔FS48组等66块试样均采自第三含煤段;15-3孔FS62组和26-3孔FS70组等50块试样采自第四含煤段。

本研究对不同围压条件下细砂岩三轴压缩试验结果中的三轴抗压强度(峰值应力)、峰值应变、弹性模量、割线模量和变形模量等参数进行了统计,结果见表5.10。

1)围压作用下细砂岩强度特征

210块试样的峰值强度大小与粗砂岩和中砂岩变化趋势类似,不同围压下细砂岩试样的三轴抗压强度有一定的离散性,且随着围压的增大,抗压强度的离散性逐渐增大。由表5.10可知,细砂岩的平均三轴抗压强度随着围压的增大逐渐增大,当围压从0MPa增加到25MPa时,细砂岩平均三轴抗压强度从116.66MPa增加到263.29MPa,增长了125.7%;当围压从25MPa增加到60MPa,平均抗压强度增加到324.80MPa,仅增长了23.4%,说明围压增加到25MPa以上细砂岩三轴抗压强度随围压增长的幅度逐渐降低。

表 5.10　研究区煤系细砂岩三轴压缩力学参数试验结果统计表

围压/MPa	峰值应力/MPa 最大值～最小值 平均值(试样数/个)	峰值应变/×10^{-3} 最大值～最小值 平均值(试样数/个)	E/GPa 最大值～最小值 平均值(试样数/个)	E_{50}/GPa 最大值～最小值 平均值(试样数/个)	E_s/GPa 最大值～最小值 平均值(试样数/个)
0	189.45～60.76 / 116.66(35)	8.45～2.84 / 6.03(35)	97.63～16.56 / 30.43(35)	51.41～8.46 / 16.39(35)	93.74～11.97 / 21.59(35)
5	307.91～88.48 / 163.14(22)	9.07～4.65 / 6.94(22)	63.53～20.82 / 33.11(22)	51.70～12.63 / 24.68(22)	55.88～14.75 / 25.85(22)
10	297.79～146.99 / 200.03(27)	9.31～4.85 / 7.46(27)	55.83～26.10 / 36.38(27)	67.36～20.56 / 32.08(27)	49.77～20.12 / 29.11(27)
15	305.99～142.51 / 219.72(21)	11.37～6.43 / 8.70(21)	47.72～22.05 / 33.64(21)	46.52～17.91 / 30.46(21)	40.42～19.22 / 27.33(21)
20	388.97～137.68 / 246.23(26)	13.21～6.03 / 8.83(26)	58.79～23.96 / 37.85(26)	51.05～19.51 / 33.47(26)	47.91～18.25 / 30.35(26)
25	370.11～167.29 / 263.29(24)	13.48～6.31 / 10.33(24)	55.57～19.30 / 33.57(24)	49.47～19.22 / 32.35(24)	47.85～15.04 / 26.41(24)
30	337.06～132.76 / 249.42(10)	11.67～6.28 / 9.72(10)	55.91～24.74 / 41.13(10)	48.85～15.30 / 35.63(10)	48.78～15.26 / 33.32(10)
40	406.25～174.58 / 305.40(20)	16.78～6.54 / 11.66(20)	61.25～23.39 / 39.22(20)	54.61～15.06 / 31.48(20)	43.64～12.01 / 27.79(20)
50	486.28～211.98 / 313.61(17)	15.83～8.71 / 12.36(17)	48.74～24.05 / 36.39(17)	47.19～14.70 / 29.97(17)	41.53～11.50 / 27.24(17)
60	513.01～237.84 / 324.80(8)	18.26～11.13 / 13.99(8)	52.27～25.38 / 39.66(8)	40.79～16.94 / 29.15(8)	36.12～13.34 / 25.01(8)

细砂岩三轴压缩试验样品广泛分布在主要研究地层中。根据研究区二叠纪含煤地层含煤段的划分,将不同煤层顶底板的细砂岩试样分为山西组第一含煤段、下石盒子组第二含煤段、上石盒子组第三含煤段、上石盒子组第四含煤段4个层位,分别统计各层位数值,作出4个层位细砂岩三轴抗压强度随围压变化关系散点图,如图5.29所示。

图5.29反映了4个含煤段细砂岩三轴抗压强度随围压增加变化趋势是一致的,符合总体的变化规律,但由于沉积等原因各层位特征也存在一定差异。由图5.29可知,山西组第一含煤段细砂岩的三轴抗压强度低于其他几个层位,上石盒子组第三含煤段位于11煤层顶底板的细砂岩的三轴抗压强度最高。拟合曲线在围压为20MPa时对应的三轴抗压强度值的大小明显地反映了不同层位的细砂岩强度差异性,虽然各含煤段细砂岩的初始强度差异存在,但随着围压的逐渐增大,各含煤段细砂岩的抗压强度增大趋势和增大幅度差异并不大。

2)围压影响下细砂岩变形特性

根据表5.10作出了细砂岩平均峰值应变与围压关系图(图5.30)。图5.30反映了在围压小于60MPa时,细砂岩的峰值应变随围压增大呈很好的线性增加趋势,说明围压对细砂岩的变形影响较大,随着围压的增大,细砂岩的弹性阶段增长。较低围压下,岩石试样的应力-应变曲线有较为明显的峰值点,围压继续增大到30MPa以上时,岩石试样的应力-应变曲线的峰值点已不太明显,细砂岩塑性屈服阶段也越来越长。

为了较好地研究围压对细砂岩变形的影响,通过各组细砂岩试样应力-应变曲线,统计了其三轴压缩试验的弹性模量E、变形模量E_s与割线模量E_{50},并发现采用弹性模量E表示岩石的变形特征比较合理。根据表5.10作出细砂岩平均弹性模量、割线模量及变形模量随围压的变化散点图,如图5.31所示。

第5章 潘集矿区深部煤系岩石物理力学性质

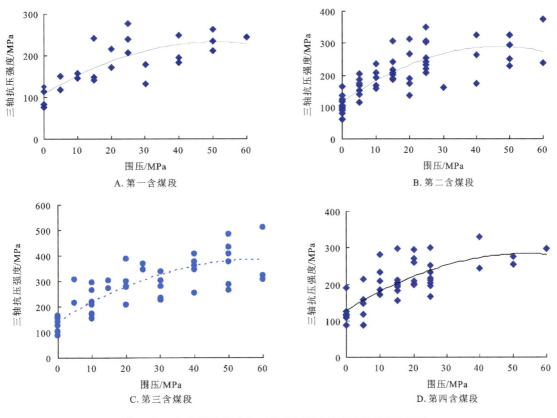

图 5.29 各含煤段细砂岩三轴抗压强度与围压关系散点图

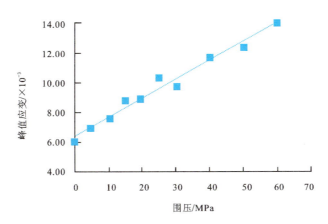

图 5.30 细砂岩平均峰值应变与围压关系散点图

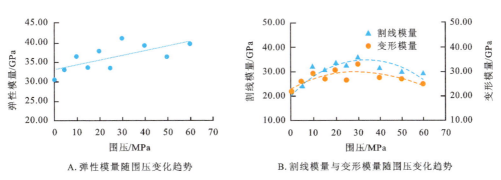

图 5.31 细砂岩各模量随围压变化散点图

从图5.31A可以看出,平均弹性模量随围压增大总体上呈增加趋势,与平均抗压强度变化趋势相似,由于钻孔取芯制作的试样宏观上本身就有非均质性所以试验数据有离散性。从图5.31B可以看出,割线模量在围压较低时随围压增大逐渐变大,反映了应力-应变曲线上岩石压密阶段随围压增大逐渐变短;变形模量在10MPa之后均小于割线模量,反映了细砂岩三轴压缩时围压大于10MPa后岩石变形塑性阶段开始增长,围压超过30MPa后细砂岩变形模量和割线模量均有减小趋势,说明此围压下细砂岩变形增大,应力-应变曲线上破坏阶段转折端变长,表现为岩石塑性增强。

3)细砂岩三轴压缩破坏特征

深部煤系细砂岩的破坏方式在围压较低时与粗砂岩和中砂岩类似,由于细砂岩岩性相比于粗、中砂岩较为均匀、致密,随着围压的不断增大,细砂岩的剪切破坏向典型的"X"形脆性剪切破坏过渡,宏观上表现为细砂岩试样剪切破坏面为两个相交的平面,多出现在试样一端或靠近中部,一个为主控剪切面,一个为次级剪切面,夹角在20°~45°之间变化,平均值为30°。剪切面比较平整,有擦痕、岩粉,整体而言试样上微裂纹较少,会在试样两端或次级剪切面附近出现竖向微裂纹,两破坏面相交附近的岩块,强度低,易被掰碎。细砂岩多剪切面破坏,还包含一种次剪切面平行于主剪切面的破坏形式,分支裂隙将其中一侧岩块分割成小的薄片或条块。破坏断口新鲜,可以看到岩石矿物颗粒,少有岩屑。此次试验高围压条件下细砂岩多剪切面破坏形式最为多见,部分细砂岩多剪切面破坏照片如图5.32所示。

图5.32 细砂岩多剪切面破坏照片

4. 粉砂岩、泥岩三轴力学试验结果分析

研究区煤系岩性如泥岩、粉砂岩等岩芯由于性脆或层理裂隙发育等原因而制取成功率较低。泥质岩和粉砂岩岩芯采取率本身就较低,岩芯在保存过程中易风化破碎,现场采样时采取泥岩和粉砂岩岩芯较多,但大多因尺寸原因不能用于三轴压缩试验。本次三轴压缩试验除砂岩外也制取了18件粉砂岩试样、10件泥岩试样。粉砂岩和泥岩的三轴强度和变形参数平均值统计如表5.11所示。

表5.11 粉砂岩、泥岩三轴压缩试验力学参数统计表

围压/MPa	粉砂岩			泥岩		
	峰值应力/MPa	峰值应变/$\times 10^{-3}$	弹性模量/GPa	峰值应力/MPa	峰值应变/$\times 10^{-3}$	弹性模量/GPa
0	65.96	4.39	17.58	63.63	5.44	11.00
5	96.00	5.74	25.78	100.31	6.11	20.14
10	129.05	5.53	19.84	117.15	4.94	28.73
15	172.35	5.54	46.96	119.10	7.74	20.71
20	151.85	5.85	42.22	123.28	8.08	21.09
25	163.27	6.83	37.04	/	/	/
30	226.48	6.28	48.27	149.36	10.69	20.28
40	222.44	7.44	45.24	/	/	/
50	/	/	/	200.00	14.67	25.43

1)煤系粉砂岩、泥岩三轴强度变化特征

由表 5.11 可知:粉砂岩三轴抗压强度从围压为 0MPa 时的 65.96MPa 增加到围压为 40MPa 时的 222.44MPa,增长了 237.2%,增长幅度较大;泥岩三轴抗压强度随围压基本呈增加趋势,围压从 0MPa 增加到 25MPa 时,泥岩的三轴抗压强度从 63.63MPa 增加到 149.36MPa,增加了 134.7%。

2)煤系粉砂岩、泥岩三轴压缩试验变形与破坏特征

每种岩石压缩试验曲线都有线弹性阶段,弹性模量是应力-应变曲线上近似直线部分的斜率,受试验影响较小。由表 5.11 中各岩性岩石不同围压下平均弹性模量可知,粉砂岩弹性模量随围压的增加有增大趋势,泥岩的弹性模量随围压的变化规律不明显。部分粉砂岩和泥岩的破坏照片如图 5.33 所示。

图 5.33 粉砂岩和泥岩剪切破坏照片

粉砂岩和泥岩三轴破坏形式与砂岩类似,在低围压时以拉张破坏为主,随着围压的增加,粉砂岩和泥岩的破坏形式渐渐过渡到剪切破坏,但相比于砂岩来说,陡倾角破坏和多剪切面破坏在粉砂岩和泥岩中较为少见。因为抗压强度较低,所以粉砂岩和泥岩剪切破坏剪切面角度较小,破坏面较小,并伴有竖向裂隙发育或破坏面不平直,剪切面岩粉、岩屑也较少。当围压增大时粉砂岩或泥岩破坏特征中出现沿弱面破坏形式多于细砂岩,弱面剪切破坏的出现,造成岩石三轴抗压强度随围压增大反而降低的情况出现。弱面塑性剪切破坏为一种岩石试样中含软弱结构面,孔隙较大。粉细砂岩三轴压缩过程中被压缩致密形成较多竖向裂隙和塑性破坏带,如图 5.34 所示。

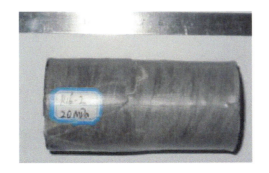

图 5.34 研究区煤系粉砂岩弱面塑性剪切破坏照片

5.4.3 深部地应力场下煤系岩石力学性质变化规律及预测模型

1. 围压条件下煤系岩石强度变化规律及预测模型

深部煤系岩石三轴压缩试验结果表明,围压对主采煤层顶底板各岩性岩石强度的影响明显,但不同岩性变化大小不同。本书主要研究对象集中在山西组和上石盒子组、下石盒子组地层中的岩石,所以主

要在统计了 5 个主采煤层顶底板粗砂岩、中砂岩、细砂岩、粉砂岩和泥岩 5 种岩性岩石在不同围压下的三轴抗压强度平均值基础上,分别作出了深部煤系各岩性岩石试样平均三轴抗压强度与围压的变化散点图,如图 5.35 所示。

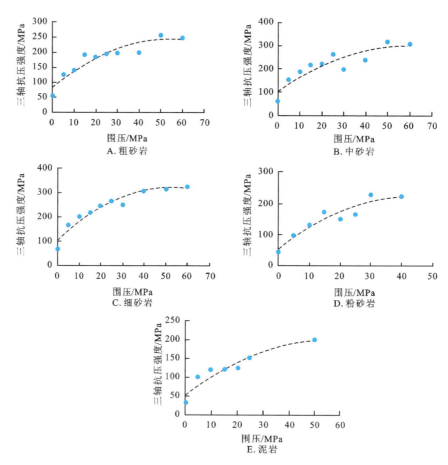

图 5.35　煤系岩石平均三轴抗压强度与围压关系散点图

根据回归分析,煤系岩石三轴抗压强度随围压变化满足二次多项式的条件,即

$$\sigma_1 = a\sigma_3^2 + b\sigma_3 + \sigma_c \tag{5.6}$$

式中:σ_1 为岩石三轴抗压强度;σ_3 为围压;a、b 为研究区深部煤系岩石三轴强度的岩性影响系数;σ_c 为各岩性岩石的平均单轴抗压强度。

式(5.6)即为淮南矿区深部煤系岩石三轴力学强度预测模型,其中的岩性影响系数可由试验数据总结拟合得出。淮南潘集矿区深部煤系岩石三轴抗压强度的岩性影响系数统计见表 5.12。

表 5.12　研究区煤系岩石三轴抗压强度的岩性影响系数

岩性	a	b	σ_3/MPa	σ_c/MPa	R
粗砂岩	−0.054	5.881	≤60	81.29	0.895 3
中砂岩	−0.053	6.523	≤60	101.36	0.935 5
细砂岩	−0.079	8.277	≤60	103.39	0.986 1
粉砂岩	−0.084	7.556	≤40	54.41	0.952 1
泥岩	−0.047	5.243	≤50	38.84	0.955 3

由表 5.12 和图 5.35 可知,泥岩和粉砂岩由于结构和成分的差异性大,试验数据量少等原因,三轴抗压强度数据相对离散,岩性影响系数可能有所偏差,但在试验围压变化范围内,该预测模型的岩性影响系数是可信的。由研究区深部煤系岩石平均三轴抗压强度与围压变化关系,根据回归分析,得出煤系岩石在围压 30MPa 以下时,三轴抗压强度随围压增加速率较快,在围压高于 40MPa 以后强度增加幅度减小。预测模型也证明了围压对泥岩和粉砂岩等深部软质煤系岩石三轴抗压强度的影响更大(沈书豪等,2017)。

2. 深部煤系岩石峰值应变与围压关系及预测

为了较好地研究围压对深部煤系岩石变形的影响,通过应力-应变曲线统计了各岩性岩石试样在不同围压条件下试验结果中峰值应力对应的轴向峰值应变值。各岩性轴向峰值应变的大小受围压影响的变化相似,分别统计深部研究区各主采煤层顶底板的粗砂岩、中砂岩、细砂岩、粉砂岩和泥岩 5 种岩性岩石在不同围压下轴向峰值应变的平均值,作出了各岩性岩石试样平均轴向峰值应变与试验围压的变化关系散点图,如图 5.36 所示。

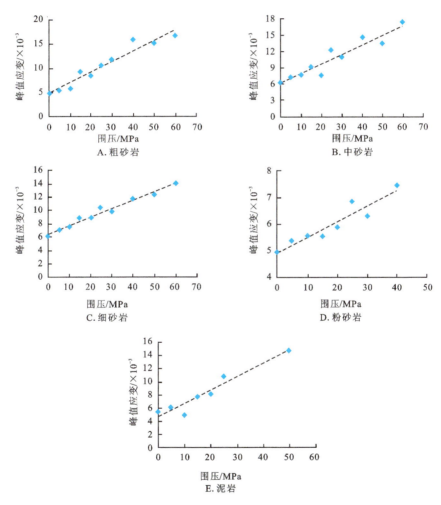

图 5.36 煤系岩石峰值应变与围压关系散点图

由图 5.36 可知,围压对深部煤系各岩性岩石轴向峰值应变的影响是显著的,不同岩性的岩石轴向峰值应变变化趋势相同,在开展试验的围压变化范围内,煤系岩石峰值应变均随着围压的增加呈线性增大关系,且砂岩的轴向峰值应变值和受围压影响变化的幅度大于粉砂岩等其他岩性的煤系岩石。

根据对各岩性试验数据的回归分析,发现在试验围压变化范围内,线性关系最符合煤系岩石轴向峰值应变的变化趋势,相关性最高。研究区煤系岩石在试验围压范围内轴向峰值应变随围压变化符合线性方程,即

$$\varepsilon_s = c\sigma_3 + \varepsilon_c \tag{5.7}$$

式中:ε_s 为岩石峰值应变;σ_3 为围压;c 为煤系岩石峰值应变的岩性影响系数;ε_c 为各岩性岩石单轴压缩条件下平均峰值应变。

根据试验数据结果统计,研究区内不同岩性岩石轴向峰值应变与围压关系的预测方程的相关参数如表 5.13 所示。

表 5.13 煤系岩石峰值应变预测方程参数

岩性	c	$\varepsilon_c / \times 10^{-3}$	σ_3 / MPa	R
粗砂岩	0.218 5	4.772 5	≤60	0.968 9
中砂岩	0.177 9	6.023 2	≤60	0.950 2
细砂岩	0.127 1	6.365 3	≤60	0.988 2
粉砂岩	0.059 0	4.901 7	≤40	0.944 3
泥岩	0.199 7	4.670 2	≤50	0.878 3

表 5.13 中参数和图 5.36 反映了在深部研究区实测地应力变化范围内,各煤系岩性岩石的峰值应变均线性增大,其中岩性影响系数 c 反映了各种岩性岩石峰值应变随围压增长的速率大小。由此得出,淮南矿区深部泥岩和粗砂岩轴向变形量在高地应力下表现为明显增大,从而影响井下巷道支护条件。由于粉砂岩试验数据较少,峰值应变随围压增加而增大的速率小,仅在试验围压范围内可靠。各煤系岩性岩石的峰值应变在高于 30MPa 围压下依然保持较快增长,在围压不超过地应力变化范围内,岩石峰值应变一直保持线性增大。

3. 深部煤系岩石弹性模量随围压变化规律

通过岩石力学试验应力-应变曲线(图 5.23)计算出三轴压缩试验的弹性模量 E、变形模量 E_s 与割线模量 E_{50}。因为围压的存在,深部煤系岩石试样压密阶段变化较大,从而造成了割线模量有较大的离散性。变形模量 E_s 是统计最大应力时的应力与应变的比值,受到岩石压密和塑性阶段长短的影响,离散性大。所以,统计应力-应变曲线弹性阶段的模量受试验影响较小,最能反映岩石变形的变化规律(尤明庆,2003)。

由广义虎克定律可知

$$\varepsilon_1 = \frac{1}{E}[\sigma_1 - \mu(\sigma_2 + \sigma_3)] \tag{5.8}$$

$$\varepsilon_2 = \frac{1}{E}[\sigma_2 - \mu(\sigma_1 + \sigma_3)] \tag{5.9}$$

$$\varepsilon_3 = \frac{1}{E}[\sigma_3 - \mu(\sigma_1 + \sigma_2)] \tag{5.10}$$

在应力-应变曲线弹性段任意取两点 a 和 b,记 ε_{1a} 和 ε_{1b},分别为这两点的轴向应变,σ_{1a} 和 σ_{1b} 分别为这两点的轴向最大主应力,可得

$$\varepsilon_{1a} = \frac{1}{E}[\sigma_{1a} - \mu(\sigma_2 + \sigma_3)] \tag{5.11}$$

$$\varepsilon_{1b} = \frac{1}{E}[\sigma_{1b} - \mu(\sigma_2 + \sigma_3)] \tag{5.12}$$

第5章 潘集矿区深部煤系岩石物理力学性质

令式(5.12)减去式(5.11),可得

$$\varepsilon_{1b} - \varepsilon_{1a} = \frac{1}{E}(\sigma_{1b} - \sigma_{1a}) \tag{5.13}$$

则得到弹性模量的一般求解表达式为

$$E = \frac{\sigma_{1b} - \sigma_{1a}}{\varepsilon_{1b} - \varepsilon_{1a}} \tag{5.14}$$

从式(5.14)可以看出,弹性模量 E 与另外两个应力没有关系,式(5.14)具有普适性。在常规三轴应力条件下,式(5.14)也可以用偏应力来表示:

$$\sigma_{1a} = S_{1a} + \sigma_3 \tag{5.15}$$

$$\sigma_{1b} = S_{1b} + \sigma_3 \tag{5.16}$$

将式(5.15)和式(5.16)代入式(5.14)中,化简得

$$E = \frac{S_{1b} - S_{1a}}{\varepsilon_{1b} - \varepsilon_{1a}} \tag{5.17}$$

由式(5.17)可知,在常规三轴应力条件下弹性模量也可由线弹性阶段来直接获取。采用线弹性阶段求得的弹性模量或称为平均模量表示岩石的变形特征比较合理。根据研究区岩石在不同围压下的平均弹性模量,作出弹性模量随围压变化关系散点图,如图5.37所示。

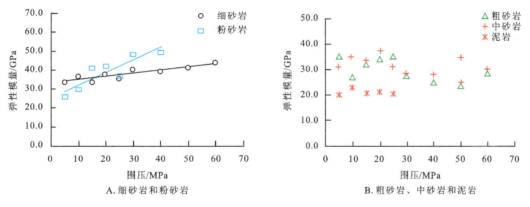

图5.37 煤系岩石弹性模量随围压变化关系散点图

从图5.37A可以看出,在深部研究区围压变化试验研究范围内,煤系粉砂岩和细砂岩的弹性模量随围压增大呈线性增大,粉砂岩弹性模量随围压增长比细砂岩增长得快。图5.37B显示出在研究区深部,粗砂岩、中砂岩和泥岩的弹性模量的变化与峰值应变不同,弹性模量在试验围压下并无明显的增大趋势。

鉴于此,将研究区深部煤系岩石试样分为3类,分别讨论弹性模量的影响因素。

1)均匀致密岩石试样

未风化的石英砂岩等圆柱体试样在 $\varphi = 50\text{mm} \times 100\text{mm}$ 这样的尺度可以被认为是宏观均匀致密的。岩样轴向压缩时,屈服应力(峰值应力)随着围压增大而增高,但屈服之前试样的变形规律完全相同。不考虑压缩初期的非线性变形,轴向应力-应变曲线中近似直线的部分可以重合,如图5.38所示。平均杨氏模量表示了岩石材料的变形性质,应力与应变的变化量呈线性关系,其比值弹性模量与应力状态和加载历史无关。

2)具有局部沉积缺陷的岩石试样

对砂岩、粉砂岩和泥岩这类煤系沉积岩,通常岩芯样品具有各种明显的沉积缺陷。但从完整岩块加工的岩样除了这些局部缺陷外,整体表观是均匀的。图5.39是研究区深部一组泥岩试样常规三轴压缩的轴向应力-应变全程曲线。

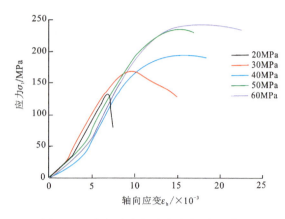
图 5.38 均匀致密细砂岩应力-应变曲线

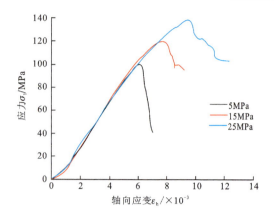
图 5.39 研究区深部泥岩试样组的应力-应变曲线

从图 5.39 可以看出,同一段岩芯加工的若干试样,由于其中缺陷的位置、大小是不同的,因而试样达到屈服的应力极值存在明显差异,并且屈服之后的变形特性也完全不同。但试样屈服之前的应力-应变关系仍是相同的,即尽管试样存在各种不同的缺陷,但在这些缺陷达到其承载极限之前,应力-应变关系仍然是材料整体的力学性质,试样具有确切的杨氏模量。

3)具有分布裂隙的岩石试样

在强度较低的煤系岩石中钻孔取芯时,岩石在钻进方向逐步卸载,而钻孔会引起应力集中,最大地应力又通常在水平方向,因而岩芯内部会具有大量的微裂隙和层面裂隙。由于被取岩芯的材料是逐步卸载的,裂隙也将从上向下逐步产生,具有沿长度分布的特征。裂隙的存在有时直接造成岩芯的断裂,即不能取得完整的岩芯。这表明从岩层中取得的岩芯与岩体中材料的原始状态并不相同,有关试验结果应根据具体情况作出评价。如果试样内具有大量的裂隙,变形将受到内摩擦力的影响。而裂隙面上的正应力与围压有关,因而弹性模量与围压有关。一般认为围压增大有助于试样内部裂隙、空隙的闭合,增大了岩石刚度,岩样的弹性模量也就相应增大,如图 5.40 所示。

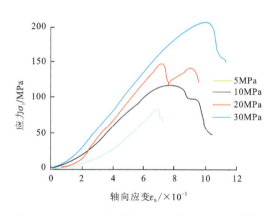
图 5.40 具有分布裂隙岩石试样应力-应变曲线

研究区岩石试样中,大部分细砂岩和粉砂岩属于此类具有分布式裂隙的岩石,细砂岩和粉砂岩在不同围压下的平均弹性模量随围压变化关系散点图如图 5.37 所示。从图中可以看出,研究区煤系细砂岩和粉砂岩的弹性模量平均值随着围压的增大逐渐增大,对于这两种岩性来说,细砂岩的平均单轴弹性模量大于粉砂岩,但围压对粉砂岩弹性模量变化的影响较大,说明相同条件下,研究区深部的粉砂岩岩块内部的分布裂隙多于细砂岩。

5.5 温度条件下煤系岩石力学性质

在煤矿深部开采条件下,地温达到 40~60℃,岩体在此种超出常温的环境下所表现出来的变形特征和力学行为均与浅部有着一定的区别,显然温度在其中起着一定的影响作用。目前,在深部开采中温度对岩体的力学性质影响研究主要有两个方面:一是岩石的本构关系对温度因子的依赖性问题方面(邵保平等,2009);二是温度对岩石的强度(破坏)和变形的影响方面(曹峰,2012)。煤系沉积岩大多数是节理发育相对较多、质地不均衡、各向异性的岩石,目前对这种典型岩石在煤矿深部温度水平下的力学性质变化规律研究相对较少。

与浅部开采相比较,温度因子在深部建井掘进和回采过程中的影响权重大幅增加,因深井开采中地下温度越来越高的现状带来的一系列开采热害问题已经成为重大挑战之一(张树生,2007;姚韦靖和庞建勇,2018)。除去温度对地下作业环境的影响外,温度对岩石强度、变形和时温效应等深部岩体力学性质的影响也日益增大。通常情况下岩石力学试验是在常温下进行的,基本不考虑温度对岩石力学特性的影响。但在深部采矿中,岩石受到一个变化的温度场作用,温度场对岩石材料的物理性质和力学性质的改变有一定的影响(孟召平等,2006;查文华等,2014a)。因此系统开展深部煤系岩石在温度条件下的力学性质试验,研究深部岩石强度及变形随温度变化的规律性具有重要意义。

5.5.1 温度条件下岩石力学试验装置与试验方案

1. 试验装置

温度条件下岩石力学性质试验是在煤矿安全高效开采省部共建教育部重点实验室完成。试验装置由加载设备和加热设备组成,试样加载设备采用中国科学院武汉岩土力学研究所研制的 RMT-150B 电液伺服试验机,试验加热设备是根据 RMT-150B 的外形尺寸和结构特征研制的 GD-65/150 高低温环境箱(查文华等,2014b)。该设备主要由复叠压缩机、加热管、箱体、操作面板、温度测量控制系统、电气系统、温度传感器等组成,其中环境箱主要由箱体、温控器、制冷系统、加热系统等组成,该加温设备可以自动控温,温控范围为 $-65 \sim 150$ ℃,温度波动 $\leqslant \pm 1$ ℃。图 5.41 为 GD-65/150 高低温环境箱与 RMT-150B 试验系统。

图 5.41 环境箱与 RMT-150B 试验组合系统

2. 试验方案与方法

1) 试验方案

试验样品取自研究区钻孔深度 $-1500\text{m} \sim -800$ 之间的岩层,根据深部地温条件探查与测试结果(任自强,2016;彭涛等,2017),研究区在 -1000m 深度平均地温为 39.41 ℃, -1500m 深度平均地温约 55.64 ℃。按研究区现场实际地温环境测量结果确定试验温度等级,试验中分别对温度 $T=30$ ℃、40 ℃、50 ℃、60 ℃、80 ℃ 和 100 ℃ 这 6 种情况进行了试验。每块钻孔岩芯试样均根据层位和岩性分组,同一钻孔中同一层位或同种岩性的岩芯试样不少于 3 块,试验结果可以进行同一钻孔纵向对比;不同钻孔岩芯试样可以根据钻孔深度、层位和标志层控制与其他钻孔试样结果进行横向对比。

不同温度条件下岩石力学试验共制取岩石试样 110 组 376 块，各温度水平及各岩性试样数量分布如图 5.42 所示。试验温度主要集中在 40℃、50℃ 和 60℃，符合试验装置要求与研究区深部地温分布实际情况。

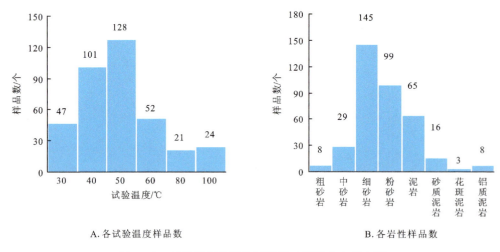

图 5.42　试验温度分组及试样岩性频数分布直方图

2）试验方法

（1）试验前参照试验样品记录表核对岩石名称和试样编号，并将同一温度条件试样集中，放入高低温环境箱中统一加温。

（2）在不同温度条件下的单轴压缩试验之前，为保证试样加温均匀且与高低温环境箱内温度一致，加热到预定温度后再保持恒温 2h。

（3）加温前将固定在试样两侧的横向位移传感器和顶端的轴向位移传感器连接 RMT 电脑控制系统并调试，当温度保持达到预定时间后直接在环境箱内进行单轴压缩试验，直到试样破坏为止。考虑到升温速率过快会影响岩石的力学特性，在试验准备阶段，以 1℃/(2min) 的升温速率对试样进行加热。

（4）拍照记录破坏特征。打开环境箱，对每一块试样破坏后的情形进行拍照，记录其破坏特征。

环境箱试样加温和恒温加载试验过程见图 5.43。在满足深部温度条件下，对各煤层顶底板不同岩性沉积岩进行了不同温度状态下的单轴压缩破坏试验，分析研究在不同温度作用下研究区煤系沉积岩的力学特性。

A. 岩样加温　　　　　　B. 温度显示　　　　　　C. 恒温加载

图 5.43　岩样加温与恒温加载试验过程

5.5.2 深部温度条件下煤系岩石力学参数变化特征

1. 相同温度条件下不同岩性的岩石力学性质变化特征

将采集的样品按粗砂岩、中砂岩、细砂岩、粉砂岩、砂质泥岩、铝质泥岩、泥岩等岩性进行分组试验，试验结果统计见表 5.14。试样岩性主要集中在细砂岩、粉砂岩和泥岩，砂岩类试样所占比例较大，多达 47.29%，粉砂岩和泥岩试样各占试样总数的 23.00% 和 26.87%。在统计计算平均值的基础上分别绘制了不同温度各岩性岩石单轴抗压强度 σ_c、弹性模量 E、割线模量 E_{50} 和变形模量 E_S 等指标变化曲线图，如图 5.44 所示。

表 5.14 不同温度条件下煤系各岩性的岩石力学性质试验结果统计表

温度/℃	岩性		σ_c/MPa	E/GPa	E_{50}/GPa	E_S/GPa	μ
			最大~最小 / 平均值(试样数/个)				
30	砂岩类	粗砂岩	118.30~59.29 / 86.80(2)	32.90~11.48 / 22.19(2)	18.68~5.58 / 12.13(2)	24.35~7.39 / 15.87(2)	0.29~0.15 / 0.22(2)
		中砂岩	152.89~59.73 / 93.06(3)	35.27~14.47 / 22.19(3)	17.56~7.03 / 11.05(3)	24.18~10.24 / 15.29(3)	0.29~0.15 / 0.21(3)
		细砂岩	183.80~41.39 / 89.23(15)	58.08~5.95 / 23.27(15)	39.21~3.60 / 13.00(15)	46.28~4.82 / 16.63(15)	0.32~0.21 / 0.24(11)
		砂岩类	183.80~41.39 / 89.56(20)	58.08~5.95 / 23.00(20)	39.21~3.60 / 12.62(20)	46.28~4.82 / 16.36(20)	0.32~0.15 / 0.23(16)
	粉砂岩类	粉砂岩	129.81~15.73 / 57.85(11)	46.66~4.02 / 15.59(11)	39.97~1.70 / 8.87(11)	41.00~2.48 / 10.77(11)	0.28~0.11 / 0.21(6)
		泥质粉砂岩	92.37~78.04 / 86.86(4)	30.62~17.08 / 25.52(4)	20.94~9.44 / 15.88(4)	24.61~15.82 / 18.74(4)	0.23~0.14 / 0.18(2)
		粉砂岩类	129.81~15.73 / 65.58(15)	46.66~4.02 / 18.24(15)	39.97~1.70 / 10.74(15)	41.00~2.48 / 12.90(15)	0.28~0.11 / 0.20(8)
	泥岩类	泥岩	89.34~17.83 / 53.38(8)	42.84~2.56 / 16.52(8)	27.41~0.43 / 8.84(8)	30.92~0.75 / 10.78(8)	0.31~0.10 / 0.18(5)
		砂质泥岩	45.72~27.11 / 38.38(3)	12.84~7.17 / 10.25(3)	8.34~4.93 / 6.15(3)	8.83~5.38 / 6.96(3)	0.18~0.11 / 0.14(2)
		花斑状泥岩	81.48(1)	31.54(1)	11.83(1)	15.76(1)	0.21(1)
		铝质泥岩	/	/	/	/	/
		泥岩类	89.34~17.83 / 51.97(12)	42.84~2.56 / 16.20(12)	27.41~0.43 / 8.42(12)	30.92~0.75 / 10.24(12)	0.31~0.11 / 0.18(8)

续表 5.14

温度/℃	岩性		σ_c/MPa	E/GPa	E_{50}/GPa	E_S/GPa	μ
			最大～最小 / 平均值（试样数/个）				
40	砂岩类	粗砂岩	126.89(1)	26.26(1)	12.19(1)	17.48(1)	0.21(1)
		中砂岩	184.15～75.97 / 107.66(5)	39.35～17.66 / 24.12(5)	19.66～9.70 / 13.27(5)	25.40～12.85 / 17.05(5)	0.25～0.19 / 0.22(3)
		细砂岩	218.63～17.96 / 108.41(40)	97.66～4.77 / 30.91(40)	51.42～1.68 / 17.91(40)	93.77～2.51 / 22.59(40)	0.33～0.14 / 0.23(29)
		砂岩类	218.63～17.96 / 108.73(46)	97.66～4.77 / 30.07(46)	51.42～1.68 / 17.28(46)	93.77～2.51 / 21.87(46)	0.33～0.14 / 0.23(33)
	粉砂岩类	粉砂岩	128.07～9.48 / 58.38(24)	47.94～3.14 / 17.36(24)	29.44～1.27 / 9.50(24)	34.59～2.42 / 11.80(24)	0.32～0.15 / 0.23(18)
		泥质粉砂岩	98.20～39.18 / 69.71(3)	26.49～12.49 / 20.97(3)	12.64～6.49 / 10.50(3)	17.85～8.88 / 14.19(3)	0.17～0.10 / 0.15(3)
		粉砂岩类	128.07～9.48 / 59.64(27)	47.94～3.14 / 17.76(27)	29.44～1.27 / 9.61(27)	34.59～2.42 / 12.07(27)	0.32～0.11 / 0.21(21)
	泥岩类	泥岩	74.77～12.30 / 34.33(22)	27.68～0.44 / 9.66(22)	12.00～0.46 / 4.88(22)	15.25～0.50 / 6.19(22)	0.32～0.10 / 0.19(18)
		砂质泥岩	65.16～28.51 / 48.92(4)	23.38～10.42 / 17.79(4)	9.61～5.51 / 8.07(4)	13.76～6.73 / 11.01(4)	0.34～0.12 / 0.23(4)
		花斑状泥岩	32.82(1)	19.53(1)	6.29(1)	8.29(1)	0.34(1)
		铝质泥岩	49.36(1)	10.81(1)	3.9(1)	5.87(1)	0.21(1)
		泥岩类	74.77～12.30 / 36.90(28)	27.68～0.44 / 11.21(28)	12.00～0.46 / 5.35(28)	15.25～0.50 / 6.94(28)	0.34～0.10 / 0.20(24)
50	砂岩类	粗砂岩	81.40(1)	22.54(1)	13.49(1)	17.09(1)	0.18(1)
		中砂岩	159.79～60.12 / 89.75(9)	38.87～13.20 / 21.09(9)	20.71～5.44 / 10.63(9)	26.66～8.07 / 14.06(9)	0.22～0.12 / 0.15(6)
		细砂岩	215.70～21.70 / 127.54(49)	63.53～4.89 / 32.65(49)	32.31～3.57 / 17.04(49)	42.30～4.10 / 22.01(49)	0.34～0.11 / 0.23(40)
		砂岩类	215.70～21.70 / 103.70(59)	63.53～4.89 / 26.29(59)	32.31～3.57 / 13.69(59)	42.30～4.10 / 17.73(59)	0.34～0.11 / 0.22(47)
	粉砂岩类	粉砂岩	131.57～15.24 / 53.29(30)	47.99～4.43 / 15.35(30)	26.71～1.74 / 7.35(30)	34.11～1.73 / 9.81(30)	0.35～0.09 / 0.23(22)
		泥质粉砂岩	85.65～37.49 / 63.65(5)	24.46～12.19 / 17.43(5)	12.47～5.78 / 8.34(5)	16.51～7.50 / 11.15(5)	0.30～0.14 / 0.23(4)
		粉砂岩类	131.57～15.24 / 54.77(35)	47.99～4.43 / 15.65(35)	26.71～1.74 / 7.49(35)	34.11～1.73 / 10.00(35)	0.35～0.09 / 0.23(26)
	泥岩类	泥岩	57.92～9.82 / 35.45(25)	16.59～1.58 / 9.58(25)	10.66～1.23 / 4.80(25)	13.53～1.47 / 6.27(25)	0.33～0.10 / 0.21(19)
		砂质泥岩	64.78～17.90 / 40.24(6)	24.39～7.59 / 14.00(6)	11.50～3.29 / 6.09(6)	14.75～4.86 / 8.33(6)	0.33～0.25 / 0.29(4)
		花斑状泥岩	47.75(1)	26.37(1)	5.77(1)	9.99(1)	0.24(1)
		铝质泥岩	71.73～27.30 / 49.52(2)	19.38～7.10 / 13.24(2)	11.57～3.25 / 7.41(2)	14.83～4.39 / 9.61(2)	0.29～0.20 / 0.25(2)
		泥岩类	71.73～9.82 / 37.49(34)	26.37～1.58 / 11.07(34)	11.57～1.23 / 5.21(34)	14.83～1.47 / 6.94(34)	0.33～0.10 / 0.23(26)

第5章 潘集矿区深部煤系岩石物理力学性质

续表5.14

温度/℃	岩性		σ_c/MPa	E/GPa	E_{50}/GPa	E_s/GPa	μ
			最大~最小 / 平均值（试样数/个）				
60	砂岩类	粗砂岩	/	/	/	/	/
		中砂岩	$\dfrac{95.65}{95.65(1)}$	$\dfrac{24.53}{24.53(1)}$	$\dfrac{12.17}{12.17(1)}$	$\dfrac{16.08}{16.08(1)}$	$\dfrac{0.14}{0.14(1)}$
		细砂岩	$\dfrac{142.62\sim44.20}{92.55(19)}$	$\dfrac{30.76\sim16.25}{23.13(19)}$	$\dfrac{19.60\sim4.15}{12.61(19)}$	$\dfrac{21.66\sim7.36}{16.06(19)}$	$\dfrac{0.34\sim0.13}{0.22(16)}$
		砂岩类	$\dfrac{142.62\sim44.20}{92.71(20)}$	$\dfrac{30.76\sim16.25}{23.20(20)}$	$\dfrac{19.60\sim4.15}{12.59(20)}$	$\dfrac{21.66\sim7.36}{16.06(20)}$	$\dfrac{0.34\sim0.13}{0.21(17)}$
	粉砂岩类	粉砂岩	$\dfrac{113.69\sim15.87}{50.78(18)}$	$\dfrac{36.65\sim7.31}{17.20(18)}$	$\dfrac{23.80\sim2.86}{8.73(18)}$	$\dfrac{25.98\sim4.21}{10.88(18)}$	$\dfrac{0.31\sim0.13}{0.22(12)}$
		泥质粉砂岩	/	/	/	/	/
		粉砂岩类	$\dfrac{113.69\sim15.87}{50.78(18)}$	$\dfrac{36.65\sim7.31}{17.20(18)}$	$\dfrac{23.80\sim2.86}{8.73(18)}$	$\dfrac{25.98\sim4.21}{10.88(18)}$	$\dfrac{0.31\sim0.13}{0.22(12)}$
	泥岩类	泥岩	$\dfrac{42.65\sim10.15}{25.36(10)}$	$\dfrac{15.33\sim3.78}{8.31(10)}$	$\dfrac{6.13\sim1.39}{3.87(10)}$	$\dfrac{6.91\sim1.91}{4.67(10)}$	$\dfrac{0.33\sim0.14}{0.24(7)}$
		砂质泥岩	$\dfrac{49.45\sim36.88}{43.17(2)}$	$\dfrac{12.96\sim9.39}{11.17(2)}$	$\dfrac{4.09\sim3.65}{3.87(2)}$	$\dfrac{6.48\sim5.62}{6.05(2)}$	$\dfrac{0.15}{0.15(1)}$
		花斑状泥岩	/	/	/	/	/
		铝质泥岩	$\dfrac{114.46\sim50.78}{82.62(2)}$	$\dfrac{39.02\sim17.40}{28.21(2)}$	$\dfrac{20.06\sim5.38}{12.72(2)}$	$\dfrac{25.95\sim8.21}{17.08(2)}$	$\dfrac{0.25}{0.25(1)}$
		泥岩类	$\dfrac{114.46\sim10.15}{36.08(14)}$	$\dfrac{39.02\sim3.78}{11.56(14)}$	$\dfrac{20.06\sim1.39}{5.13(14)}$	$\dfrac{25.95\sim1.91}{6.64(14)}$	$\dfrac{0.33\sim0.14}{0.23(9)}$
80	砂岩类	粗砂岩	$\dfrac{76.08\sim54.77}{65.43(2)}$	$\dfrac{13.33\sim8.58}{10.95(2)}$	$\dfrac{7.49\sim4.38}{5.93(2)}$	$\dfrac{9.13\sim5.32}{7.22(2)}$	$\dfrac{0.32\sim0.28}{0.30(2)}$
		中砂岩	$\dfrac{98.77\sim87.84}{93.60(3)}$	$\dfrac{31.90\sim17.31}{22.45(4)}$	$\dfrac{19.96\sim9.03}{12.94(4)}$	$\dfrac{24.42\sim11.32}{15.73(4)}$	$\dfrac{0.28\sim0.13}{0.20(4)}$
		细砂岩	$\dfrac{117.81\sim85.75}{102.92(9)}$	$\dfrac{40.70\sim16.84}{24.31(11)}$	$\dfrac{26.05\sim11.08}{14.41(11)}$	$\dfrac{29.43\sim12.89}{17.59(11)}$	$\dfrac{0.32\sim0.11}{0.22(9)}$
		砂岩类	$\dfrac{117.81\sim54.77}{95.57(15)}$	$\dfrac{40.70\sim8.58}{22.30(17)}$	$\dfrac{26.05\sim4.38}{13.07(17)}$	$\dfrac{29.43\sim5.32}{15.93(17)}$	$\dfrac{0.32\sim0.11}{0.22(15)}$
	粉砂岩类	粉砂岩	$\dfrac{75.19\sim35.17}{60.85(3)}$	$\dfrac{18.68\sim11.55}{15.92(3)}$	$\dfrac{11.91\sim6.36}{9.58(3)}$	$\dfrac{14.61\sim8.58}{12.09(3)}$	$\dfrac{0.20\sim0.11}{0.14(3)}$
		泥质粉砂岩	/	/	/	/	/
		粉砂岩类	$\dfrac{75.19\sim35.17}{60.85(3)}$	$\dfrac{18.68\sim11.55}{15.92(3)}$	$\dfrac{11.91\sim6.36}{9.58(3)}$	$\dfrac{14.61\sim8.58}{12.09(3)}$	$\dfrac{0.20\sim0.11}{0.14(3)}$
	泥岩类	泥岩	/	/	/	/	/
		砂质泥岩	/	/	/	/	/
		花斑状泥岩	/	/	/	/	/
		铝质泥岩	78.72(1)	24.99(1)	13.96(1)	16.58(1)	0.12(1)
		泥岩类	78.72(1)	24.99(1)	13.96(1)	16.58(1)	0.12(1)

续表 5.14

温度/℃	岩性		σ_c/MPa	E/GPa	E_{50}/GPa	E_S/GPa	μ
			最大～最小 / 平均值（试样数/个）				
100	砂岩类	粗砂岩	$\frac{59.25\sim48.52}{53.89(2)}$	$\frac{14.24\sim10.56}{12.40(2)}$	$\frac{7.67\sim4.77}{6.22(2)}$	$\frac{9.24\sim6.38}{7.81(2)}$	$\frac{0.25\sim0.24}{0.24(2)}$
		中砂岩	$\frac{192.33\sim51.18}{90.18(7)}$	$\frac{38.46\sim10.12}{19.58(7)}$	$\frac{22.69\sim5.51}{10.89(7)}$	$\frac{27.66\sim10.11}{13.99(7)}$	$\frac{0.33\sim0.25}{0.29(2)}$
		细砂岩	$\frac{114.32\sim44.07}{85.35(11)}$	$\frac{30.74\sim9.28}{18.54(11)}$	$\frac{16.62\sim4.17}{9.75(11)}$	$\frac{19.59\sim6.07}{12.85(11)}$	$\frac{0.31\sim0.21}{0.25(4)}$
		砂岩类	$\frac{192.33\sim44.07}{83.89(19)}$	$\frac{38.46\sim9.28}{18.29(19)}$	$\frac{22.69\sim4.17}{9.80(19)}$	$\frac{27.66\sim6.07}{12.74(19)}$	$\frac{0.33\sim0.21}{0.26(8)}$
	粉砂岩类	粉砂岩	53.89(1)	10.17(1)	5.27(1)	7.17(1)	0.12(1)
		泥质粉砂岩	/	/	/	/	/
		粉砂岩类	53.89(1)	10.17(1)	5.27(1)	7.17(1)	0.12(1)
	泥岩类	泥岩	/	/	/	/	/
		砂质泥岩	34.31(1)	10.85(1)	4.64(1)	6.46(1)	/
		花斑状泥岩	/	/	/	/	/
		铝质泥岩	$\frac{61.66\sim45.58}{53.62(2)}$	$\frac{21.03\sim8.37}{14.70(2)}$	$\frac{10.72\sim3.89}{7.30(2)}$	$\frac{13.41\sim5.59}{9.50(2)}$	0.15(1)
		泥岩类	$\frac{61.66\sim34.31}{47.18(3)}$	$\frac{21.03\sim8.37}{13.42(3)}$	$\frac{10.72\sim3.89}{6.41(3)}$	$\frac{13.41\sim5.59}{8.49(3)}$	0.15(1)

注：/表示因缺少样品而未进行测试，无数据；部分岩石只有平均值数据。

图 5.44 为不同试验温度下各岩性岩石力学试验结果变化曲线，对比常规条件下单轴压缩试验结果可以看出：在同一温度条件下，各种岩性岩石力学性质与常规条件下各岩性岩石力学性质的变化规律相同，煤系岩石的单轴抗压强度和弹性模量等均有较好的对应关系，弹性模量、割线模量和变形模量的变化趋势也较为一致。不同温度下的岩石力学参数变化图也可以说明，在深部地温场温度变化范围内，温度对煤系岩石强度和变形的影响要弱于岩性的影响，岩石成分和结构仍是力学性质的主要影响因素。

2. 相同温度条件下不同层位岩石力学参数变化特征

在研究区深部煤系岩石层位不同，其力学性质差异较为明显；煤系岩石岩性相同时，由于地层沉积环境及形成条件不同，造成不同时代地层同种岩性的岩石力学性质也有一定的差异性。本次温度条件下试验的细砂岩试样在不同温度水平都有较多的样品数量，采取的层位也相对较多，主要采取层位自上而下有上石盒子组顶部、第四含煤段 13-1 煤层顶底板、第三含煤段 11-2 煤层顶底板以及该段底部、第二含煤段中上部以及第一含煤段 3 煤层顶部厚层状中细砂岩。为了更直观地分析不同层位细砂岩试样参数变化规律，分层组、分温度水平统计了细砂岩单轴抗压强度的平均值，并绘出其抗压强度分布图，如图 5.45 所示。

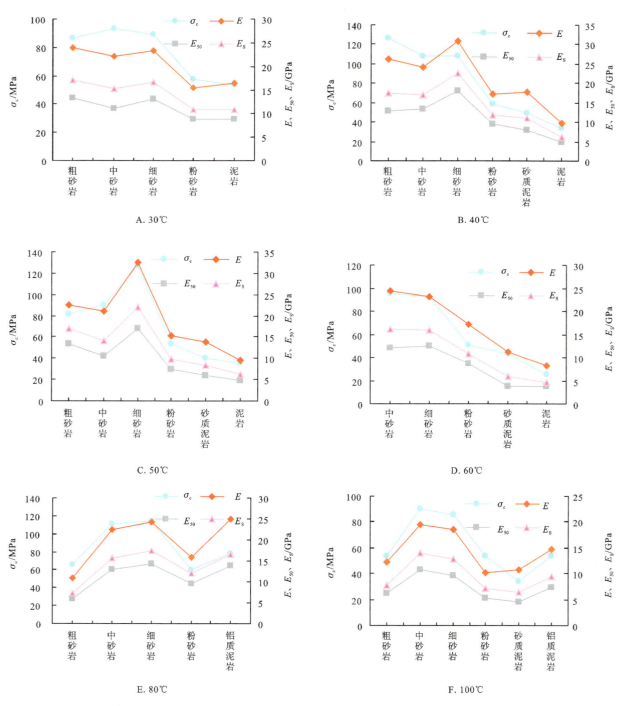

图 5.44　不同温度条件下不同岩性岩石力学性质指标变化图

从图 5.45 中对比得出,在不同温度条件下,上石盒子组细砂岩试样的平均单轴抗压强度值大于相同温度条件的下石盒子组和山西组试样,与常规条件下的统计结果一致,也说明层位的影响较大。还可以得出,温度对细砂岩强度的影响要小于层位的影响。其他类岩石也具有同样的特征。

5.5.3　温度对深部煤系岩石力学性质的影响分析

试验温度对煤系岩石的强度和变形有影响,要分析不同温度条件下深部煤系岩石力学参数的变化规律,首先在相同岩性条件下进行统计分析。将所有岩性归为 3 种,即对砂岩、粉砂岩和泥岩 3 种岩性

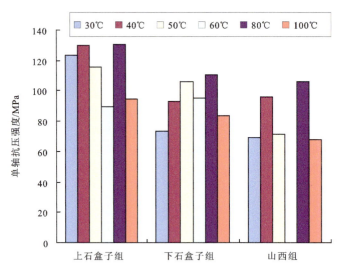

图 5.45 不同温度条件下不同地层细砂岩平均抗压强度分布直方图

类型进行筛选,分别统计不同温度水平 3 种岩性岩石的抗压强度 σ_c、弹性模量 E、割线模量 E_{50}、变形模量 E_s 和泊松比 μ 这 5 个力学试验参数的最大值、最小值和平均值以及试样数。不同温度条件下的煤系岩石力学试验结果统计如表 5.13 所示。

1. 温度对砂岩力学性质的影响

根据表 5.13 中数据,绘出砂岩力学参数与温度变化散点图,如图 5.46 所示。

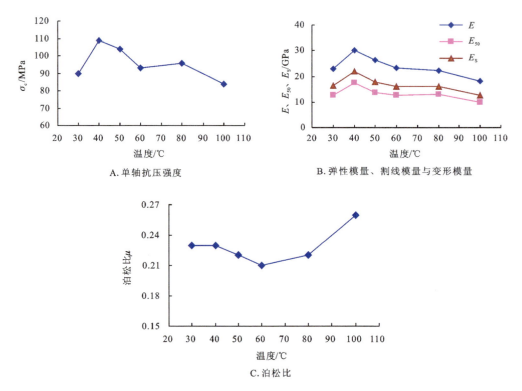

图 5.46 深部煤系砂岩力学参数随温度变化散点图

从图 5.46A 可以看出，总体上砂岩的单轴抗压强度随温度的升高有逐渐降低的趋势。图 5.46B 反映了砂岩的平均弹性模量、变形模量和割线模量随温度的变化情况，随着温度的逐渐增加，砂岩的各种模量总体上呈降低趋势。30℃时各模量参数平均值都较小，从 40℃开始各种模量随着温度增加而减小，与抗压强度变化趋势相似。图 5.46C 反映了随温度增加泊松比呈波动式变化，在试验温度变化范围内砂岩泊松比先减小后增大。

2. 温度对粉砂岩力学性质的影响

根据表 5.13 中粉砂岩的力学试样数据统计结果，粉砂岩试验温度主要集中在 30～60℃之间，超过 80℃的试验数据较少，其平均值不具有统计意义。利用不同温度下粉砂岩单轴抗压强度 σ_c、弹性模量 E、割线模量 E_{50}、变形模量 E_s 和泊松比 μ 的平均值，绘制粉砂岩力学参数与温度变化散点图，如图 5.47 所示。

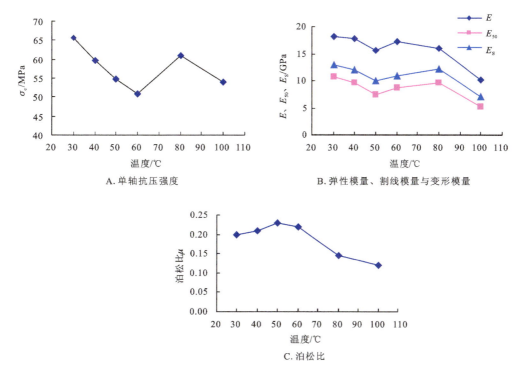

图 5.47 深部煤系粉砂岩力学参数随温度变化散点图

由图 5.47A 可知，粉砂岩的平均单轴抗压强度随温度的升高呈逐渐减小趋势；图 5.47B 反映了煤系粉砂岩的平均弹性模量、变形模量和割线模量随温度增加呈波动式减小趋势，反映了煤系粉砂岩在单轴压缩过程中试样变形大小变化不规则，与粉砂岩本身岩性和结构有关；图 5.47C 反映了煤系粉砂岩的泊松比随温度增加呈先增大后减小的趋势。

3. 温度对泥岩力学性质的影响

由于本次试验中泥岩试样在 30～60℃水平进行了多组试验，在 80℃和 100℃仅有 4 块铝质泥岩试样，不能代表泥岩的总体平均值，所以作图时仅考虑了温度在 30～60℃区间内泥岩力学参数的变化趋势，如图 5.48 所示。

研究区深部煤系泥岩的单轴抗压强度总体上随着温度的增加而减小（图 5.48A），当温度逐渐升高，单轴抗压强度随温度减小的趋势变平缓；泥岩的弹性模量及变形模量随温度的变化趋势大致与抗压强度相似，说明泥岩的刚度也都随着温度的增加而降低；泥岩的泊松比随温度增加而增大。

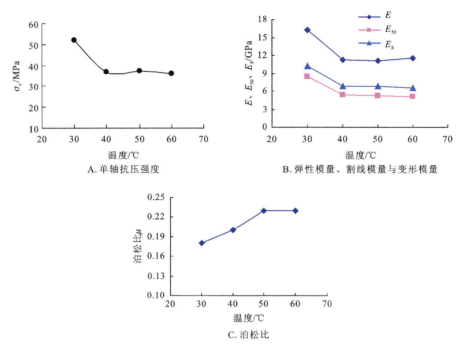

图 5.48　深部煤系泥岩力学参数随温度变化散点图

综上所述,将温度条件下深部煤系岩石试样岩性分 3 类,逐一描述了每一类岩性试样力学参数随温度的变化趋势。虽然强度和变形随温度都呈波动式变化,但总体上岩石强度随温度增加而逐渐减小,而岩样变形随温度增加逐渐增大。

在砂岩试验温度从 40℃ 升高到 80℃ 的过程中,深部煤系砂岩抗压强度降低了 11.0%,弹性模量降低了 26.0%。对于深部煤系粉砂岩和泥岩,温度从 30℃ 增加到 60℃,粉砂岩单轴抗压强度降低了 23.0%,弹性模量降低了 6.0%;泥岩单轴抗压强度降低了 31.0%,弹性模量降低了 29.0%。由此表明,温度条件对深部煤系泥岩强度和变形的影响较大,对粉砂岩的影响主要表现在强度上,而对砂岩变形的影响较大。

5.5.4　深部煤系岩石力学性质的温度影响类型

前文根据大量的分组试验,分析了温度条件对深部煤系岩石强度和变形等力学特性的影响,研究了深部主采煤层、顶底板砂岩、粉砂岩和泥岩在 30～100℃ 温度梯度下的力学强度与变形变化特征。在确定岩石岩性条件下通过统计分析不同温度下的力学性质总体变化特征,得到 3 类岩性岩石强度和变形随温度变化的规律。

为准确描述相同地层层位而岩性不同的岩石力学参数随温度的变化,分组讨论了上石盒子组、下石盒子组和山西组细砂岩、粉砂岩和泥岩的平均强度与变形参数随温度的变化类型。根据岩石强度随温度的变化特征将试验变化类型分为强度随温度增大而降低型(Ⅰ型)、强度波动不变型(Ⅱ型)和强度随温度增大而增加型(Ⅲ型)3 种变化类型。

1. Ⅰ型——强度随温度增大而降低型

根据岩石试验强度随温度变化的形式,将岩石强度随温度增大逐步降低的变化类型记为Ⅰ型,此种类型具体可以细分为以下两种亚型。

(1)Ⅰ-1 型:抗压强度、弹性模量、变形模量和割线模量均随温度的增大而降低(图 5.49)。单轴压缩应力-应变曲线上为峰值强度随温度增大逐渐降低,峰值强度之前的曲线段随温度的增加而明显变缓,岩石的强度和刚度均随温度的增加而降低。

第5章 潘集矿区深部煤系岩石物理力学性质

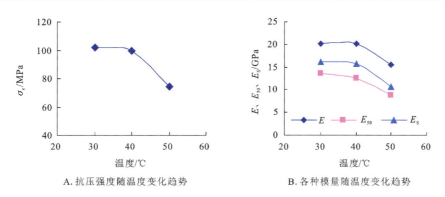

图 5.49 Ⅰ-1 型岩石力学性质随温度变化趋势图

上石盒子组砂岩和下石盒子组泥岩总体的变化特征表现为Ⅰ-1型,此种变化类型是本次试验中最主要的类型,如22-4孔的3-1组、3-2组、3-3组,17-1孔的3-2组、3-4-1组、3-4-2组,24-3孔的14-2组、14-5组、15-2组等多组试验,温度条件下部分试验组应力-应变曲线如图5.50所示。

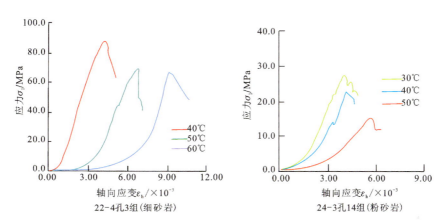

图 5.50 Ⅰ-1 型岩石应力-应变关系曲线图

(2)Ⅰ-2型:抗压强度随温度的增大在总体上呈降低趋势,弹性模量、变形模量和割线模量随温度变化波动式变化(图5.51)。表现在单轴压缩应力-应变曲线上,峰值前的斜率随温度增加表现为增大或减小,但总体上峰值应力一直在降低。此种变化类型在试验中也较常见,上石盒子组粉砂岩和山西组泥岩的强度和变形参数随温度的总体变化趋势都与此种变化类型一致。试验应力-应变曲线中表现为此种类型的有20-4孔4-1组、4-2组、4-3组,17-1组、17-2组、17-3组,25-1孔20-1组、20-2组、20-3组、20-4组及21-3孔8-1组、8-2-1组,见图5.52。

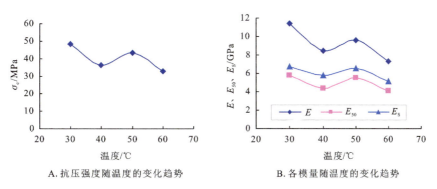

图 5.51 Ⅰ-2 型岩石力学性质随温度的变化趋势图

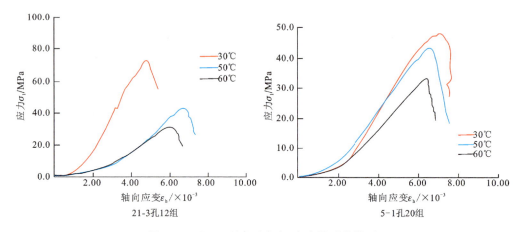

图 5.52 Ⅰ-2 型岩石应力-应变关系曲线图

2. Ⅱ型——强度波动不变型

根据岩石试验强度随温度变化的形式,将岩石强度随温度增加呈波浪式变化但总体值基本不变的类型记为Ⅱ型,岩石弹性模量基本不变或变形模量随温度增加波动式减小(图 5.53)。反映在应力-应变曲线上为峰值强度大小基本不变,峰值前曲线斜率基本不变或逐渐变缓。此种类型在试验中不多见,如 18-4 孔 10 组、12 组和 24-3 孔 5 组、6 组表现为Ⅱ型变化类型,变化类型曲线与应力-应变关系曲线如图 5.54 所示。

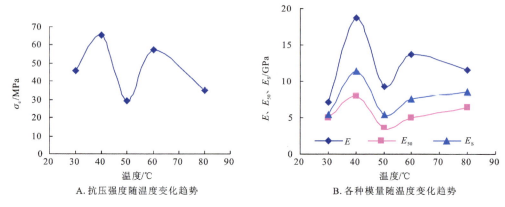

图 5.53 Ⅱ型岩石力学性质随温度变化趋势图

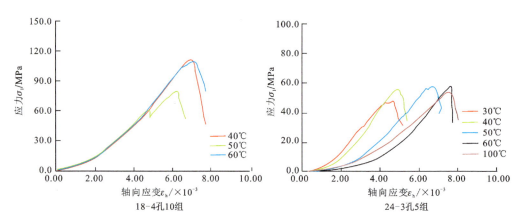

图 5.54 Ⅱ型岩石应力-应变关系曲线图

3. Ⅲ型——增大型

在温度条件下的单轴压缩试验结果中,虽然总体上岩石强度都随温度的变化呈减小的趋势,但出现一种变化形式表现为岩石抗压强度随温度的增加而增大,弹性模量和变形模量等也均增大(图5.55),此种强度和变形随温度变化类型记为Ⅲ型。此种类型的试验组在应力-应变曲线上,峰值应力随温度增加而增大,峰值前曲线斜率也逐渐增大。该类型在试验中较少见,如20-4孔16组及21-3孔7组。Ⅲ型岩石应力-应变曲线如图5.56所示。

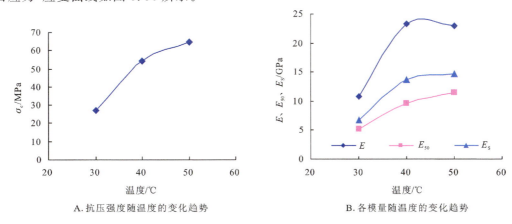

A. 抗压强度随温度的变化趋势　　B. 各模量随温度的变化趋势

图5.55　Ⅲ型岩石力学性质随温度的变化趋势图

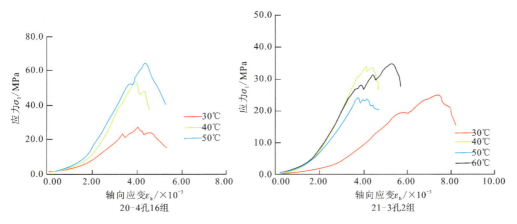

图5.56　Ⅲ型岩石应力-应变关系曲线图

5.6　含水条件下煤系岩石力学性质

5.6.1　样品采集与制作

本次室内含水条件岩石试样采自潘集矿区深部外围勘查区详查阶段24-3孔、21-3孔、25-1孔和20-4孔。采取层位主要为二叠系主采煤层顶底板,包括13-1煤层、11-2煤层、8煤层、4煤层和1煤层顶底板,主要岩性包括细砂岩、粉砂岩和泥岩3种。由于岩样套芯困难,所以直接选用岩芯,将其两端打平,制作成非标准圆柱样,并进行分组编号,记录采样深度、采样层位、试样岩性等样品信息,量测试样尺寸、质量,并对其进行了波速测试。试样基本特征见表5.15。

表 5.15 含水条件力学试样基本特征

钻孔编号	试样编号	采样深度/m	岩石名称	采样层位	密度/(g·cm^{-3})	纵波波速/(m·s^{-1})	试样特征
24-3	F3-1	967.3~969.5	泥岩	11-2煤层顶板	3.19	5 046.30	深灰色,巨厚层状,泥质结构,局部见滑面,平坦状断口,见植物茎部化石
	F3-4				3.31	4 802.63	
	F3-6				2.80	4 341.46	
	F3-2				2.76	4 443.09	
	F3-3				2.69	1 900.71	
	F12-5	1 062.8~1 064.0	粉砂岩	8煤层顶板	2.78	4 661.46	深灰色,巨厚层状,粉砂状结构,含薄层细砂质,少量暗色矿物,钙硅质胶结,局部见滑面,坚硬
	F12-6				2.69	4 029.85	
	F12-2				2.64	3 025.71	
	F12-1				2.67	3 788.62	
	F12-4				2.68	4 105.88	
21-3	G9-2-1	1 273.0~1 276.0	细砂岩	8煤层上层位	2.71	4 452.38	浅灰色,巨厚层状,细粒砂状结构,成分以石英为主,泥硅质孔隙式胶结,局部夹泥质薄层,中部夹粉砂条带
	G9-2-2				2.63	3 423.61	
	G9-1				2.63	4 327.59	
	G9-4-1				2.61	3 760.00	
	G9-4-2				2.61	3 611.94	
25-1	K1-3	821.0~823.2	泥岩	13-1煤层上层位	2.65	3 737.62	灰色—浅灰绿色夹紫斑杂色,巨厚层状,泥质结构,偶见滑面,上部稍含铝质成分,下部含粉砂质成分,脆性好
	K1-2				2.64	3 166.67	
	K1-4				2.70	4 201.75	
	K1-5				2.59	3 894.53	
	K1-6				2.60	3 127.82	
	K2-1	877.2~878.7	粉砂岩	13-1煤层下层位	2.61	3 728.07	灰色,巨厚层状,粉砂状结构,局部含细砂质,呈互层状,平坦状断口
	K2-4				2.62	4 291.67	
	K2-3				2.64	3 725.00	
	K2-2				2.64	4 244.00	
	K2-5				2.68	4 600.00	
	K2-6				2.91	4 447.62	
	K4-3	928.0~928.8	泥岩	11-2煤层底板	2.61	3 304.64	深灰色—灰色,巨厚层状,泥质结构,局部见菱铁质鲕粒和铝质成分,偶见滑面,平坦状断口,见植物根茎化石
	K4-2				2.61	3 125.00	
	K4-5				2.68	3 041.90	
	K4-4				2.70	3 014.04	
	K4-1				2.62	3 880.60	

续表 5.15

钻孔编号	试样编号	采样深度/m	岩石名称	采样层位	密度/$(g \cdot cm^{-3})$	纵波波速/$(m \cdot s^{-1})$	试样特征
25-1	K9-2	1 035.0~1 036.8	泥岩	4-1煤层下层位	2.52	3 051.02	深灰色—灰色,巨厚层状,泥质结构,局部见滑面,含铝质,平坦状断口,偶见植物茎叶化石
	K9-3				2.55	2 935.03	
	K9-1				2.79	4 500.00	
	K9-4				2.86	4 336.00	
	K9-5				2.63	3 091.46	
	K9-6				2.62	3 229.56	
	K18-5	1 117.3~1 118.6	粉砂岩	1煤层下层位	2.67	3 394.56	深灰色—灰色,巨厚层状,粉砂状结构,局部夹菱铁质结核及细砂质薄层,平坦状断口
	K18-3				2.62	3 765.96	
	K18-1				2.63	2 351.85	
	K18-2				2.63	3 069.62	
	K18-4				2.62	3 453.95	
	K18-6				2.69	4 175.78	
20-4	M2-3-2	1 254.0~1 262.0	粉砂岩	13-1煤层上层位	2.67	3 114.75	灰白色,粉砂结构,致密性脆,偶见裂隙,充填钙质,局部稍含菱铁质,近平坦状—参差状断口
	M2-3-1				2.65	3 270.35	
	M2-1-1				2.65	3 016.13	
	M2-2				2.64	3 343.02	
	M2-1-2				2.66	3 248.57	
	M5-2-1	1 285.0~1 286.0	细砂岩	13-1煤层底板	2.70	4 747.90	灰色—灰白色,细砂质结构,见少量暗色矿物,裂隙充填钙质,局部含菱铁质,见泥质条带
	M5-3-1				2.67	4 542.97	
	M5-2-2				2.69	4 791.67	
	M5-3-2				2.67	4 551.59	
	M5-1				2.71	4 750.00	
	M12-5	1 410.0~1 416.0	细砂岩	8煤层上层位	2.61	4 096.43	灰—灰白色,细砂结构,主要成分为石英长石,见少量暗色矿物,分选一般,次棱角
	M12-1				2.60	3 418.60	
	M12-3				2.65	4 443.18	
	M12-4				2.60	3 774.83	
	M12-2				2.62	4 031.47	
	M14-1-1	1 420.0~1 424.0	细砂岩	8煤层上层位	2.63	3 385.96	灰白色,细砂结构,致密性脆,见裂隙,充填钙质,参差状断口
	M14-4-2				2.64	3 354.65	
	M14-1-2				2.60	3 263.01	
	M14-2-1				2.55	3 272.99	
	M14-4-1				2.64	3 415.66	
	M14-2-2				2.55	3 153.63	
	M14-3-1				2.56	3 329.41	

续表 5.15

钻孔编号	试样编号	采样深度/m	岩石名称	采样层位	密度/(g·cm⁻³)	纵波波速/(m·s⁻¹)	试样特征
20-4	M15-3	1 424.0~1 427.0	细砂岩	8煤层上层位	2.62	3 642.28	灰白色,细砂结构,致密性脆,见裂隙,充填钙质,参差状断口
	M15-2				2.61	3 570.55	
	M15-5				2.61	3 645.16	
	M15-4				2.58	3 711.04	
	M15-6				2.61	4 093.53	

5.6.2 含水条件下岩石单轴压缩试验

1.试验方案与试验过程

为了在实验室实现含水条件岩石单轴压缩试验,在试验前将样件分组编号(图 5.57A),每组试样不少于 5 块。将岩芯试样放入水箱中,通过浸水不同时间实现岩石含水量的不同。首先将水箱底部铺设厚层吸水毛巾,将同组试样放入同一水箱中,先在水箱中加水至试样中部(图 5.57B),一段时间后继续加水至淹没试样为止,此时开始记录浸水时间(图 5.57C)。

A.试样分组编号

B.加水浸泡(试样高度1/3水位)

C.加满水

D.浸水24h试样

图 5.57　含水状态样品制作

第5章 潘集矿区深部煤系岩石物理力学性质

试样分组编号后,针对每组试样数量设计试验方案。设定试样初始含水状态相同,均为风干状态。在浸水前每组试样中做一次单轴压缩试验,作为后续浸水试验结果的对比基础。根据每组试样个数,选择浸水时间间隔为12h。每隔12h从水箱中每组试样取出一块进行单轴压缩试验,试验采用RMT-150B力学试验系统。每块试样单轴压缩试验之后,将试验后的剩留残块进行含水率测试,代表每个浸水时间状态下的含水率。根据试验规程采用烘干法测定含水率。测试结果见表5.16~表5.18。

表5.16 含水条件下泥岩试验结果

钻孔编号	样品编号	采样深度/m	岩石名称	层位	浸水时间/h	含水率/%	单轴抗压强度/MPa	弹性模量/GPa	割线模量/GPa	变形模量/GPa	泊松比
24-3	F3-4	967.3~969.5	泥岩	11-2煤层顶板	0	0.25	72.00	21.30	17.28	18.24	0.271
	F3-1				12	0.39	65.49	21.59	10.08	13.49	0.185
	F3-2				24	0.70	51.96	15.72	9.00	10.77	0.207
	F3-6				36	0.77	38.10	11.40	5.39	7.59	0.218
	F3-3				48	1.01	26.26	6.14	3.00	4.00	0.194
25-1	K1-3	821.0~823.2	泥岩	13-1煤层上层位	0	1.15	44.95	10.50	5.21	6.86	0.265
	K1-5				12	1.20	40.34	19.70	13.16	14.71	0.197
	K1-6				24	1.36	30.46	5.56	2.97	3.87	0.110
	K1-4				36	1.61	19.74	4.20	3.18	3.65	0.290
	K1-2				48	1.74	17.48	4.31	2.64	2.86	0.495
	K4-2	928.0~928.8	泥岩	11-2煤层底板	0	0.90	32.20	8.71	4.04	5.44	0.254
	K4-1				12	1.10	23.40	8.90	4.91	6.11	0.347
	K4-4				24	1.15	21.06	8.40	2.67	4.01	0.155
	K4-5				36	1.23	18.71	5.22	3.14	3.90	0.204
	K4-3				48	1.45	18.29	2.15	2.18	2.14	0.300
	K9-1	1 035.0~1 036.8	泥岩	4-1煤层下层位	0	0.73	72.59	26.2	10.84	14.55	0.228
	K9-4				12	0.92	59.38	23.44	12.05	16.3	0.347
	K9-6				24	1.28	26.13	8.97	4.85	6.31	0.125
	K9-5				36	1.42	24.54	9.84	3.86	5.27	0.242
	K9-2				48	1.65	14.65	2.6	2.95	2.03	0.302

表5.17 含水条件下粉砂岩试验结果

钻孔编号	样品编号	采样深度/m	岩石名称	层位	浸水时间/h	含水率/%	单轴抗压强度/MPa	弹性模量/GPa	割线模量/GPa	变形模量/GPa	泊松比
24-3	F12-5	1 062.8~1 064.0	粉砂岩	8煤层顶板	0	0.50	105.19	26.78	12.27	15.46	0.209
	F12-6				12	0.74	61.76	19.92	10.47	13.87	0.596
	F12-4				24	0.94	59.99	12.89	5.63	7.52	0.109
	F12-1				36	1.02	32.00	9.02	3.02	3.67	0.200
	F12-2				48	1.14	25.67	5.43	2.05	2.86	0.270

续表 5.17

钻孔编号	样品编号	采样深度/m	岩石名称	层位	浸水时间/h	含水率/%	单轴抗压强度/MPa	弹性模量/GPa	割线模量/GPa	变形模量/GPa	泊松比
25-1	K2-5	877.2~878.7	粉砂岩	13-1煤层下层位	0	1.04	59.40	15.13	7.74	10.53	0.272
	K2-1				12	1.17	46.10	7.96	4.07	5.46	0.091
	K2-4				24	1.31	40.57	11.79	3.87	5.20	0.434
	K2-2				36	1.34	40.60	13.26	5.10	7.41	0.357
	K2-6				48	1.36	33.85	8.84	7.25	6.90	0.528
	K18-3	1 117.3~1 118.6	粉砂岩	1煤层下层位	0	0.78	65.42	17.55	10.10	11.93	0.246
	K18-5				12	0.98	64.26	16.49	8.50	10.47	0.234
	K18-4				24	1.02	56.98	14.68	7.72	9.93	0.278
	K18-6				36	1.26	52.36	11.45	6.35	7.53	0.443
	K18-2				48	1.31	30.36	6.65	3.74	4.93	0.180
20-4	M2-3-1	1 254.0~1 262.0	粉砂岩	13-1煤层上层位	0	0.76	90.03	23.47	12.42	15.13	0.282
	M2-2-2				12	0.87	85.80	21.10	10.74	13.98	0.126
	M2-1-2				24	0.94	80.93	18.47	9.37	12.44	0.113
	M2-1-1				36	1.02	79.42	18.44	8.12	10.74	0.269
	M2-3-2				48	1.17	63.05	14.20	7.24	8.83	0.161

表 5.18　含水条件下细砂岩试验结果

钻孔编号	样品编号	采样深度/m	岩石名称	层位	浸水时间/h	含水率/%	单轴抗压强度/MPa	弹性模量/GPa	割线模量/GPa	变形模量/GPa	泊松比
21-3	G9-2-1	1 273.0~1 276.0	细砂岩	8煤层上层位	0	0.59	127.00	26.30	7.25	10.00	0.150
	G9-1				12	0.76	130.11	23.62	13.93	17.88	0.189
	G9-2-2				24	0.82	108.59	25.69	13.47	17.07	0.167
	G9-4-1				36	1.09	96.39	19.87	12.52	15.40	0.533
	G9-4-2				48	1.16	90.94	18.33	11.03	13.84	0.366
20-4	M5-3-1	1 285.0~1 286.0	细砂岩	13-1煤层底板	0	0.40	149.71	36.12	24.05	26.05	0.355
	M5-1				12	0.44	145.31	41.11	25.77	30.78	0.313
	M5-2-2				24	0.48	143.98	39.28	23.86	29.22	0.278
	M5-2-1				36	0.50	133.94	30.98	18.01	22.35	0.179
	M5-3-2				48	0.51	113.81	30.67	15.91	19.94	0.247
	M12-5	1 410.0~1 416.0	细砂岩	8煤层上层位	0	0.45	120.58	27.09	13.1	16.93	0.207
	M12-4				12	0.57	116.56	31.8	16.46	20.31	0.108
	M12-1				24	0.66	111.78	30.13	15.17	20.04	0.169
	M12-3				36	0.81	107.71	24.17	12.81	17.58	0.268
	M12-2				48	1.07	71.49	23.55	12.58	16.07	0.279

续表 5.18

钻孔编号	样品编号	采样深度/m	岩石名称	层位	浸水时间/h	含水率/%	单轴抗压强度/MPa	弹性模量/GPa	割线模量/GPa	变形模量/GPa	泊松比
20-4	M14-1-2	1 420.0~1 424.0	细砂岩	8煤层上层位	0	0.50	114.56	27.27	11.17	15.35	0.262
	M14-1-1				12	0.65	110.38	27.11	12.62	16.36	0.269
	M14-4-1				24	0.80	110.07	25.48	11.32	15.37	0.206
	M14-3-1				36	0.92	76.74	19.04	10.26	14.24	0.192
	M14-2-2				48	1.12	60.08	18.03	11.55	13.99	0.193
	M15-2	1 424.0~1 427.0	细砂岩	8煤层上层位	0	0.36	136.66	34.68	15.55	21.11	0.198
	M15-3				12	0.58	103.73	26.49	11.57	15.99	0.232
	M15-5				24	0.62	97.79	30.11	17.39	22.22	0.255
	M15-6				36	0.78	80.20	22.02	14.33	17.35	0.192
	M15-4				48	0.82	75.86	17.59	9.88	12.98	0.111

2. 不同含水条件下岩石力学特征

1) 不同含水条件下泥岩力学特征

本次含水试验中,泥岩试样共计做了4组试验,试样分别采自13-1煤层上层位、11-2煤层顶底板和4-1煤层下层位。F3组泥岩试样采自24-3孔11-2煤层顶板,深灰色,巨厚层状,泥质结构,局部见滑面,平坦状断口,见植物茎部化石。K1组泥岩试样取自25-1孔13-1煤层上层位,灰色—浅灰绿色夹紫斑杂色,巨厚层状,泥质结构,偶见滑面,上部稍含铝质成分,下部含粉砂质成分,脆性好。K9组泥岩试样取自25-1孔4-1煤层下层位,深灰色—灰色,巨厚层状,泥质结构,局部见滑面,含铝质,偶见植物茎叶化石。K4组泥岩试样取自25-1孔11-2煤层底板,深灰色—灰色,巨厚层状,泥质结构,局部见菱铁质鲕粒和铝质成分,偶见滑面,平坦状断口,见植物根茎化石。4组泥岩试样含水率在0.25%~1.74%之间,并且泥岩试样的含水率随浸泡时间的增加逐渐增大,如图5.58所示,但泥岩中含有菱铁质和铝质成分,较致密,浸水后其含水量增加幅度较小。

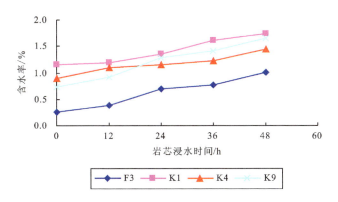

图 5.58 含水率与浸水时间关系

4组泥岩试样单轴压缩曲线如图5.59所示,试验结果见表5.16。由图5.59可知,随着含水率的逐渐增加,单轴压缩强度逐渐降低,弹性模量逐渐减小,泥岩的变形随着浸水时间的增加逐渐增大,岩石由初始状态下的脆性破坏逐渐向延性变化,岩石的轴向变形逐渐增大。4组泥岩试样抗压强度与含水率关系散点图见图 5.60。由图 5.60A 可以看出,随着含水率的增大,泥岩的抗压强度急剧降低。弹性模量与含水率也有同样的关系(图 5.60B)。

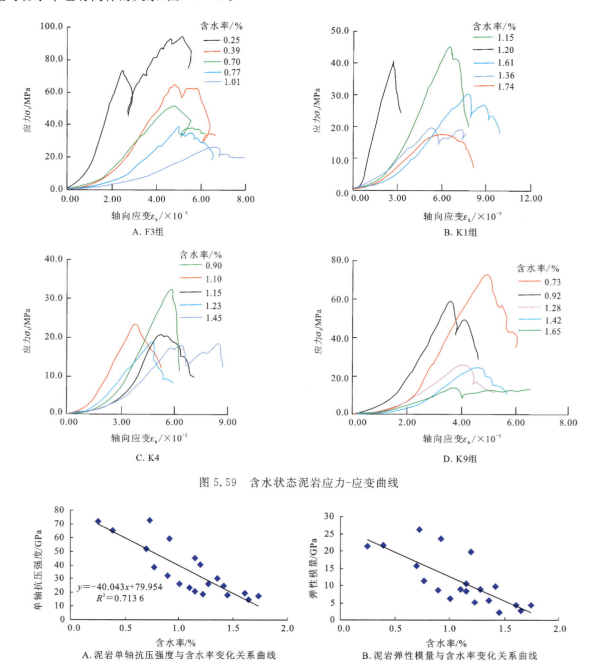

图 5.59 含水状态泥岩应力-应变曲线

图 5.60 泥岩含水率与岩石强度和弹性模量的关系曲线

2)不同含水条件下粉砂岩力学特征

粉砂岩试样也做了 4 组试验,其中,F12 组采自 24-3 孔 8 煤层顶板,K2 组采自 25-1 孔 13-1 煤层下层位,K18 组采自 25-1 孔 1 煤层下层位,M2 组采自 20-4 孔 13-1 煤层上层位。4 组试样含水条件下单轴压缩试验曲线如图 5.61 所示,试验结果见表 5.17。

由图 5.61 可知,研究区煤层顶底板粉砂岩随着含水率的增大,轴向应变逐渐增大,变形模量逐渐减小。由 F12 组和 K18 组试验数据曲线可以看出,粉砂岩强度随着含水率的增加而急剧降低,但也有出现不同变化规律,如 K2 组和 M2 组粉砂岩随着含水率的增加虽然轴向变形逐渐增大,但岩石单轴抗压

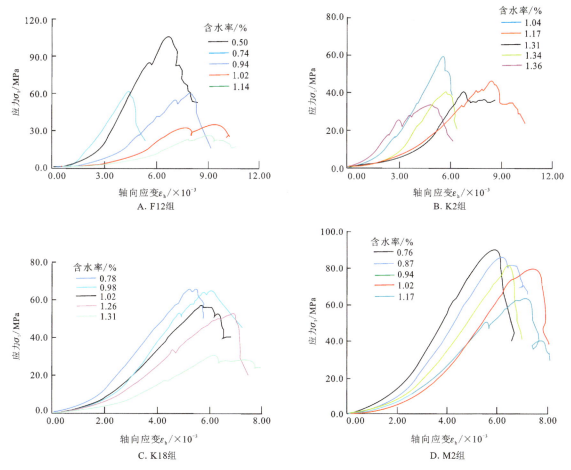

图 5.61 含水状态粉砂岩应力-应变曲线

强度降低幅度不大,这与粉砂岩试样本身的结构和成分有关。

4 组粉砂岩试样抗压强度、弹性模量与含水率关系散点图见图 5.62。由图 5.62 可知,随着含水量的增加,粉砂岩的单轴抗压强度逐渐降低,弹性模量也有逐渐减小。

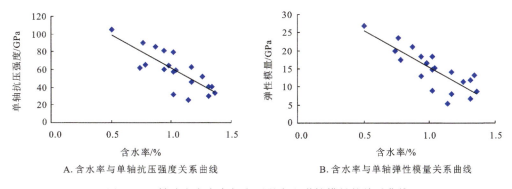

A. 含水率与单轴抗压强度关系曲线　　　　B. 含水率与单轴弹性模量关系曲线

图 5.62 粉砂岩含水率与岩石强度和弹性模量的关系曲线

3) 不同含水条件下细砂岩力学特征

在本次含水条件下室内单轴压缩试验中,细砂岩试样共进行了 5 组试验,其中,G9 组采自 21-3 孔 8 煤层上层位,M5 组采自 20-4 孔 13-1 煤层底板,M12 组、M14 组、M15 组采自 20-4 孔 8 煤层上层位。5 组试样含水条件下单轴压缩试验曲线如图 5.63 所示,试验结果见表 5.18。

从图 5.64 可以看出,随着含水率的增大,细砂岩的单轴抗压强度逐渐减小,弹性模量整体上也随含水率的增大而减小。

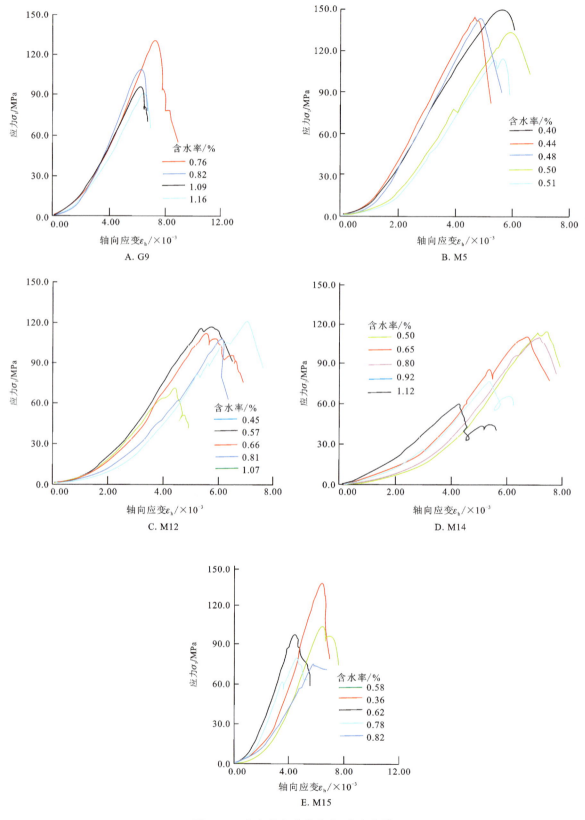

图 5.63 含水状态砂岩应力-应变曲线

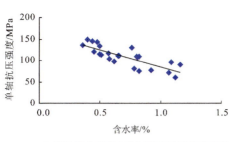
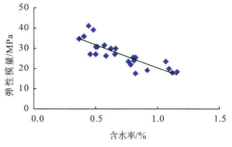

A. 细砂岩含水率与单轴抗压强度关系曲线　　　　B. 细砂岩含水率与岩石弹性模量关系曲线

图 5.64　细砂岩含水率与岩石强度和弹性模量的关系曲线

由表 5.17 可知,M5 组细砂岩岩石致密,纵波波速较大,结构完整,其含水率总体较小,浸水后含水率变化也不大,其强度整体较大,但浸水对其力学性质也有一定影响,但降幅不大。

综上所述,在介绍含水条件岩石试样的采取、制样、含水状态的实现基础上,通过室内单轴压缩试验,分析研究了潘集煤矿外围勘查区煤系地层各种岩性试样在不同含水状态下的力学性质。试验结果表明:

(1)在浸水时间 48h 内,各种岩性的岩石试样含水率整体上均随着浸水时间的增加而逐渐增大,不同岩性岩石由于成分和结构不同,吸水性不一样,表现为细砂岩岩石强度和刚度大,岩石的吸水性相对较弱,浸水时间内含水率变化较小;而泥岩岩石的强度和刚度小,岩石的吸水性相对较强,浸水时间内含水率变化较大。

(2)水对煤系岩石的单轴抗压强度、弹性模量和变形破坏形式都具有较显著影响。岩石单轴抗压强度和弹性模量值随含水率的增加而呈线性规律降低;不同岩性岩石单轴抗压强度和弹性模量值受含水率的影响程度不同,泥岩和粉砂岩降低速率较大,细砂岩变化速度较慢;在干燥或较低含水率情况下,应力-应变曲线在峰值强度后岩石表现为脆性和剪切破坏,而泥岩和粉砂岩试样随着含水率的增加,峰值强度后岩石主要趋向塑性破坏,细砂岩在浸水时间内以脆性破坏为主。

5.7　本章小结

(1)开展了淮南矿区深部煤系岩石物理性质及室内声波测试工作,结果表明砂岩类岩石中粗砂岩孔隙率和吸水率最大,细砂岩最小,粉砂岩与砂岩类差别不大,细砂岩密度最大;岩石纵波波速与孔隙率和视密度密切相关,泥岩不同成分对纵波波速影响明显,砂岩纵波波速与其结构及裂隙发育有关,各岩性岩石物理性质和纵波速度分布都较为离散。

(2)常规条件下的岩石力学性质试验结果表明,总体上各岩性煤系岩石力学性质参数相比物理参数更加离散,砂岩的强度和刚度均表现较大,而煤系泥岩的各项力学参数都最小且离散性比砂岩和粉砂岩更大;煤系砂岩、粉砂岩和泥岩的抗压强度与其他力学性质参数如抗拉强度、弹性模量、凝聚力之间呈正相关关系,部分岩石线性相关拟合度高。

(3)不同沉积层位不同岩性岩石力学强度差异较大,其中细砂岩力学强度最高,泥岩最小,砂岩的抗压、抗拉强度随着层位深度的增加有减小的趋势,泥岩的抗压、抗拉强度的规律不明显,受层位和深度的影响较小;研究区 11-2 煤层顶底板岩石强度较高,8 煤层和 4-1 煤层顶底板岩石力学性质之间差异较大。

(4)开展了不同围压条件下煤系岩石三轴力学试验。当围压较低时,岩石试样呈破裂面平行于主压应力作用力方向的典型脆性张破坏;随着围压的增加,岩石试样逐渐由拉张破坏为主过渡到剪切破坏为主的形式,然后向典型的剪张破坏转化。破坏形式上由围压较小的脆性破坏转为塑性破坏,揭示了深部高地应力条件下岩石物性状态的改变。

(5)三轴压缩试验结果表明,不同岩性的岩石,随着围压的增大岩石的峰值应力也增大,但其增大的速率受岩性所控制。通过对力学参数的回归分析,建立了淮南矿区深部不同岩性的煤系岩石力学强度及峰值应变随围压变化的预测模型,并给出研究区煤系岩石的岩性影响系数。

(6)开展了不同温度条件下煤系岩石力学性质试验,结果表明温度对煤系岩石强度和变形性质的影响要弱于岩性和层位的影响;深部煤系砂岩、粉砂岩和泥岩的单轴抗压强度随温度的升高逐渐降低,平均弹性模量、割线模量和变形模量也都随温升高有波动降低的趋势,温度条件对深部煤系泥岩强度和变形的影响最大。

(7)根据强度随温度的变化规律将岩石力学性质随温度的变化类型分为3类:Ⅰ型,强度随温度增加而降低型;Ⅱ型,强度波动不变型;Ⅲ型,强度随温度增大而增加型。研究区深部煤系岩石力学参数随温度变化类型以Ⅰ型为主,总体上随温度增加强度有所降低,变形量增大。

(8)水对煤系岩石力学性质有较显著的影响。岩石单轴抗压强度和弹性模量随含水率的增加而呈线性规律降低;不同岩性岩石单轴抗压强度和弹性模量受含水率的影响程度不同,泥岩和粉砂岩降低速率较大,细砂岩变化速率较小;在干燥或较少含水率情况下,岩石表现为脆性和剪切破坏,而泥岩和粉砂岩试样随着含水率的增加,岩石趋向于塑性破坏。

第 6 章 深部煤系岩石力学性质差异性及其控制机理

煤系岩石是有着特定区域性平面和垂向分布的沉积岩,影响其物理力学性质的因素有很多种。由于成岩机理的差异和外部环境的干扰,不同岩性岩石的矿物组成和微观结构也不同,岩石颗粒的随机分布和连接形成了特有的结构和力学特性,其复杂的物理力学性质是岩石微细结构特性的宏观体现(张鹏飞,1990;孟召平和苏永华,2006)。即使是同一种岩性的岩石,其所具有的矿物组成和结构等物质性也不尽相同,所包含的各种物理参数和力学性能差异很大。要想对岩石的力学特性及其在工程条件下的力学表现有比较深入的认识和理解,必须在大量试验研究的基础上分析研究其力学性质差异性的控制因素。

在岩石力学和工程地质中将岩石看作一种特殊的地质材料,特殊性就在于其自身的物质性、结构性和赋存性以及时刻处在地质演化作用过程之中。这种区别于其他材料的性质称为岩石的地质本质性,是导致岩石力学性质差异性的主要影响因素(鲁功达等,2013)。煤系岩石属于特殊的沉积岩,其沉积环境和沉积特性包括微观成分和结构等内在条件构成的物质性,沉积岩体经过地质构造作用改造而形成的不同结构特性以及埋藏于深部的赋存温度与地应力环境等赋存特性共同影响和控制着其力学性质的差异性。

深部煤系岩石力学试验结果反映了岩石的力学性质参数在不同岩性间差异表现较大,但相同岩性岩石的主要力学性质参数之间存在着一定的相关性(杨文丰等,2014)。岩石的抗压强度和抗拉强度均为重要的岩石力学性质,抗拉强度要比抗压强度小得多,因为在压缩条件下,裂缝扩展受阻止的机会比在拉伸条件下大得多,决定抗压强度的不只有岩石内部的凝聚力,还有摩擦力;而在拉伸条件下,试样中裂隙扩展速率比压缩时快,因为在拉应力场中,储存能释放速率随裂隙尺寸微量增加而迅速增大,决定抗拉强度的因素主要是岩石颗粒的凝聚力(周念清等,2013;Shen et al.,2019)。研究区常规条件下的各种岩性煤系岩石力学参数相关性分析结果表明,研究区煤系岩石的抗压强度与抗拉强度、弹性模量以及凝聚力之间有较好的线性正相关关系。

根据研究区岩石力学性质参数间的相关性,本章选择主要的力学参数抗压强度指标为代表,分析研究煤系岩石的力学性质与其地质本质性的控制关系。

6.1 深部煤系岩石力学性质差异性分布

6.1.1 煤系岩石力学性质参数分布的差异性

煤系岩石的抗压强度一方面可为勘查设计阶段的工程地质评价提供参数,另一方面可为巷道施工以及支护选择提供依据。在研究区内,煤系岩石的抗压强度参数与变形参数以及剪切参数之间都有良好的线性正相关关系,所以选择抗压强度参数作为研究对象,系统研究深部煤系岩石抗压强度差异性分布特征。

由常规条件下的岩石力学试验结果分析可知,不同岩性岩石力学性质指标差异性较为明显,而相同岩性不同层位的岩石力学性质指标也存在一定的差异性。所以,分层位统计了研究区上石盒子组、下石盒子组和山西组的砂岩、粉砂岩和泥岩的抗压强度参数,分别作出了不同层位3种岩性岩石抗压强度参数分布直方图进行对比分析,如图6.1~图6.3所示。

由图6.1可知,上石盒子组砂岩抗压强度有80%处于20~80MPa区间内,较符合正态分布,标准差为25.725MPa,平均值为66.16MPa,离散程度较大;下石盒子组砂岩抗压强度离散程度也较大,分布较分散,最大值在100MPa左右,标准差为20.662MPa,平均值为63.03MPa;山西组砂岩数据较少,分布也较为离散,最大值在100MPa左右,标准差为18.697MPa,平均值为62.32MPa。

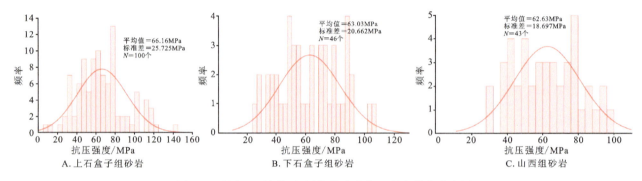

图6.1 研究区不同沉积层位的砂岩抗压强度分布直方图

由图6.2可知,上石盒子组粉砂岩抗压强度分布较符合正态分布,抗压强度有80%处于20~70MPa区间内,标准差为18.52MPa,平均值为44.69MPa;下石盒子组粉砂岩抗压强度数据较少,但离散程度也较大,标准差为20.41MPa,平均值为40.76MPa;山西组粉砂岩试样数不多,所以直方图比较稀疏,抗压强度有80%处于30~60MPa区间内,个别达到120MPa左右,标准差为22.11MPa,平均值为49.43MPa。

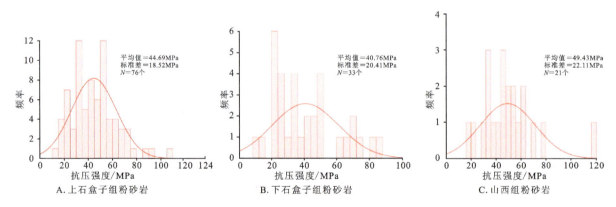

图6.2 研究区不同沉积层位的粉砂岩抗压强度分布直方图

由图6.3可知,上石盒子组泥岩抗压强度分布基本符合正偏态分布,90%处于10~60MPa区间内,标准差为15.32MPa,平均值为29.32MPa,离散程度较小;下石盒子组泥岩抗压强度有80%处于10~50MPa区间内,标准差为13.15MPa,平均值为29.69MPa,离散程度较大;山西组泥岩抗压强度分布区间较大,离散程度也大,标准差为11.24MPa,平均值为28.73MPa。

研究区不同岩性的岩石抗压强度差异明显,整体上砂岩抗压强度最大,粉砂岩次之,泥岩强度最小;

第6章 深部煤系岩石力学性质差异性及其控制机理

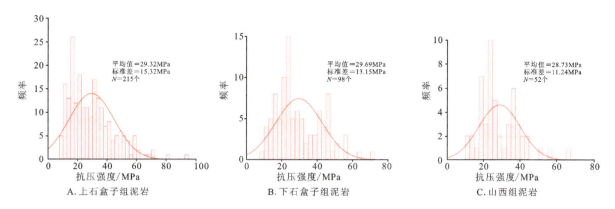

图6.3 研究区不同沉积层位的泥岩抗压强度分布直方图

不同层位相同岩性的岩石抗压强度也有较大差异,上石盒子组砂岩平均强度最高,而山西组粉砂岩平均强度最高。而且在相同的沉积层位,砂岩、粉砂岩和泥岩的抗压强度参数分布区间依然较大,离散程度也较高。

6.1.2 主采煤层顶底板岩石力学性质垂向分布的差异性

本书主要研究对象为研究区二叠系第一含煤段至第四含煤段5个主采煤层顶底板岩石。煤系岩石采样时按照统一标准,分组采集煤层顶板50m至底板30m范围内的不同岩性岩石。在垂向上相同层位同一煤层顶底板埋深相差50~400m不等,按照埋深顺序由上石盒子组13-1煤层顶板至山西组1煤层底板砂岩、粉砂岩和泥岩的抗压强度分布,可以反映研究区垂向上各岩性岩石力学性质的分布特征。

分组统计研究区常规条件下力学试验结果中13-1煤层顶底板、11-2煤层顶底板、8煤层顶底板、4-1煤层顶底板、3煤层顶板以及1煤层底板的砂岩、粉砂岩和泥岩抗压强度值及其分布范围,并计算其平均值与变异系数,统计结果见表6.1。由表6.1可知:

表6.1 主采煤层顶底板岩石抗压强度特征统计表

主采煤层		砂岩				粉砂岩				泥岩			
		抗压强度/MPa			变异系数/%	抗压强度/MPa			变异系数/%	抗压强度/MPa			变异系数/%
		最大值	最小值	平均值		最大值	最小值	平均值		最大值	最小值	平均值	
13-1煤层	顶板	102.43	23.50	61.53	31.69	90.70	17.20	45.49	40.47	81.80	8.43	27.12	56.14
	底板	114.10	26.60	59.16	37.58	107.40	18.80	47.70	46.20	94.90	11.4	34.84	50.00
11-2煤层	顶板	140.00	29.96	73.89	36.95	60.40	15.77	42.21	31.67	59.30	9.42	27.34	46.81
	底板	123.70	33.05	73.25	40.68	74.78	21.85	44.25	41.44	53.60	10.44	27.97	44.37
8煤层	顶板	92.70	28.80	66.39	29.41	80.9	20.24	43.26	45.89	70.40	10.77	28.93	49.53
	底板	87.60	26.80	57.69	34.8	87.30	11.05	40.21	62.48	56.79	14.49	30.05	36.89
4-1煤层	顶板	105.12	38.82	66.52	35.45	40.30	24.50	34.85	24.85	63.27	13.45	32.12	53.50
	底板	77.95	29.00	53.65	37.35	34.95	32.60	33.78	4.92	45.38	15.88	31.06	31.20
1煤层	顶板	95.40	29.75	64.13	37.53	119.28	30.10	56.45	40.42	66.30	11.46	28.65	45.88
3煤层	底板	99.97	28.30	57.12	41.99	60.71	16.45	38.8	44.85	56.90	10.93	28.94	34.10

（1）研究区5个主采煤层顶底板砂岩、粉砂岩和泥岩的抗压强度变异系数都较大，各煤层顶底板中相同岩性的岩石抗压强度分布离散性也均较大；13-1煤层顶底板的泥岩、8煤层顶底板的粉砂岩强度离散性大，3煤层顶板和1煤层底板的砂岩强度离散程度也较大。

（2）研究区4-1煤层顶底板砂岩平均抗压强度差异较大，3煤层顶板和1煤层底板的粉砂岩平均抗压强度差异也较大，而各主采煤层顶底板泥岩的平均抗压强度差异较小，研究区不同沉积层位的岩石力学参数分布特征也印证了这一结论。

（3）垂向上，11-2煤层顶底板砂岩强度最高，3煤层顶板的粉砂岩强度最高，整体上由13-1煤层顶板至1煤层底板的相同岩性岩石强度的分布说明了研究区在垂向上岩石力学性质分布存在较大的差异性。

6.1.3 主采煤层顶底板岩石力学性质平面分布的差异性

以研究区各主采煤层顶底板岩层为研究对象，统计了顶底板砂岩、粉砂岩、泥岩的分层厚度，然后根据钻孔中各层岩石力学试验结果，分别计算出各种岩性岩石对应的抗压强度值。采用第3章中统计顶底板岩石质量指标相同的岩性分层加权方法计算各钻孔在主采煤层顶底板的钻孔加权平均值，由研究区各钻孔加权平均值编制了各主采煤层顶底板岩石抗压强度平面分布趋势图，如图6.4所示。由图6.4可知：

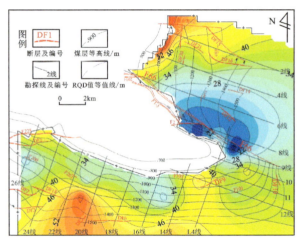

A. 13-1煤层顶板强度

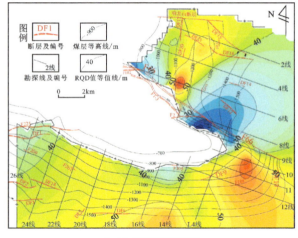

B. 13-1煤层底板强度

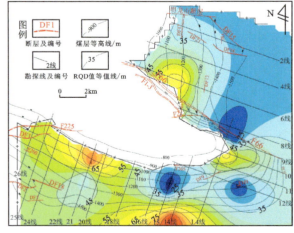

C. 11-2煤层顶板强度

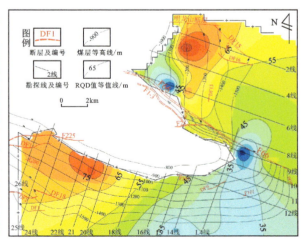

D. 11-2煤层底板强度

第6章 深部煤系岩石力学性质差异性及其控制机理

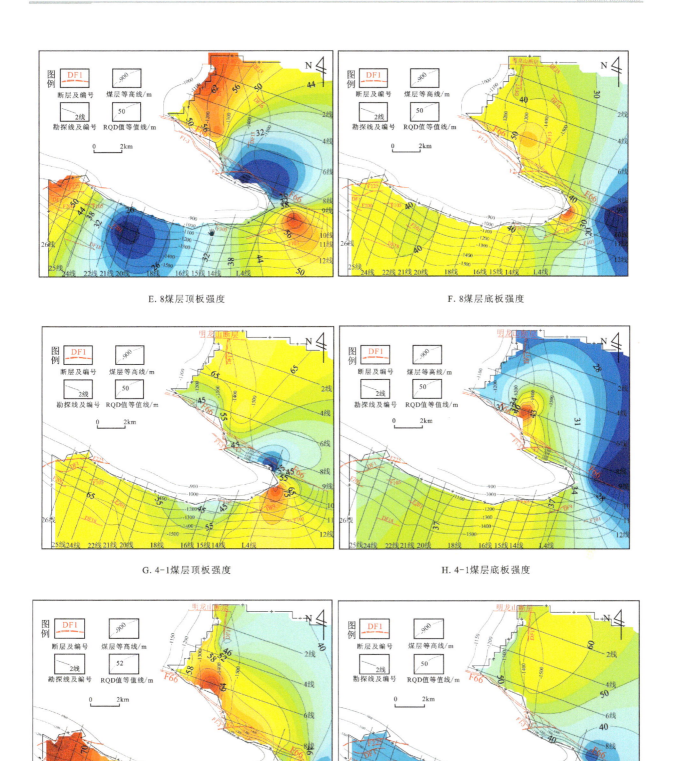

图 6.4 研究区主采煤层顶底板抗压强度分布图

(1) 研究区 13-1 煤层顶底板抗压强度分布特征相似,位于研究区中部 F66 断层和背斜转折端的两侧钻孔岩石抗压强度均较低,边界靠近浅部潘集煤矿区域抗压强度较低,研究区中南部区域顶底板抗压强度逐渐增大。

(2) 11-2 煤层底板抗压强度整体上大于顶板抗压强度,研究区底板仅在 9 线至 L4 线区域抗压强度低于 35MPa,北部和西部大部分区域抗压强度都高于 65MPa;顶板整体抗压强度较低,仅在 15 线南部区域和 18 线以北区域抗压强度较高。

(3) 研究区 8 煤层顶底板强度分布差异较大,底板强度由西向东逐渐减小而整体偏低,8 煤层顶板沿北东向由中部向两侧强度逐渐增大,垂向上 8 煤层顶底板强度都偏低。

(4) 研究区 4-1 煤层顶板抗压强度相对较高,仅在 9 线背斜转折端区域抗压强度低,垂向上 4-1 煤层底板和 8 煤层底板抗压强度分布相似,整体强度均偏低;3 煤层顶板和 1 煤层底板抗压强度分布也表现出较大的差异,整体上 3 煤层顶板强度略高。

(5) 在 5 个主采煤层顶底板中,11-2 煤层底板、4-1 煤层顶板和 3 煤层顶板抗压强度值偏高,反映了这 3 个层位岩体稳定性好,而 4-1 煤层底板和 8 煤层底板总体上强度偏低,与研究区顶底板岩性类型分布特征相似。

6.2 深部煤系岩石沉积特性对其力学性质的控制作用

6.2.1 煤系岩石力学性质的岩性效应

由于煤系沉积时代跨度大,涉及多个成煤环境,形成的岩石成分和结构存在很大的差异性,由此造成了同种岩性岩石的力学性质参数分布较为离散,而不同层位同种岩性岩石的力学性质指标也存在差异性分布。将研究区内主要可采煤层顶底板岩石按岩性颗粒大小分为砂岩类、粉砂岩类和泥岩类 3 类,根据研究区煤系岩石常规条件下的力学试验数据,对其抗压强度、抗拉强度、弹性模量和泊松比等力学参数进行了统计,统计结果见表 6.2。

表 6.2 深部煤系岩石力学参数统计表

岩性	统计特征	抗压强度/MPa	抗拉强度/MPa	内摩擦角/(°)	凝聚力/MPa	弹性模量/GPa	泊松比
砂岩	最小值~最大值	30.22~107.60	2.01~9.94	28.0~42.3	4.0~20.5	8.50~42.85	0.12~0.25
	平均值	60.62	3.72	38.8	11.3	20.17	0.18
粉砂岩	最小值~最大值	16.81~71.62	0.81~4.97	31.0~48.7	1.6~16.8	2.65~31.20	0.08~0.34
	平均值	40.11	2.24	41.2	6.9	13.98	0.24
泥岩	最小值~最大值	5.89~42.60	0.16~2.98	24~45.8	1.2~16.1	2.15~48.30	0.13~0.32
	平均值	26.78	1.81	37.5	4.4	8.45	0.25

由表 6.2 可知:泥岩抗压强度为 5.89~42.60MPa,平均 26.78MPa,抗拉强度为 0.16~2.98MPa,平均 1.81MPa(抗拉强度最低);粉砂岩抗压强度在 16.81~71.62MPa 之间,平均 40.11MPa,抗拉强度在 0.81~4.97MPa 之间,平均 2.24MPa(略高于泥岩);砂岩的抗压强度在 30.22~107.60MPa 之间,平均 60.62MPa,抗拉强度为 2.01~9.94MPa,平均 3.72MPa(抗拉强度最高)。研究区深部煤系不同岩性

类型岩石的力学参数差异明显,各项力学性质指标在变化范围内有交叉或重叠,且相同岩性的岩石各项力学性质指标分布也较为分散,这就是煤系岩石力学性质的岩性效应。

通过野外工程地质钻孔编录、采样标本肉眼鉴定以及实验室内波速测试分组等工作后,将煤系岩石按粒度细分为粗砂岩、中砂岩、细砂岩、粉砂岩、泥岩和砂质泥岩等几类岩性,分别统计其抗压强度、抗拉强度、弹性模量和泊松比等力学性质参数的平均值。在大量试验数据的基础上,用各项力学性质指标的算术平均值作出这6种岩性岩石的力学参数对比图,如图6.5所示。

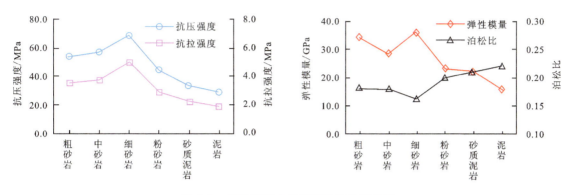

图6.5 煤系岩石力学参数岩性效应差异

图6.5更直观地反映了深部研究区煤系岩石力学性质的岩性效应:研究区内细砂岩的平均强度最大,抗压强度和抗拉强度相关性较好,且随着岩性颗粒逐渐减小,粉砂岩、砂质泥岩和泥岩强度依次降低,粗砂岩和中砂岩强度比细砂岩略低,但比粉砂岩和泥岩强度高;岩石变形参数弹性模量基本和岩石的强度变化一致,细砂岩弹性模量最大,泥岩弹性模量最低;泊松比变化和强度相反,泥岩泊松比最大,细砂岩泊松比最小;细砂岩、粉砂岩至泥岩的力学参数变化表现了深部煤系沉积岩石的"粒径软化"特征。

煤系岩石的沉积特性包括其矿物成分和微观结构,以及岩石形成的沉积环境和沉积相等,岩石的沉积特性最能反映其地质本质性的物质性。沉积岩是次生岩类,它的物质性反映了原岩的次生变化以及在形成之前在地面和水域所产生的变化,深部煤系岩石的物质性是其力学性质差异性的主要控制因素之一。对于煤系沉积岩来说,其微观成分和结构,如矿物成分含量、碎屑颗粒大小、接触与支撑、胶结类型都是决定岩石岩性和影响其力学性质的主要原因。所以,岩性对岩石力学性质的控制机理实质是岩石的微观成分和结构对岩石力学性质起主要控制作用,表现在岩石矿物成分、颗粒大小、形态结构以及胶结特性等方面。

6.2.2 煤系岩石矿物成分对力学性质的控制作用

1. 煤系砂岩成分对力学性质的影响

碎屑岩成分主要由碎屑颗粒和填隙物组成,其中碎屑成分含量大于50%,碎屑岩的性质主要是由碎屑颗粒的性质决定的。对于研究区煤系砂岩来说,碎屑组分主要为石英、长石和岩屑等。根据深部研究区砂岩显微薄片鉴定结果统计,选择研究区砂岩薄片碎屑和填隙物成分含量鉴定数据作出煤系砂岩碎屑成分含量柱状图,并与其对应的岩石单轴抗压强度进行对比分析,如图6.6所示。由图6.6可知:

(1)研究区煤系砂岩碎屑成分以石英和长石为主,成分中石英颗粒占碎屑颗粒含量的15%~90%,平均约65%,长石次之,占碎屑颗粒含量的5%~80%,平均为20%,砂岩碎屑成分中还含有较多的岩屑和其他矿物;填隙物含量占研究区煤系砂岩成分的3%~35%,填隙物中胶结物以钙质、泥质和硅质为主。

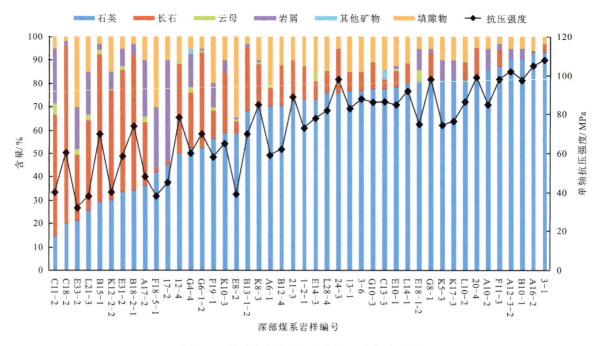

图 6.6 煤系砂岩成分与单轴抗压强度关系图

(2) 石英是一种高强度刚性矿物。在粒度等级相同时，基本上随着石英颗粒含量的增加，研究区煤系砂岩的抗压强度逐渐增大；砂岩碎屑颗粒中随着长石和岩屑含量的逐渐增加，岩石抗压强度逐渐降低。如表 6.3 中 11-2 煤层底板石英细砂岩的抗压强度最高为 73.89MPa，随着石英含量降低 30%，4-1 煤层底板长石石英砂岩的抗压强度降低至 60.45MPa。

(3) 填隙物成分和含量决定深部煤系砂岩的胶结特征和颗粒接触特征。研究区煤系砂岩抗压强度随着填隙物的增加强度有逐渐降低的趋势。表 6.3 中 3 煤层顶板长石石英粗砂岩为研究区标志层之一的骆驼钵子砂岩，填隙物含量达到 45%，且为钙质胶结，填隙物成分主要为方解石，其抗压强度几乎比 11-2 煤层底板石英细砂岩降低一半，同样填隙物为方解石但含量仅为 10% 的 4-1 煤层底板长石石英细砂岩的抗压强度也比 3 煤层顶板强度高了 27.5%。

(4) 深部煤系砂岩成分尤其是碎屑颗粒成分一定程度上影响了抗压强度的大小，碎屑成分的含量是决定强度的基本因素，除此之外碎屑颗粒大小和胶结类型也是影响其强度大小的重要因素。对比表 6.3 中 3 煤层顶板粗砂岩和 8 煤层底板细砂岩碎屑成分和含量可以发现，颗粒成分和含量不是决定强度的唯一因素，岩石微观结构也同样重要。

2. 煤系泥岩成分对力学性质的影响

对于泥岩而言，研究区煤系泥岩矿物组成中的陆源碎屑矿物（石英、长石）含量偏低（在 30% 以下），而黏土矿物含量偏高（大于 60%），从而导致其力学性质比砂岩和粉砂岩差，尤其是抗压强度比砂岩和粉砂岩低很多。煤系泥岩取样层位分布从 13-1 煤层顶板至 1 煤层底板，总体上层位对其力学性质的影响不大，抗压强度的大小主要取决于矿物成分含量的分布。

研究区煤系泥岩的抗压强度大小随着成分中陆源碎屑矿物含量增加而增大；反之，强度随着黏土矿物含量的增加而降低。如表 6.4 中 8 煤层顶板砂质泥岩中碎屑矿物含量达到 40%，抗压强度接近于研究区粉砂岩平均抗压强度；13-1 煤层底板花斑状泥岩为研究区典型的泥岩结构，泥质含量高，抗压强度仅为砂质泥岩的 50% 左右。

第6章 深部煤系岩石力学性质差异性及其控制机理

表6.3 研究区砂岩成分含量与抗压强度对比表

钻孔编号	层位	抗压强度/MPa	岩石薄片照片	岩石成分含量与定名
17-1	3煤层顶板	43.75		粗粒砂状结构，碎屑约占全岩的55%，填隙物约占45%。石英约占碎屑总量的85%，部分长石出现方解石化，约占碎屑总量的15%，钙质胶结。 粗粒长石石英砂岩
15-3	4-1煤层底板	60.45		细粒砂状结构，碎屑含量为90%，填隙物含量为10%。石英约占碎屑总量的65%，长石约占碎屑总量的25%，岩屑占10%。胶结物主要为方解石。 细粒含岩屑长石石英砂岩
20-2	11-2煤层底板	73.89		细粒砂状结构，碎屑颗粒含量达到95%以上，填隙物较少，主要碎屑物质为单晶石英，含少量暗色矿物。 细粒石英砂岩
3-2	8煤层底板	65.20		粉砂质细粒砂状结构，碎屑含量约为80%，填隙物为20%，以单晶石英与燧石岩岩屑为主，占碎屑总量的85%。长石占碎屑总量的15%，填隙物中有机质含量约为5%。 粉砂质细粒长石石英砂岩

在深部研究区煤层顶底板中，泥岩中自生非黏土矿物主要是菱铁质结核，对其力学性质的影响最为明显，当自生非黏土矿物含量增加时，其力学性质有显著提高。在研究区4-1煤层下20多米左右至3煤层顶板发育1~2层厚3~5m铝质泥岩和花斑状泥岩，浅灰色、银灰色，具滑感，含灰色铝质，为整个研究区的标志层。由岩石显微薄片鉴定可知，不同位置钻孔揭露铝质泥岩发育有不同含量的同心圆状或鲕状结构菱铁质结核，而且菱铁质颗粒较大，粒径在1~3mm之间，在手标本上肉眼可见。

表6.4中取自研究区4煤层下的铝质泥岩常与下部中粗砂岩共生，岩性上有一定的过渡，下部发育的厚层粗砂岩为研究区广泛发育的标志层。铝质泥岩中自生非黏土矿物即菱铁质矿物成分含量增大，其抗压强度随之明显增大。研究区泥岩中菱铁质矿物含量最高可达50%以上，部分钻孔的该层位砂岩和泥岩均被菱铁矿化，岩石抗压强度都远超过平均值。

表 6.4 研究区泥岩成分和抗压强度特征

钻孔编号	层位	抗压强度/MPa	岩石薄片照片	泥岩矿物成分及含量
6-2	8煤层顶板	56.30	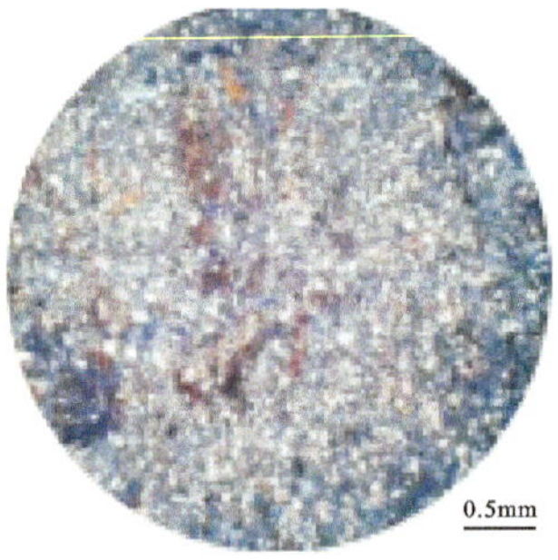	泥质粉砂状结构,碎屑颗粒含量约40%,以粉砂为主,粒径为0.06~0.004mm的碎屑颗粒含量约占80%,粒径小于0.004mm的碎屑颗粒含量约占20%。 砂质泥岩
10-1	3煤层顶板	30.50	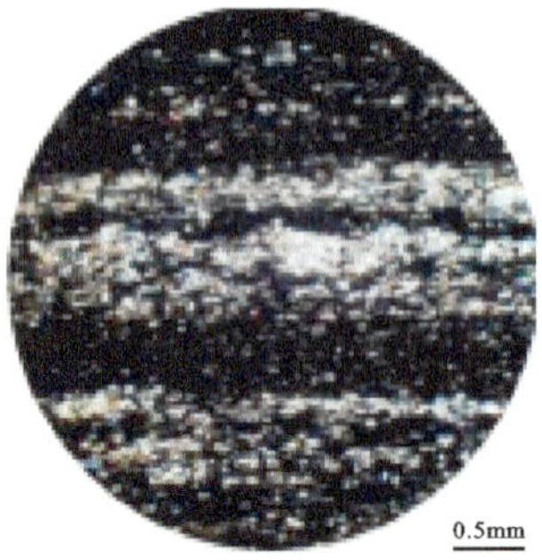	泥质细粒砂状质结构,砂泥互层构造,砂级碎屑约占40%,碳泥质物约占60%;碎屑成分以石英为主,长石次之。 细砂质碳质泥岩
14-2	4-1煤层底板	35.55	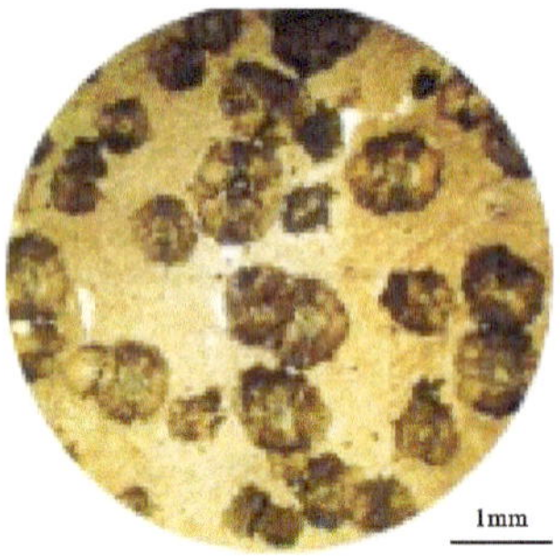	含粉砂泥状结构,菱铁质约占30%,多呈花瓣状和放射状产出,粒径以大于0.4mm为主,碎屑物约占10%,泥质约占60%。 菱铁质泥岩
6-7	13-1煤层底板	28.50	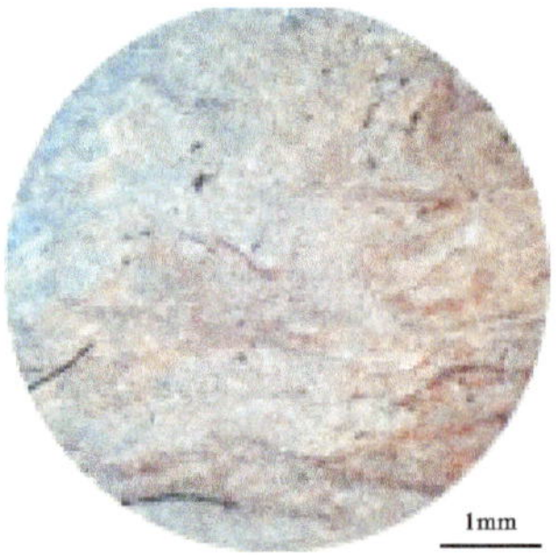	泥质结构,黏土质含量约95%。岩石中含有石英颗粒和铁质矿物。石英颗粒粒径小于0.06mm,含量约5%。 花斑状泥岩

6.2.3 煤系岩石微观结构对其力学性质的控制作用

1. 煤系岩石微观结构特征对力学性质的影响分析

研究区的煤系岩石按照岩性类型可分成砂岩、粉砂岩和泥岩3种,其力学试验分析结果以及按照初步鉴定岩性细分粗砂岩、中砂岩、细砂岩、粉砂岩、砂质泥岩和泥岩6种岩石表现出的岩性效应差异性都说明了岩石力学强度和变形的大小并非和岩性颗粒呈简单的线性关系,岩性颗粒的大小不是影响力学性质差异的唯一因素。

在碎屑岩中,碎屑物质的成分与粒度分布有一定的关系,碎屑组分中各种成分出现的粒级不同,某种成分的颗粒常只出现在某一定粒级范围之内,在碎屑岩中颗粒粒径与碎屑组分一般的分布规律如图6.7所示。由图6.7可见,多矿物的岩石碎屑主要在粗砂(ϕ值<1)以上的粒级中发育,随着碎屑岩颗粒粒径ϕ值的逐渐增大,岩石的粒度减小,岩屑的含量迅速减小,而单晶石英含量迅速增大,多晶石英的含量变化规律与岩屑一致。在中砂以下至粉砂粒级中,主要碎屑组分为单晶石英和长石,石英不仅在含量上普遍高于长石,而且在分布的粒级范围也显著大于长石,甚至在黏土粒级中也有分布。云母和黏土矿物主要分布在粉砂和黏土粒级的碎屑岩中。

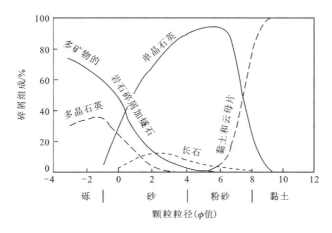

图6.7 碎屑岩中颗粒大小与碎屑成分之间的关系曲线

根据深部煤系岩石显微薄片鉴定结果和力学试验结果,选择研究区13-1煤层顶底板岩石为对比研究对象,分别对岩石碎屑颗粒含量和碎屑颗粒粒径等微观结构特征进行统计,并作出它们与力学参数之间的定量相关关系图,如图6.8和图6.9所示。

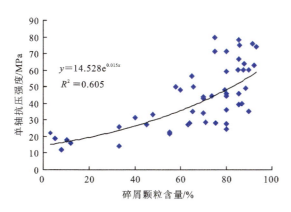 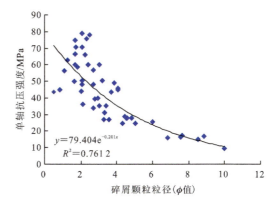

图6.8 上石盒子组煤系岩石碎屑颗粒含量与单轴抗压强度的关系分布图　　图6.9 上石盒子组煤系岩石碎屑颗粒粒径与单轴抗压强度的关系分布图

图6.8反映了在其他条件相同时,随着碎屑颗粒含量的增加,煤系岩石的岩性从泥岩到粉砂岩,再逐渐向砂岩转变,岩石的单轴抗压强度逐渐增强,碎屑颗粒含量和单轴抗压强度之间符合指数正相关关系。皮尔逊相关系数达到0.778,相关性较高。根据上石盒子组岩石力学试验参数的相关性分析结果,单轴抗压强度增大,岩石的刚度也增强,岩石变形由黏塑性、弹塑性向弹性转化。

由图 6.9 可知，随着碎屑颗粒粒径的减小，岩石岩性逐步从粗砂岩向细砂岩和粉砂岩、泥岩过渡，岩石单轴抗压强度逐渐减小，岩石单轴抗压强度与碎屑颗粒粒径(ϕ值)之间呈指数相关。皮尔逊相关系数为 0.824，相关性高。但是可以看出，在碎屑颗粒粒径减小的过程中，岩石抗压强度出现先增大后减小趋势，图 6.9 中的包络线反映了与图 6.5 统计的研究区岩性效应关系相一致的结论。图 6.9 中单轴抗压强度包络线的变化反映了煤系沉积岩石的"粒径软化"特征，随着岩性颗粒粒径的减小(ϕ值增大)，即岩性由细砂岩、粉砂岩向泥岩变化时，岩石的单轴抗压强度逐渐减小。

研究区煤系碎屑岩中，随着碎屑颗粒粒径的逐渐减小，同时填隙物含量会逐渐增加，碎屑颗粒成分不再构成岩石的骨干，颗粒之间的接触方式由凸凹接触逐渐向线接触和点接触过渡，岩石的支撑结构由颗粒支撑向杂基支撑结构转变，岩石胶结类型由镶嵌式胶结、孔隙式胶结向基底式胶结过渡，使得颗粒间承受接触力并在其内部相互传递的能力减弱，岩石的强度和刚度随之减小(孟召平和苏永华，2006)。

与此同时，随着碎屑颗粒的粒级逐渐减小，岩石的碎屑组分由岩屑、石英和长石逐渐向云母和黏土矿物转变，石英的含量逐渐降低，填隙物组分含量逐渐升高，岩石的强度和刚度同样的减小。随着碎屑颗粒粒度的进一步变细，黏土矿物与云母增多，颗粒之间基本由杂基支撑，变形主要表现为黏性、塑性和黏弹塑性，此时岩石的力学强度和刚度很低。

2. 煤系沉积环境对岩石力学性质的影响作用分析

研究区第一含煤段底部第一旋回为前三角洲相暗色泥岩，向上变为远端沙坝相细粉砂岩及河口坝相细粒石英砂岩等，煤层顶板及以上的第二旋回为由沼泽相及分流河道相所组成的三角洲平原相沉积，整段沉积环境为河流入海处的水下三角洲平原沉积体系，水体处于弱还原环境。逐渐向上过渡到研究区第二含煤段，岩性、岩相特征属于浅水三角洲及分流河道沉积体系。沉积相变化频繁，泥炭沼泽相与河流相交替出现，岩性组成有较强的旋回性。第三含煤段上部发育的 11-2 煤层砂岩具向上变细层序，属于下三角洲平原分流河道相沉积，其上发育天然堤相、泥炭沼泽相等沉积。第四含煤段沉积组合应为下三角洲平原分流河道相、沼泽相及泥炭沼泽相沉积，构成向上变细层序。

以潘集矿区深部研究区主采煤层顶底板的砂岩为例，作出煤系砂岩分层位强度对比图，如图 6.10 所示。

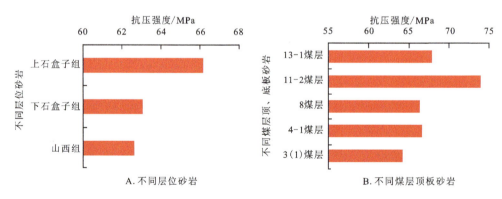

图 6.10 煤系砂岩分层位抗压强度对比图

由图 6.10 可知，研究区内上石盒子组砂岩的抗压强度要大于下石盒子组的抗压强度，下石盒子组的抗压强度大于山西组的抗压强度；研究区 11-2 煤层顶板砂岩的抗压强度大于第一含煤段 3(1)煤层顶板砂岩的抗压强度。

由第一含煤段至第四含煤段沉积岩性和岩相特征分析可知，这一时期沉积逐渐向陆相转变，但环境总体变化不大，沉积区内仍以水下的还原环境为主，碎屑物的补给源也基本相同。但在垂向上，由山西组至上石盒子组沉积体系内的河流作用有加强的趋势,在研究区的不同位置,由于沉积环境变化,研究区砂岩形成了沉积构造诸如平行层理、交错层理以及发育有结核(菱铁质、钙质)和包体(泥质、菱铁质)等,见图6.11。砂岩的沉积粒度曲线特征也有明显的变化,从山西组顶部沉积时期开始,砂岩颗粒的分选性越来越好,以上的沉积原因共同造成了不同层位砂岩的强度变化特征。

A.水平层理　　　　　　　　　B.交错层理　　　　　　　　　C.泥质包体

图6.11　研究区砂岩常见沉积构造

研究区17-1孔山西组第一含煤段与下石盒子组第二含煤段下部沉积地层具有代表性,沉积特征见图2.7、图2.8。山西组1煤层底板细砂岩和粉砂岩为河口坝相沉积,发育平行层理,其强度较低;3煤层顶板粗中砂岩沉积环境为分流河道,岩石致密且强度较高,第二、第三旋回沉积粉砂岩和砂岩结构完整,强度较大。4-1煤层底板细砂岩层厚较小,发育泥质包体和平行层理,强度较低。

综合沉积相与岩石强度分析得出,研究区内分流河道相、河口沙坝相和决口扇相及小型水道相沉积形成的砂岩和粉砂岩等岩性岩石一般抗压强度较大,多大于60MPa,属于硬质岩石;研究区分流间湾相、泛滥平原相和天然堤相等沉积形成的粉砂岩和砂质泥岩等岩性岩石强度次之,一般在30～60MPa之间,属于中硬岩石;研究区泛滥平原相、沼泽相和泥炭沼泽相沉积的泥岩和煤层等泥质岩石强度较低,一般低于30MPa,属于软质岩石。在研究区深部勘查阶段,可以通过沉积相和岩石强度初步判断和评价岩石质量。

6.3　深部煤系岩体结构性特征对岩石力学性质的影响

岩体结构是工程岩体的重要特性,在工程岩体分类中具有关键作用。岩石是岩体组成的基本单元,其力学性质一般不直接决定岩体的稳定性,但它是影响岩体稳定性的重要因素之一,因此研究岩体的稳定性和工程地质特性,岩体力学性质是不可缺少的研究内容。淮南潘集矿区深部处于地面勘查阶段,钻孔RQD值和钻孔声波测井波速值可以直接反映深部岩体质量特征,同时也反映了深部岩体结构性特征。

6.3.1　岩体结构性特征对岩石力学性质的影响

本书第3章详细分析了研究区各主采煤层顶底板岩石质量和岩体完整性特征,进而反映岩体结构的分布特征,本节将从研究区钻孔岩石质量指标和钻孔声波测井这两个岩体结构性特征方面分析其对煤系岩石力学性质的影响作用。

1. RQD值对岩石力学性质分布的影响

根据主采煤层顶底板RQD值的统计计算结果,结合各主采煤层顶底板抗压强度分布图,编制了研究区主采煤层顶底板抗压强度与钻孔RQD值叠加图,如图6.12所示。由图6.12可知:

(1) 13-1 煤层顶板 RQD 值整体偏小,岩石质量偏差。在研究区北部区域,4 线和 6 线之间区域岩体 RQD 值偏大,中部转折端 9 线附近值最小。顶底板 RQD 值分布趋势较为相似,13-1 煤层底板 RQD 平均值相比顶板来说偏大,整体岩石质量为一般。研究区南部和中部转折端附近 RQD 等值线与顶板抗压强度对应关系较好。

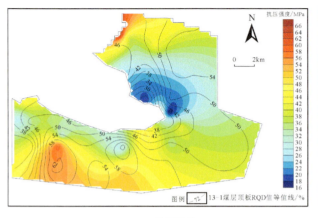

A. 13-1 煤层顶板

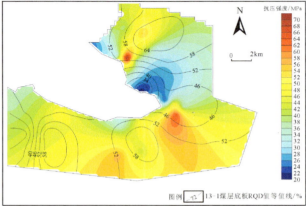

B. 13-1 煤层底板

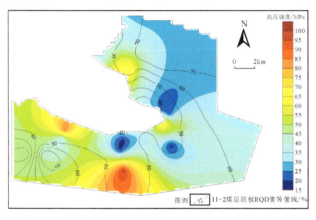

C. 11-2 煤层顶板

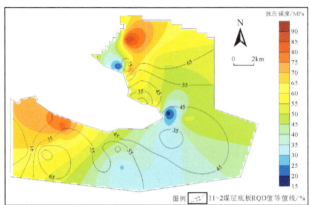

D. 11-2 煤层底板

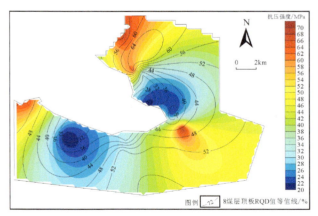

E. 8 煤层顶板

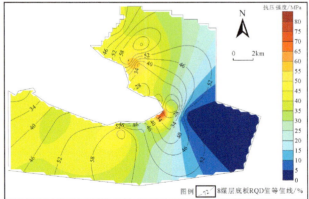

F. 8 煤层底板

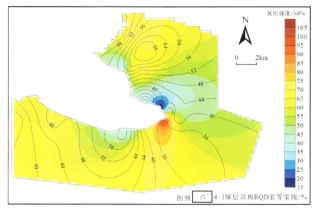
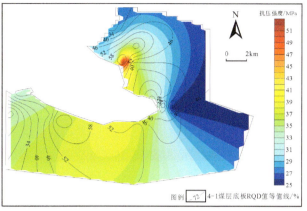
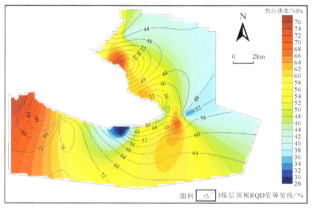
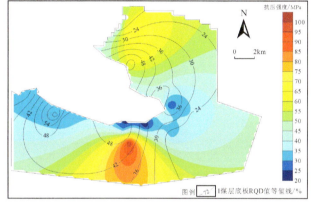

图 6.12 主采煤层顶底板岩石抗压强度分布趋势与 RQD 等值线叠加图

(2) 5 个主采煤层顶底板抗压强度分布与 RQD 值等值线有较好的对应关系：在研究区褶皱的核部和断裂密集发育西部区域，RQD 值较小，岩体强度越低；远离断裂和褶皱发育的区域，RQD 值呈逐渐增大的趋势，岩体强度对应也增大；RQD 值的分布趋势与其对应层位的底板强度分布趋势一致性较高，尤其是在研究区南部和中部转折端区域分布特征完全相符。

(3) 在 5 个主采煤层顶底板中，11-2 煤层底板、4-1 煤层顶板和 3 煤层顶板抗压强度偏高，且这 3 个层位相应的抗压强度与 RQD 值相对关系较为明显。二者分布一致，反映了岩体 RQD 值通过影响岩体结构特性进而影响该区域的岩体强度特征。

(4) 研究区由上石盒子组 13-1 煤层顶板至山西组 1 煤层底板揭露的钻孔数越来越少，RQD 值钻孔数减少，深部煤层顶底板岩体质量特征与岩体强度特征对应关系有所减弱，在深部研究区勘查阶段，适当选择控制位置布置工程地质钻孔，分层位和岩性统计其 RQD 值，在勘查阶段可以初步用于岩体强度特征的预测与评价。

2. 钻孔声波测井波速对岩石力学性质的影响

岩石的纵波速度通常被用来作为评价岩体质量和岩体结构的指标，在大多数情况下，岩体中如果存在各种不连续结构面，会导致较低的纵波速度和岩体质量。岩体完整性系数的物理意义是岩体相对应于岩石的完整程度，用来表征岩体的完整性特征。岩体的完整性系数也是反映岩体结构的重要参数，其计算公式为

$$K_v = \left(\frac{V_P}{V_r}\right) \tag{6.1}$$

式中：V_P 为岩石的纵波波速，可用测井波速代替；V_r 为岩石骨架的理论纵波波速。因此，完整性系数 K_v 反映了岩体的完整性，V_P 越接近 V_r，K_v 值越大，岩体的完整性越高，岩石质量越好。

岩体的完整性系数是岩体波速和岩石理论波速比值的平方，在研究区勘查阶段，岩体波速由测井纵波速度替代，要得到岩体的完整性系数还需求取岩石的理论波速。而岩石理论纵波速度的求取原则上需要大量试验岩石波速数据处理，通过分岩性、深度等因素对岩石的波速数据的分析总结，得到不同岩性的岩石的纵波速度经验值(理论值)。

研究区钻孔共计有 535 组岩样进行了波速测试，分别对上石盒子组、下石盒子组和山西组中的砂岩、粉砂岩及泥岩 3 种岩性岩石的纵波速度进行分析处理，去除一些由试验测试误差等原因导致的数据异常点，统计计算得到不同层位不同岩性的岩石纵波速度的平均值，作为该层位该岩性岩石的理论纵波速度。对于特殊的层位，如标志层等，不能作一般相同岩性的岩石处理，需筛选出来单独分析。通过岩块波速统计分析，总结得到了研究区内不同岩性岩石的纵波速度理论值，结果见表 6.5。岩石纵波速度理论值获得之后，根据式(6.1)，岩石的完整性系数 K_v 值就可以通过测井纵波速度求得。

表 6.5 潘集矿区深部不同岩石纵波速度理论值

层位	岩性	岩石纵波波速理论值/(m·s^{-1})
上石盒子组	砂岩	4100
	粉砂岩	3800
	泥岩	3000
下石盒子组	砂岩	3900
	粉砂岩	3500
	泥岩	3000
	铝质泥岩	3900
	骆驼钵子砂岩	2500
山西组	砂岩	3900
	粉砂岩	3650
	泥岩	2900

钻孔岩层声波测井是反映岩体完整性重要的结构性参数，根据钻孔加权数据作研究区 13-1 煤层和 11-2 煤层顶底板抗压强度分布图，并与测井纵波波速值等值线叠加，如图 6.13 所示。由图 6.13 可知：

(1)13-1 煤层顶底板的测井纵波波速分布趋势较为相似，且与研究区 13-1 煤层顶底板 RQD 值分布规律相近，总体上研究区 F66 断层北部波速较低，在研究区西南部区域顶底板的测井纵波波速较大，说明该处底板岩石质量较好，岩体完整性较好；处于 F66 断层附近且位于背斜核部转折端区域，深部岩石较碎裂，导致整体测井纵波波速偏小，岩石完整性差，且顶底板抗压强度也偏低。研究区 13-1 煤层顶板抗压强度分布趋势和测井波速值等值线在较大和较小区域吻合度都较高，在西南部区域顶板测井纵波波速值大，抗压强度较大，在中部转折端附近的纵波波速较小且抗压强度较低。

(2)11-2 煤层顶底板测井纵波波速分布在研究区南部区域与抗压强度对应关系较好，整体上由于纵波波速测井钻孔较少，只能反映研究区测井纵波波速与抗压强度的大致分布趋势相对应，证明了纵波波速测井钻孔在分析深部岩体结构和强度方面直观有效，深部勘查阶段应增加相应的纵波波速测井钻孔工程。

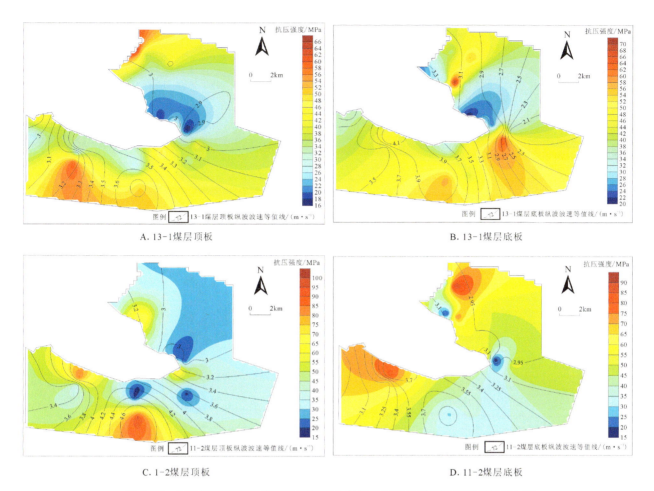

图 6.13 主采煤层顶底板岩石抗压强度分布趋势与测井纵波波速等值线叠加图

6.3.2 深部构造特征对岩石力学性质的影响

岩体结构的差异是岩层沉积后受后期地质改造的结果,是深部构造作用的显现,深部的地质构造作用通过影响岩体结构,进而导致各构造部位岩体损伤程度不同,造成对该部位而言所取岩石样本的物理力学性质跟其他部位相比有所不同。

研究区内构造以中部陈桥-潘集背斜转折端和 F66 断层附近最为复杂,分别在研究区 F66 断层北部区域选取 3-2 孔,中部转折端和 F66 断层附近选取 9-3 孔,南部选取 15-3 孔以及西部选取 21-2 孔。4 个钻孔平面位置如图 6.14 所示。

研究区内构造以中部陈桥-潘集背斜转折端和 F66 断层附近最为复杂,北部的 3-2 孔、中部转折端的 9-3 孔、南部的 15-3 孔以及西部的 21-2 孔 4 个钻孔在研究区南北剖面相对位置如图 6.15 所示。

4 个钻孔位于淮南煤田复向斜的不同构造部位,深部构造特征控制钻孔具体位置的岩体结构和强度特征。分别作出研究区不同位置 4 个钻孔中第四含煤段地层的工程地质柱状图(图 6.16),包含煤层顶底板的 RQD 值、岩芯采取率以及测井波速值等,能够反映其岩体结构的信息,还统计了钻孔该层段不同岩性岩石的力学试验抗压强度的信息,由抗压强度分布可以直接反映顶底板强度的垂向分布特征。由图 6.16 可知:

(1)3-2 孔位于研究区 F66 断层以北区域。第四含煤段 13-1 煤层顶底板的岩石岩性以泥岩为主,顶底板砂岩和粉砂岩的含量仅占比 30% 左右且底板砂岩含量大于顶板;含煤段上部 RQD 值较小,平均

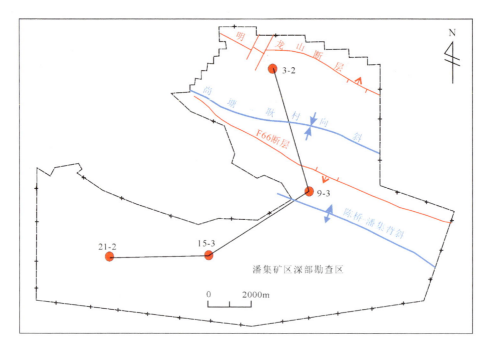

图 6.14　研究区深部 4 个钻孔平面位置示意图

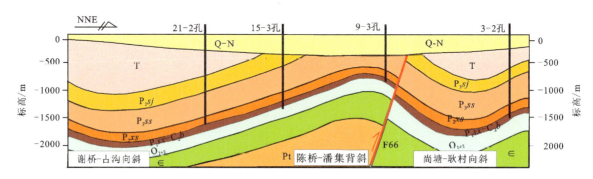

图 6.15　研究区南北向剖面及钻孔位置示意图

仅为 25% 以下，在 13-1 煤层顶底板 RQD 值较高，平均能达到 70%，反映了该钻孔位置区域 13-1 煤层顶底板岩体较为完整。13-1 煤层顶底板的抗压强度和 RQD 值有较好的对应关系，砂岩抗压强度达到 50MPa 以上，底板粉砂岩和泥岩抗压强度较高，平均 35MPa。

(2) 9-3 孔位于 F66 断层与陈桥-潘集背斜轴部之间。第四含煤段岩性也是以泥岩为主；但是该段上部尤其是 13-1 煤层顶板岩石 RQD 值平均只有 20%，第四含煤段底部 RQD 值能达到 60% 以上，反映 13-1 煤层顶底板岩体较为松散，岩芯碎裂分段较多；顶底板泥岩的抗压强度也较低，平均强度仅为 20MPa，反映了该钻孔位置顶底板岩石松散，强度较低。

(3) 15-3 孔位于陈桥-潘集背斜轴部以南深部区域，单斜构造。第四含煤段上部岩石 RQD 值较大，平均能达到 75% 以上，反映了含煤段上部岩石较为完整，含煤段下部岩石 RQD 值低很多，平均仅为 40% 以下，含煤段下部岩石完整性较差；13-1 煤层顶底板平均抗压强度也有所差异，13-1 煤层底板含两段细砂岩，岩石抗压强度较高，整体平均强度达到 40MPa 左右，顶板岩性以泥岩为主，岩石抗压强度仅为 20MPa 左右。

(4) 21-2 孔同样位于更深部的陈桥-潘集背斜南翼。该孔处顶底板岩石 RQD 因为分层较多有所差异，该钻孔位置 13-1 煤层顶板岩石细砂岩含量较多，层状较厚，RQD 平均值较大，而底板中岩性分层较多。相比于其他位置钻孔，21-2 孔 13-1 煤层顶底板砂岩含量都较高，砂岩和粉砂岩的 RQD 值

第6章 深部煤系岩石力学性质差异性及其控制机理

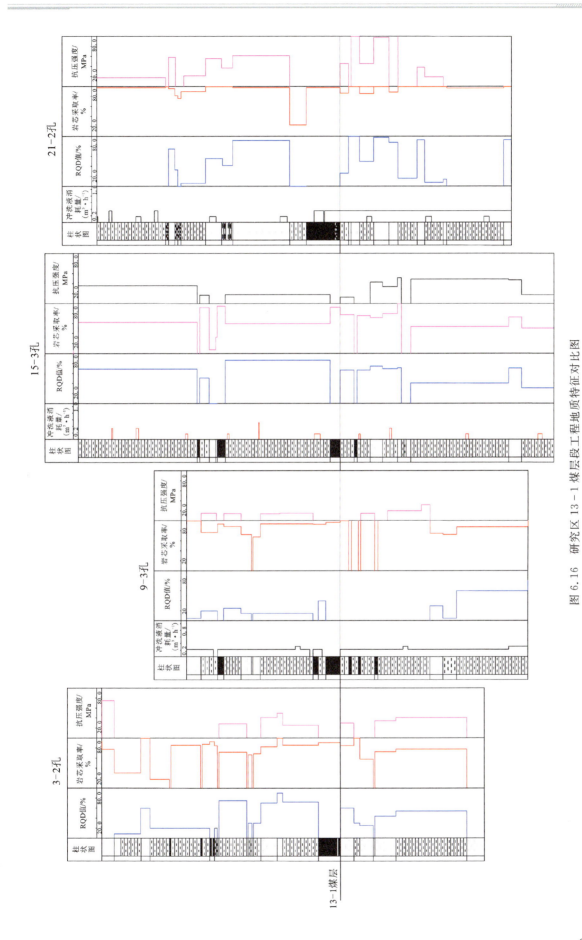

图 6.16 研究区 13-1 煤层段工程地质特征对比图

大于泥岩。在顶底板岩石抗压强度方面，泥岩平均抗压强度较低，仅为 20MPa 左右；细砂岩强度较高，顶板细砂岩平均抗压强度在 50MPa 以上，底板中个别层位细砂岩强度超过了 100MPa，在整个研究区中该孔细砂岩的平均强度都较高。

研究区中部 9 线平面上位于陈桥-潘集背斜转折端与 F66 断层之间，共计施工 6 个钻孔（9-1 孔～9-6 孔），其中 5 个为工程地质编录钻孔。根据钻孔资料作出研究区 9 线简化地质剖面示意图，如图 6.17 所示。

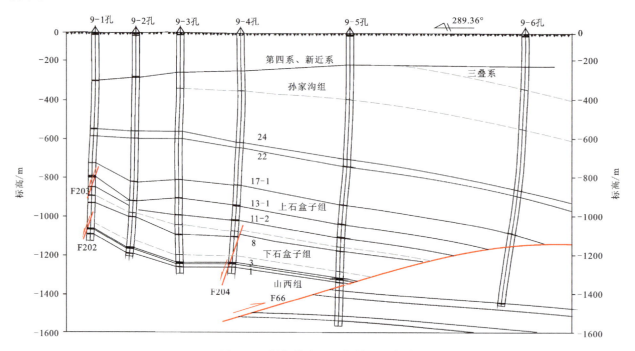

图 6.17 深部勘查区 9 线剖面示意图

由图 6.17 可知，9 线揭露最深煤层为山西组 1 煤层，从 9-1 孔至 9-5 孔终孔深度越来越大，仅有 9-5 孔和 9-6 孔揭露区域性断层 F66。由于 F66 断层的影响，9-6 孔终孔层位为 13-1 煤层顶板，9-1 孔至 9-5 孔完整揭露了上石盒子组 13-1 煤层顶板至山西组 1 煤层底板整个研究层段。整条勘探线位于陈桥-潘集背斜核部转折端位置，各钻孔在不同层段的小断层也较为发育。9-1 孔位于潘集矿区深部勘查区与潘一东煤矿交界处，揭露 13-1 煤层较浅，顶板标高仅为-795.7m，至深部 9-5 孔 13-1 煤层顶板标高为-1 064.2m，陈桥-潘集背斜核部自西向东倾伏。

研究区 9-2 孔第一含煤段至第四含煤段煤系工程地质柱状图如图 6.18 所示。由图 6.18 中第三含煤段和第四含煤段柱状图可知，9-2 孔 13-1 煤层顶底板岩石岩性均以泥岩为主，底板 RQD 值稍高于顶板 RQD 值，但总体上均低于 25%，顶板泥岩和砂质泥岩强度较低，平均 20～30MPa；11-2 煤层段揭露的小断层导致煤层附近 RQD 值接近于 0，下部砂岩 RQD 值和抗压强度都偏高，11-2 煤层下层位岩层完整性和强度都高于上部。

图 6.18 中第一含煤段和第二含煤段工程地质柱状图反映了 8 煤层顶板和 4-1 煤层顶板为全软型岩层组合，RQD 值基本为 0，平均强度也小于 20MPa。该孔第二含煤段的 8 煤层底板和 4-1 煤层底板的岩石 RQD 值以及抗压强度都要高于顶板，反映了垂向上顶底板岩石抗压强度分布的差异性，并主要由岩性和该孔区域的构造控制。深部 3 煤层顶板以砂岩和粉砂岩等硬质岩石为主，RQD 值和抗压强度都较大，1 煤层底板以砂质泥岩和粉砂岩互层为主，RQD 值也较大。9-2 钻孔煤系层段总体上浅部第三含煤段和第四含煤段岩性结构和完整性都较差，主采煤层顶底板岩石抗压强度也较低，深部 4-1 煤层底板和 3 煤层顶板相对结构完整，岩石抗压强度也较高。

第 6 章 深部煤系岩石力学性质差异性及其控制机理

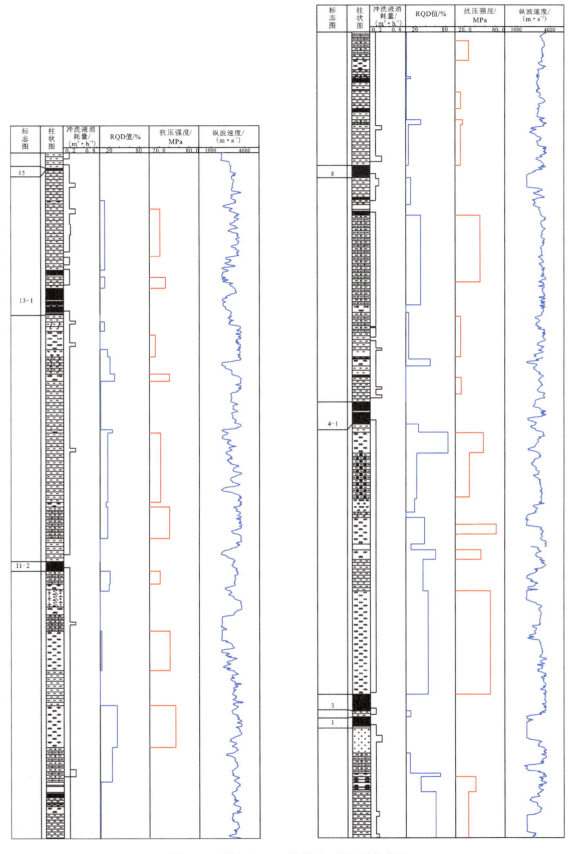

图 6.18 研究区 9-2 孔煤系工程地质柱状图

沿 9 线向深部发展,9-3 孔和 9-4 孔中煤层顶底板岩石 RQD 平均值也较小,尤其在 9-4 孔第二含煤段因为发育小断层,结构松散和完整性差,岩石平均抗压强度较小。随着煤层埋深的增大,背斜核部及 F66 断层等深部构造对煤层顶底板岩石完整性影响逐渐增大,造成深部煤层顶底板岩石完整性较差。

由图 6.17 和图 6.16 及图 6.15 中各钻孔岩石结构特征和抗压强度对比分析综合得出:

(1)研究区内不同位置各含煤段厚度发育差异较大,背斜转折端及以北区域第四含煤段厚度较小,而南部单斜构造第四含煤段厚度发育较大;13-1 煤层顶底板岩性以泥岩为主,砂岩含量较低,岩性类型和结构类型发育在平面上和垂向上差异性都很大。

(2)研究区中部陈桥-潘集背斜转折端(9-3 孔)区域,受构造影响较大,整体煤层顶底板较为破碎,岩体的力学性质也受其影响平均抗压强度较小;研究区北部(3-2 孔)区域,13-1 煤层顶底板岩石平均抗压强度小于研究区南部区域(15-3 孔和 21-2 孔),但高于中部 9-3 孔区域。

(3)深部 9 线剖面反映了陈桥-潘集背斜核部自西向东倾伏,从浅部 9-1 孔逐步向深部 9-5 孔推进中,随着煤层埋深的增大,顶底板岩石结构受地质构造作用的强度逐步增大,顶底板岩石完整性逐渐降低,岩石抗压强度等力学性质逐渐降低。

(4)单个钻孔中第四含煤段顶底板岩石结构和岩石抗压强度有差异,研究区不同位置钻孔 13-1 煤层顶底板的结构和强度差异更为明显。在岩石结构类型相同时,顶底板岩石力学性质主要受岩石沉积特性的影响,研究区构造及岩石结构特性对岩石力学性质的影响作用同样很大。

6.4 深部煤系赋存环境对岩石力学性质的影响

在煤系岩石力学性质的影响因素中,其受力条件和赋存环境条件是主要的外部影响因素,煤系岩石地质本质性中的赋存性是指岩石在深部所处的赋存环境因素。煤系岩石始终处在周围地质环境作用下,是区别于其他不同力学材料的主要地质特征。在深部研究区,煤系岩石赋存环境的探查主要研究了深部地应力场的分布规律和地温地质特征展布规律。在此基础上,试验并分析了符合深部研究区赋存条件下的煤系岩石加温单轴压缩试验和不同围压下的三轴压缩试验结果,以此为基础分析深部煤系岩石赋存环境对其力学性质的影响作用。

6.4.1 深部地应力环境对煤系岩石力学性质的影响

1. 深部地应力环境对巷道变形与破坏的影响

煤炭资源勘查深度在不断增加,深部开采也成为新常态,深部煤系岩石所处的地应力环境不可忽视。与浅部巷道相比,深部巷道的矿压显现规律具有很大差异,主要表现在:地应力升高,两帮移近量大,底鼓现象十分普遍;巷道开挖后变形速度快,活跃期长;巷道围岩变形量大,并具有明显的"时间效应";围岩具有区域性,松散破碎区及离层区范围增大。在巷道掘进和开采过程中,围岩的原始力易受到破坏,造成巷道变形破坏,极易发生坍塌事故。

例如,朱集东煤矿-870m 水平 13-1 煤层回风大巷埋藏深,巷道开挖后来压快,变形速度大,前 4 天为顶板和两帮的活跃期,第 5 天至第 11 天为底鼓的活跃期,且稳定时间长,开挖 1 个月后巷道表面仍在收敛,巷道变形长时持续增加。新集口孜东煤矿-970m 水平巷道变形大,每 1～2 个月需修护一次。潘集矿区西部丁集煤矿 1282(3)工作面回采 13-1 煤层,煤层平均厚度为 4m,服务于 1282(3)工作面的西一轨道大巷位于 13-1 煤层底板,其底板标高为-824m,与顶板垂直距离约 11m,回采巷道常发生强烈底鼓、巷帮内移鼓出量大、顶板网兜现象,顶角锚杆支护失效,支护体变形失稳加剧,巷道围岩长期蠕变,常前掘后修、前修后坏,片帮冒顶事故频发,如图 6.19 所示。

巷道底鼓

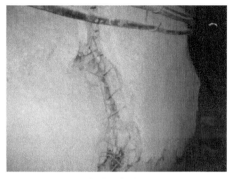
巷道侧帮鼓出

图 6.19 深部巷道变形破坏特征

煤矿深部巷道变形与破坏都证明了深部地应力的存在。地应力环境随深度的增加而影响逐步加剧,深部岩石抗压强度受地应力影响较大,随围压增大而增加,但同时变形量也剧增。此时再使用浅部单轴压缩试验的抗压强度和弹性模量等数据类比计算支护参数显然不再适用,补充深部地应力场下的岩石三轴压缩等试验,研究其抗压强度和变形破坏规律并获取力学参数用于计算支护参数和设计支护方式是必要且急需的。

2. 地应力环境对煤系岩石力学性质的影响

根据研究区深部地应力场的探查结果可知,共计在研究区深部布置了 55 个地应力测点,85.5% 的测点最大水平主应力大于 30MPa;研究区属超高地应力场且以水平应力为主的地应力场类型,研究区实测最大水平主应力高达 54.58MPa,最小水平主应力值也达到了 42.77MPa。以地应力测量结果为依据,在满足钻孔深度和应力变化范围内,开展煤系岩石在地应力变化范围内的三轴压缩试验。

深部煤系岩石三轴压缩试验结果分析表明,围压(水平应力)对主采煤层顶底板岩石抗压强度的影响是明显的,如图 6.20 所示。各岩性岩石抗压强度随围压的变化均符合二项式关系。当围压增加到 30MPa 左右时,各岩性岩石的抗压强度增大趋势都逐渐变缓。由图 6.20 可知,当煤系岩石试验围压由 0MPa 增加到 30MPa 时,细砂岩的抗压强度由 100MPa 增加到了 270MPa 左右,增大了 170%。

在试验围压范围内,研究区煤系岩石的峰值应变随围压的增大呈较好的线性正相关关系,如图 6.21 所示。在岩石抗压强度随围压增大而增加的同时需要注意的是,图 6.21 中细砂岩的峰值应变随围压增大同样以线性关系急剧增大。深部地应力增大使得深部岩石抗压强度变大的同时,岩石变形也同样在增大。当围压超过 30MPa 以后,深部煤系岩石的强度增长幅度变小,同样变化范围内,岩石应变增加的幅度超过抗压强度的增幅,所以深部地应力场对岩石力学性质的影响主要是在应变软化,即变形增大,结果导致深部开采巷道难以维护和治理。

在研究区大量煤系岩石三轴压缩试验结果与分析的基础上,建立了淮南潘集矿区深部不同岩性的煤系岩石力学强度随围压变化的二次多项式预测模型,并给出了淮南矿区深部煤系岩石抗压强度预测模型的岩性影响系数。同样地,在研究区试验围压范围内建立了深部煤系岩石的轴向峰值应变与围压之间的线性关系模型,并给出研究区煤系各岩性影响系数,结果可为深部巷道设计提供参数。

综上所述,在研究区开展的围压 0~60MPa 变化范围内的煤系岩石三轴压缩试验结果表明,深部地应力尤其是水平应力为主的应力场对煤系岩石的强度和变形都有较为显著的影响效果,在深部研究区周边矿井,进入深部开采的工作面都面临着地应力异常增大而造成的巷道变形与破坏,深部地应力环境对煤系岩石的力学性质影响非常大,对岩石变形的影响要大于强度。因此,在设计和支护深部巷道时,首先要在深部地应力场分布特征的指导下布置巷道方向,其次需要深部地应力场下的岩石力学试验参数作为指导。

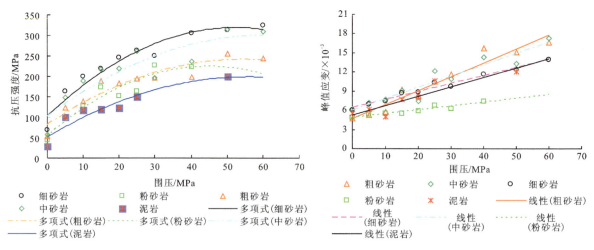

图 6.20　煤系岩石三轴抗压强度随围压变化散点图　　6.21　煤系岩石峰值应变随围压变化关系散点图

6.4.2　深部地温环境对煤系岩石力学性质的影响分析

由研究区温度条件下的煤系岩石试验结果可知,温度对煤系岩石强度和变形都有一定的影响。在研究区主采煤层段地温变化范围内,按砂岩、粉砂岩和泥岩 3 类岩性分类,分别计算岩石的抗压强度 σ_c、弹性模量 E、割线模量 E_{50} 和变形模量 E_s 的平均值,作出不同温度条件下岩石强度和变形参数的变化曲线,如图 6.22 所示。

图 6.22 反映了研究区深部 3 类煤系岩石在试验温度变化范围内,岩石抗压强度和变形参数随温度的增大而逐渐减小。由图 6.22A 可知,在 30～100 ℃ 范围内,煤系砂岩的抗压强度和模量先增大后减小,总体呈减小趋势;在试验温度从 40 ℃ 升高到 100 ℃ 过程中,其单轴抗压强度降低了 22.8%,而弹性模量降低了 39.0%,弹性模量随温度增加而降低的速度大,表现出温度对煤系砂岩变形的影响强于对抗压强度的影响,在高地温场作用下,砂岩变形量增大。

对于深部煤系粉砂岩和泥岩,试验温度集中在 30～60 ℃ 范围。如图 6.22B、C 所示,在这个温度区间内,粉砂岩单轴抗压强度降低了 22.6%,弹性模量仅降低了 6.0%;泥岩单轴抗压强度降低了 31.0%,弹性模量降低了 29.0%。泥岩主要在升温前期强度和变形表现较明显,当温度到 50 ℃ 后,变化趋势趋于平稳。所以,在相同的试验温度变化范围内,深部煤系泥岩强度和变形受温度的影响大,温度对粉砂岩力学性质的影响主要表现在抗压强度上,对煤系砂岩的变形影响较大。

在研究区深部地温场温度的变化范围内,温度对岩石力学性质的影响远小于岩性和地应力对岩石力学性质的影响。由于岩石内部矿物晶体颗粒膨胀以及黏土矿物变性温度要达到 400 ℃ 及以上才可发生作用(吴忠等,2005;吴刚等,2007;尹光志等,2009;张连英等,2012;李明,2014;苏承东等,2015),深部地温场下的温度主要通过影响岩石原有的裂隙发展和创造新的次生裂纹来影响其力学性质。深部煤系岩石不可避免地存在一定的软弱结构面,断面夹层可见碳质和泥质,见图 6.23,温度的升高将激活岩石样品内部原有的缺陷,从而使得岩石试样强度减小。与此同时,随着试验温度的增高,试验过程中内部裂纹的产生和发展速度也直接影响岩石强度和变形,一般来说,温度加剧了岩石力学试验过程中次生裂隙的发展速度。

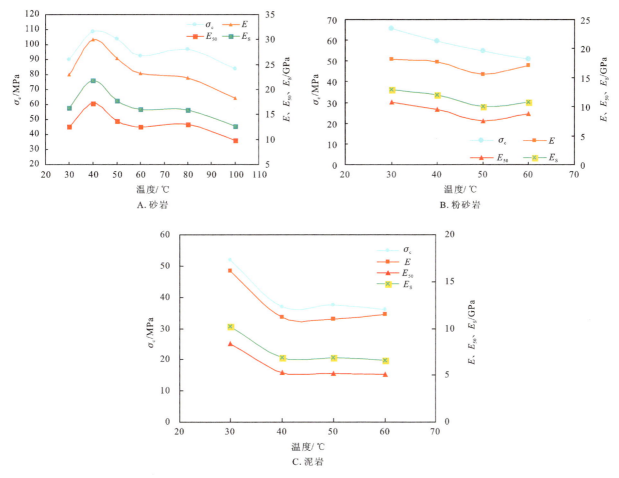

图 6.22 深部煤系岩石力学参数随温度变化关系散点图

图 6.23 深部煤系岩石中的软弱结构面

随着深部地温的逐渐升高,砂岩和泥岩变形都逐渐增大,而泥岩本身的强度较小,属于岩体中的软弱组分。从岩石力学和工程应用研究角度来看,在深部煤层顶底板中,岩层软弱组分或受外界因素影响变化较大的对象应更加重点关注。受温度影响,煤系泥岩力学强度特性和变形特性都变化较大,体现了它对赋存环境敏感性较高。对比可知,在深部地温条件变化范围内,温度环境对岩石力学性质变化的影响小于地应力对岩石力学性质的影响,但煤系岩石的温度敏感性以及地温场的分布是勘查阶段和深部开采阶段重点关注的对象。

6.4.3 地下水对煤系岩石力学性质的影响分析

1. 含水率对岩石变形与强度的影响

地壳中的岩石,尤其是沉积岩,大部分都或多或少地含有水分或溶液,有的含有油气。米勒(1981)指出,岩体是两相介质,即由矿物-岩石固相物质和含于孔隙和裂隙内水的液相物质组成。它们都会降低岩石的弹性极限,提高韧性和延性,使岩石软化并易于变形。水对沉积岩力学性质的影响程度明显高于对岩浆岩和变质岩力学性质的影响程度。随着地层含水率增加,岩石的单轴抗压强度和弹性模量均逐渐降低(表5.16～表5.18)。

(1) 由于岩石的岩性和结构不同,降低的速率也不同(图5.60、图5.62、图5.64)。主要取决于岩石本身胶结状况、结晶程度和是否含有亲水性黏土矿物等因素。

A. 对于同一岩性岩石,岩石单轴抗压强度与地层含水率具有如下关系:

$$\sigma_c = \sigma_0 - k_1 w \tag{6.2}$$

式中:σ_c 为不同含水率状态下岩石单轴抗压强度(MPa);σ_0 为干燥状态下岩石单轴抗压强度(MPa);k_1 为水对岩石强度影响系数(表6.6);w 为含水率(%)。

表6.6 水对岩石强度影响系数

岩性	σ_0	k_1	$w/\%$	岩石软化系数 K_R	回归方程相关系数 R
泥岩	79.95	40.04	≤2.00	0.22	0.84
粉砂岩	135.76	74.57	≤1.40	0.25	0.79
细砂岩	165.85	81.41	≤1.20	0.43	0.81

B. 对于同一岩性岩石,弹性模量受含水率影响具有如下关系:

$$E = E_0 - k_2 w \tag{6.3}$$

式中:E 为不同含水率状态下岩石弹性模量(GPa);E_0 为干燥状态下岩石弹性模量(GPa);k_2 为水对岩石弹性模量影响系数,其取值见表6.7。

表6.7 水对岩石弹性模量影响系数

岩性	弹性模量 E_0/GPa	k_2	$w/\%$	弹性模量降低系数 K_E	回归方程相关系数 R
泥岩	26.77	14.11	≤2.00	0.09	0.76
粉砂岩	35.63	20.27	≤1.40	0.25	0.82
细砂岩	43.05	22.70	≤1.20	0.43	0.84

(2) 由于成分和结构不同,不同岩性岩石的力学强度和刚度不同,吸水性不一样。随着碎屑颗粒粒度由粗到细,即由砂岩变化到泥岩,岩石的单轴抗压强度和弹性模量随之减弱(图6.24)。这表现为,砂岩岩石抗压强度和刚度大,同时,岩石的吸水性相对较弱;而泥岩岩石的抗压强度和刚度小,岩石的吸水性相对较强。

除了水对岩石的强度产生重要影响外,当岩石内的含水率不同时,其变形特征也受到显著影响。周瑞光等(1996)的研究成果,进一步证实了弹性模量及泊松比与含水率的关系服从指数函数关系的规律:

第6章 深部煤系岩石力学性质差异性及其控制机理

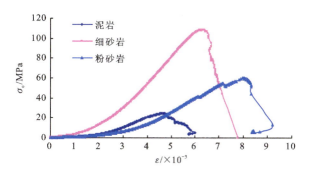

图 6.24 不同岩性岩石的单轴全程应力-应变曲线

$$\begin{cases} E = E_0 \exp(-bw) \\ \mu = \mu_0 \exp(cw) \end{cases} \tag{6.4}$$

式中：E_0、μ_0 分别为岩石干燥时的弹性模量（GPa）和泊松比；E、μ 分别为对应一定含水率 w 时的弹性模量（GPa）和泊松比；b、c 均为与岩性有关的试验常数。

2. 不同含水率下的变形破坏机制

含水率不仅影响着岩石的强度和变形参数的大小，而且影响到岩石的变形破坏机制。随着含水率增加，泥岩的弹性模量及峰值强度均急剧降低，且峰值强度对应的应变值有随之增大的趋势。同时，在干燥或较低含水率的情况下，岩石表现为脆性和剪切破坏，具有明显的应变软化特性，且随着含水率的增加，峰值强度后岩石主要为塑性破坏，应变软化特性不明显。

岩石是由多种矿物成分组成的，不同岩石所含的矿物成分不同，因而遇水软化的情况也不同。大部分岩石中含有黏土质矿物，这些矿物遇水软化泥化，降低了岩石骨架的结合力，如黏土矿物中蒙脱石吸水膨胀。另外，当岩石中含有石英和其他硅酸盐时，受水的作用的影响，SiO_2 键因水化作用而削弱，致使岩石强度降低。岩石强度试验结果也证明，岩石浸水后强度明显降低，并且岩石浸水时间越长，其强度降低得越多，水对岩石的这种作用称为岩石的软化。岩石软化系数（K_R）是指岩石饱水抗压强度（R_{cw}）与干燥岩石试样单轴抗压强度（R_c）的比值。岩石弹性模量降低系数（K_E）是指岩石饱水弹性模量（E_{cw}）与干燥岩石试样弹性模量（E_c）的比值。

显然，K_R 值愈小则岩石的软化性愈强。当岩石的 $K_R > 0.75$ 时，岩石软化性弱，同时也可说明其抗冻性和抗风化能力强。统计表明（表 6.6），煤系沉积岩石软化系数（K_R）为 0.22~0.43，弹性模量降低系数 K_E 为 0.09~0.43（表 6.7），反映煤系沉积岩石软化性较强，在一般情况下，饱水后岩石力学强度和弹性模量可以下降为干燥岩石的 30%~50%，因此，在地下水的影响下煤系岩石易于变形与破坏；在高压水的作用下有可能由渗水发展成涌水，最后演化为强渗流通道。

3. 含水率对岩石力学性质的影响机理

水溶液对岩石变形与强度影响是由于水的加入而使分子活动能力加强，在岩石孔隙、裂隙中的液体或气体会产生孔隙压力，抵消一部分作用在岩石内部任意截面的总应力（包括围压和构造运动所产生的应力），使岩石的弹性屈服极限降低，易于塑性变形，同时还会降低岩石的抗剪强度，使岩石剪切破坏。例如水库蓄水使地下水位抬升，由于岩体中孔隙水压力增高，岩体的抗剪强度降低。而大面积的长期抽取地下水引起的地下水位的降低，会造成大范围内的地面沉降（孟召平等，2009a）。

Terzaghi（1923）在研究饱和土的固结、水与土壤的相互作用时，提出了有效应力理论。Robinson 等（1959）研究得出，在水压力作用下岩石的有效应力为

$$\sigma'_{ij}=\sigma_{ij}-ap\delta_{ij} \tag{6.5}$$

式中：σ'_{ij} 为有效应力张量(MPa)；σ_{ij} 为总应力张量(MPa)；a 为等效孔隙压力系数，取决于岩石的孔隙和裂隙的发育程度，$0 \leqslant a \leqslant 1$；$p$ 为静水压力(MPa)；δ_{ij} 为 Kronecker 符号。

含水率对岩石变形破坏影响机制可由有效应力和莫尔-库仑理论说明(张金才等，1997)，表征岩石破坏准则的莫尔-库仑公式为

$$\tau = \sigma \tan\phi + c \tag{6.6}$$

当岩体孔隙及裂隙上作用有水压力时，其有效正应力为 $\sigma' = \sigma - \alpha p$，则此时岩体强度表示为

$$\tau = (\sigma - \alpha p)\tan\phi + c = \sigma\tan\phi + (c - \alpha p \tan\phi) \tag{6.7}$$

式(6.7)可写成

$$\tau = \sigma\tan\phi + c_w \tag{6.8}$$

式中：c_w 为浸水后岩石的凝聚力，且有

$$c_w = c - \alpha p \tan\phi \tag{6.9}$$

同样，可得由于水的影响岩石的抗压强度(R_w)为

$$R_w = R_c - \frac{2\alpha p \sin\varphi}{1-\sin\varphi} \tag{6.10}$$

式(6.10)即为水压力作用下的莫尔-库仑强度准则，可以看出，有水压力作用使得岩石凝聚力减少了 $\alpha p \tan\phi$，抗压强度减小了 $2\alpha p \sin\phi/(1-\sin\phi)$。

6.5 本章小结

本章在岩石力学试验统计分析的基础上，详细研究深部煤系岩石力学性质的差异性，分析了煤系岩石沉积岩石学特征、岩体结构和构造作用以及深部温度和围压条件对岩石力学性质的主要影响作用，得到了以下认识：

(1) 不同岩性类型岩石的力学性质差异明显，将煤系岩石分为砂岩、粉砂岩和泥岩3类，同种岩性岩石的力学参数离散性依然较大，且泥岩力学参数的离散性要大于粉砂岩和细砂岩。深部煤系岩石力学性质存在岩性效应，即不同岩性类型岩石的力学参数差异明显，力学性质指标在变化范围内有相互交叉和重叠，相同岩性的岩石各项力学性质指标也分布较分散，煤系岩石力学性质在垂向和平面上分布差异性也较大。

(2) 碎屑沉积岩中随着碎屑颗粒含量的增大，岩石强度和刚度都逐渐增大；随着其颗粒粒径的减小，岩性由砂岩、粉砂岩向泥岩过渡，抗压强度和弹性模量都降低，表现出"粒径软化"特性。泥岩的力学性质与其矿物成分相关，陆源碎屑矿物含量越高其强度和刚度越大；黏土矿物含量越高，泥岩的力学性质越差；当泥岩中自生非黏土矿物(菱铁矿等)含量增加时，抗压强度显著提高。

(3) 分流河道相、河口沙坝相和决口扇相沉积形成的砂岩和粉砂岩一般强度较高，属于硬质岩石；分流间湾相、泛滥平原相和天然堤相沉积形成的粉砂岩和砂质泥岩等岩石强度中等；泛滥平原和泥炭沼泽相沉积形成的泥岩和煤层等强度较低，属于软质岩石。深部煤系岩石的沉积环境决定了其微观成分和结构特征，对于深部煤系岩石而言，其特殊的物质性特征的差异，造成了岩性和物理力学性质的差异性。煤系岩石沉积特性如矿物成分含量、碎屑颗粒粒径大小、胶结作用类型以及沉积构造共同决定岩石力学性质，是其内在的主要控制因素。

(4) 主采煤层顶底板 RQD 值等值线和钻孔声波测井波速值等值线在抗压强度较大和较小区域吻合度都较高，与顶底板强度有较好的对应关系，在研究区褶皱的核部和断裂密集发育西部区域，RQD 值较小，测井波速也较小，顶底板的岩石强度也较低；深部地质构造作用通过影响岩石结构，导致各构造部

位岩石损伤程度不同,造成该部位所取岩石样品的物理力学性质跟其他部位相比有所不同。在研究区中部区域,受陈桥-潘集背斜和F66断层等构造影响较大,整体煤层顶底板较为破碎,不同岩性类型岩石的力学性质也受其影响,平均抗压强度较小;F66断层以北区域顶底板岩石平均强度小于南部区域,高于中部背斜区域。

(5)在深部地温场温度的变化范围内,温度对岩石力学性质的影响远小于岩性对岩石力学性质的影响,温度的升高激活岩石样品内部原有的沉积缺陷,同时加剧了试验过程中内部裂隙的产生和发展速度,导致其强度降低或变形增大。在深部地应力场下,岩石强度和峰值应变均随着围压的增加逐渐增大,在地应力的控制作用下,深部岩石强度增加但同时应变增加幅度更大,表现为深部开采巷道的变形和破坏,在通过相应围压强度下的三轴压缩试验建立的强度和应变预测模型可为深部巷道设计和支护提供参考。

(6)不同岩性岩石单轴抗压强度和弹性模量受含水率的影响程度不同,降低的速率受岩性控制,主要取决于岩石成分、结构、胶结状况、结晶程度和是否含有亲水性黏土矿物等因素。岩石单轴抗压强度和弹性模量随含水率的增加而呈线性规律降低,降低的速率受岩性控制。在干燥或较低含水率情况下,岩石表现为脆性和剪切破坏,且随着含水率的增大,峰值强度后岩石主要为塑性破坏。因此,在地下工程岩体稳定性评价时,应考虑地下水因素的影响,从而使得复杂的地下工程设计与施工决策更趋于合理与可靠。

主要参考文献

《中国地层典》编委会,2000.中国地层典:二叠系.北京:地质出版社.

安美建,赵越,冯梅,等,2011.什么控制了华北克拉通东部在新近纪的构造活动.地学前缘,18(3):121-140.

敖卫华,2013.淮南煤田深部煤层煤级与煤体结构特征及煤变质作用.北京:中国地质大学(北京).

敖卫华,黄文辉,姚艳斌,等,2012.华北东部地区深部煤炭资源特征及开发潜力.资源与产业,14(3):84-90.

比尼斯基 Z T,1993.工程岩体分类.吴立新,王建锋,刘殿书,等译.徐州:中国矿业大学出版社.

卜军,沈书豪,谢焰,2017.潘集深部勘查区山西组煤层发育及顶底板工程地质特征.中国煤炭地质,29(8):43-47.

蔡美峰,刘卫东,李远,2010.玲珑金矿深部地应力测量及矿区地应力场分布规律.岩石力学与工程学报,29(2):227-233.

曹代勇,1990.华北聚煤区南部滑脱构造研究.北京:中国矿业大学(北京).

曹代勇,李小明,占文锋,等,2008.深部煤炭资源勘查模式及其构造控制.中国煤炭地质,20(10):18-21.

曹代勇,占文峰,张军,等,2007.邯郸—峰峰矿区新构造特征及其煤炭资源开发意义.煤炭学报,32(2):141-145.

曹峰,2012.温度对深部岩石力学性质的影响.重庆科技学院学报(自然科学版),14(5):83-85.

曹松涛,孙毓飞,钱济丰,1979.淮南、凤台、寿县一带的新构造运动形迹及地震趋势.安徽师范大学学报(自然科学版),2(1):79-87.

陈安国,刘东旺,沈小七,等,2010.公元1831年安徽凤台地震宏观震中考察.地震学报,32(4):495-503.

陈安国,刘东旺,郑海刚,2009.安徽地区历史及现代地震活动与断裂活动性关系研究.华北地震科学,27(4):16-21.

陈钢林,周仁德,1991.水对受力岩石变形破坏宏观力学效应的实验研究.地球物理学报,34(3):335-342.

陈赓,2012.基于GIS的顶板岩体稳定性定量评价.淮南:安徽理工大学.

陈贵祥,2014.口孜东矿13-1煤层顶板工程地质特征及稳定性评价.淮南:安徽理工大学.

陈善成,2016.淮南煤田下二叠统含煤岩系有机碳和元素地球化学研究.合肥:中国科学技术大学.

陈绍杰,2005.煤岩强度与变形特征实验研究及其在条带煤柱设计中的应用.青岛:山东科技大学.

陈绍杰,郭宇航,黄万朋,等,2017.粒度对红砂岩力学性质影响规律与机制实验研究.山东科技大学学报(自然科学版),36(6):8-14.

陈世悦,2000.华北石炭二叠纪海平面变化对聚煤作用的控制.煤田地质与勘探,28(5):8-11.

陈治中,汪占领,王文新,2011.枣泉煤矿地应力测试及其分布特征分析.煤矿开采,16(5):81-82,7.

谌伦建,吴忠,秦本东,等,2005.煤层顶板砂岩在高温下的力学特性及破坏机理.重庆大学学报,28(5):123-126.

董书宁,张群,2007.安全高效煤矿地质保障技术及应用.北京:煤炭工业出版社.

董振国,赵伟,任玺宁,等,2019.声波测井在煤岩弹性力学分析中的应用.煤田地质与勘探,47(增刊1):104-112.

杜守继,职洪涛,2004.经历高温后花岗岩与混凝土力学性质的试验研究.岩土工程学报,26(4):482-485.

方良好,疏鹏,路硕,等,2017.安徽淮南地区明龙山-上窑断裂第四纪活动特征.震灾防御技术,12(3):469-479.

方良好,童远林,赵朋,等,2015.安徽北部涡河断裂第四纪活动特征及地震危险性初步研究.防灾科技学院学报,17(1):19-25.

方仲景,丁梦林,向宏发,等,1986.郯庐断裂带的基本特征.科学通报,31(1):52-55.

冯西会,薛海军,2015.煤矿高效安全开采地质保障物探技术发展现状及展望//段中会.煤矿隐蔽致灾因素及探查技术研究——陕西省煤炭学会学术年会论文集(2014).北京:煤炭工业出版社:358-361.

傅先兰,1996.淮南寿县一带的新构造运动及庄淮河南汊的新发现.皖西学院学报,12(2):43-47.

高加林,2018.淮南煤田地质构造特征及其演化研究.淮南:安徽理工大学.

高秀君,大久保誠介,福井勝則,等,2005.三峡库区滑坡地带岩石特性的研究.地球与环境,33(3):125-131.

葛善良,周文,谢润成,等,2010.复杂构造变形地区致密岩石力学性质实验分析.岩性油气藏,22(1):59-64.

顾亮,2015.东欢坨煤矿深部地应力测试及其对煤击地压的影响.华北科技学院学报,12(4):36-38,42.

郭德勇,丁开舟,王新义,2003.煤层顶板稳定性相关因素分析与综合评价.煤炭科学技术,31(12):104-106.

郭富利,张顶立,苏洁,等,2007.地下水和围压对软岩力学性质影响的试验研究.岩石力学与工程学报,26(11):2324-2332.

郭富利,张顶立,苏洁,等,2009.围压和地下水对软岩残余强度及峰后体积变化影响的试验研究.岩石力学与工程学报,28(增1):2644-2650.

郭文兵,李小双,2007.深部煤岩体高温高围压下力学性质的研究现状与展望.河南理工大学学报(自然科学版),26(1):16-20.

韩必武,韩鹤威,白志钊,2020.淮南顾桥煤矿新构造运动的证据.中国煤炭地质,32(1):11-17,31.

韩嵩,蔡美峰,2007a.万福煤矿深部地应力场与地质构造关系分析.矿业研究与开发,27(1):59-62.

韩嵩,蔡美峰,2007b.深部地应力场下砂岩力学性质的变化.煤炭学报,32(6):570-572.

郝玄文,2019.淮南深部A组煤有害微量元素分布赋存及沉积环境特征.合肥:安徽大学.

何满潮,2005.深部的概念体系及工程评价指标.岩石力学与工程学报,24(16):2854-2858.

何满潮,景海河,孙晓明,2003.软岩工程力学.北京:科学出版社.

何满潮,谢和平,彭苏萍,等,2005.深部开采岩体力学研究.岩石力学与工程学报,24(16):2803-2813.

何满潮,周莉,李德建,等,2008.深井泥岩吸水特性试验研究.岩石力学与工程学报,27(6):1113-1120.

何争光,刘池洋,赵俊峰,等,2009.华北克拉通南部地区现今地温场特征及其地质意义.地质论评,55(3):428-433.

贺江辉,2015.淮南煤田北部矿区构造控水机理研究.淮南:安徽理工大学.

洪有密,1993.测井原理与综合解释.青岛:中国石油大学出版社.

侯兰杰,2002.砂岩组构与岩石力学性质关系的研究.绵阳经济技术高等专科学校学报,19(1):1-5.

侯艳娟,张顶立,郭富利,2010.涌水隧道支护对围岩力学性质的影响.中南大学学报(自然科学版),41(3):1152-1157.

胡社荣,彭纪超,黄灿,等,2011.千米以上深矿井开采研究现状与进展.中国矿业,20(7):105-110.

胡社荣,戚春前,赵胜利,等,2010.我国深部矿井分类及其临界深度探讨.煤炭科学技术,38(7):10-13,43.

胡圣标,何丽娟,汪集旸,2001.中国大陆地区大地热流数据汇编(第三版).地球物理学报,44(5):611-626.

胡帅,马洪素,任奋华,等,2017.不同卸荷速率下北山花岗岩力学特性试验研究.金属矿山,46(2):36-42.

胡昕,洪宝宁,王伟,等,2007.红砂岩强度特性的微结构试验研究.岩石力学与工程学报,26(10):2141-2147.

虎维岳,2013.深部煤炭开采地质安全保障技术现状与研究方向.煤炭科学技术,41(8):1-5,14.

虎维岳,何满潮,2008.深部煤炭资源及开发地质条件研究现状与发展趋势.北京:煤炭工业出版社.

黄炳香,刘江伟,李楠,等,2017.矿井闭坑的理论与技术框架.中国矿业大学学报,46(4):715-729,747.

黄宏伟,车平,2007.泥岩遇水软化微观机理研究.同济大学学报(自然科学版),35(7):866-870.

贾海梁,王婷,项伟,等,2018.含水率对泥质粉砂岩物理力学性质影响的规律与机制.岩石力学与工程学报,37(7):1618-1628.

江飞飞,周辉,刘畅,等,2019.地下金属矿山岩爆研究进展及预测与防治.岩石力学与工程学报,38(5):956-972.

姜波,1993.淮南煤田逆冲叠瓦扇构造系统.煤田地质与勘探,21(6):12-17.

姜永东,鲜学福,许江,等,2004.砂岩单轴三轴压缩试验研究.中国矿业,13(4):66-69.

蒋景东,陈生水,徐婕,等,2018.不同含水状态下泥岩的力学性质及能量特征.煤炭学报,43(8):2217-2224.

降文萍,钟玲文,张群,2007.淮南矿区含煤岩系沉积环境分析及其对煤层气开发的意义//中国煤炭学会.安全高效煤矿地质保障技术及应用——中国地质学会、中国煤炭学会煤田地质专业委员会、中国煤炭工业劳动保护科学技术学会水害防治专业委员会学术年会文集.北京:煤炭工业出版社:77-83.

靖建凯,2016.海陆过渡相煤系泥/页岩纳米孔特征及控因:以新集井田01001钻孔为例.徐州:中国矿业大学.

康红普,1994.水对岩石的损伤.水文地质工程地质,21(3):39-41.

康红普,姜铁明,张晓,等,2009.晋城矿区地应力场研究及应用.岩石力学与工程学报,28(1):1-8.

康红普,林健,张晓,等,2010.潞安矿区井下地应力测量及分布规律研究.岩土力学,31(3):827-831,844.

康红普,伊丙鼎,高富强,等,2019.中国煤矿井下地应力数据库及地应力分布规律.煤炭学报,44(1):23-33.

柯春培,2012.煤矿深部开采的问题及对策研究//中国煤炭学会.中国煤炭学会矿井地质专业委员会成立三十周年暨中国煤炭学会矿井地质专业委员会2012学术论坛论文集.徐州:中国矿业大学出版社:460-465.

兰昌益,1984.淮南煤田二叠纪含煤岩系的沉积环境.淮南矿业学院学报,4(2):10-22.

兰昌益,1989.两淮煤田石炭二叠纪含煤岩系沉积特征及沉积环境.淮南矿业学院学报,9(3):9-22,122-123.

蓝航,陈东科,毛德兵,2016.我国煤矿深部开采现状及灾害防治分析.煤炭科学技术,44(1):39-46.

李斌,2015.高围压条件下岩石破坏特征及强度准则研究.武汉:武汉科技大学.

李长洪,张吉良,蔡美峰,等,2008.大同矿区地应力测量及其与地质构造的关系.北京科技大学学报,30(2):115-119.

主要参考文献

李达,张志珣,张维冈,等,2009.渤海海域及邻区新构造运动特征与环境地质意义.海洋地质动态,25(2):1-7.

李红阳,朱耀武,易继承,2007.淮南矿区地温变化规律及其异常因素分析.煤矿安全,38(11):68-71.

李化敏,李回贵,宋桂军,等,2016.神东矿区煤系岩石物理力学性质.煤炭学报,41(11):2661-2671.

李化敏,梁亚飞,陈江峰,等,2018.神东矿区砂岩孔隙结构特征及与其物理力学性质的关系.河南理工大学学报(自然科学版),37(4):9-16.

李建林,陈星,党莉,等,2011.高温后砂岩三轴卸荷试验研究.岩石力学与工程学报,30(8):1587-1595.

李明,2014.高温及冲击荷载作用下煤系砂岩损伤破裂机理研究.徐州:中国矿业大学.

李明,茅献彪,曹丽丽,等,2014.高温后砂岩动力特性应变率效应的试验研究.岩土力学,35(12):3479-3488.

李鹏,郭奇峰,苗胜军,等,2017.浅部和深部工程区地应力场及断裂稳定性比较.哈尔滨工业大学学报,49(9):10-16.

李硕标,陈剑,易国丁,2013.红层岩石微观特性与抗压强度关系试验研究.工程勘察,41(3):1-5.

李万程,1995.郯庐断裂带对华北板内变形及煤田构造的影响.华北地质矿产杂志,10(2):197-202.

李夕兵,黄麟淇,周健,等,2019.硬岩矿山开采技术回顾与展望.中国有色金属学报,29(9):1828-1847.

李西双,赵月霞,刘保华,等,2010.郯庐断裂带渤海段晚更新世以来的浅层构造变形和活动性.科学通报,55(8):684-692.

李新平,肖桃李,汪斌,等,2012.锦屏二级水电站大理岩不同应力路径下加卸载试验研究.岩石力学与工程学报,31(5):882-889.

李琰庆,王传兵,杨永刚,等,2018.淮南矿区深部煤巷变形破坏机制及支护技术.煤炭工程,50(10):14-18.

李玉发,姜立富,1997.安徽省岩石地层.武汉:中国地质大学出版社.

李增学,魏久传,刘莹,2005.煤地质学.北京:地质出版社.

梁炯丰,李荣年,胡洲,等,2009.冬瓜山矿体稳定性和岩石力学特性分析.广西工学院学报,20(2):73-76.

梁政国,2001.煤矿山深浅部开采界线划分问题.辽宁工程技术大学学报,20(4):554-556.

刘光廷,胡昱,李鹏辉,2006.软岩遇水软化膨胀特性及其对拱坝的影响.岩石力学与工程学报,25(9):1729-1734.

刘国生,2009.合肥盆地东部对郯庐断裂带活动的沉积响应.合肥:合肥工业大学出版社.

刘海燕,2004.兖州煤田主采煤层顶板稳定性评价.青岛:山东科技大学.

刘建华,1994.矿井深部地温的灰色数列预测.煤田地质与勘探,22(5):28-32.

刘泉声,刘恺德,2012.淮南矿区深部地应力场特征研究.岩土力学,33(7):2089-2096.

刘泉声,刘恺德,卢兴利,等,2014.高应力下原煤三轴卸荷力学特性研究.岩石力学与工程学报,33(增2):3429-3438.

刘泉声,许锡昌,2000.温度作用下脆性岩石的损伤分析.岩石力学与工程学报,19(4):408-411.

刘泉声,张华,林涛,2004.煤矿深部岩巷围岩稳定与支护对策.岩石力学与工程学报,23(21):3732-3737.

刘瑞雪,茅献彪,张连英,等,2012.温度对泥岩力学性能的影响.矿业研究与开发,32(4):97-99,118.

卢祥亭,2017.淮南煤田潘谢矿区构造控水特征研究.淮南:安徽理工大学.

卢应发,田斌,周盛沛,等,2005.砂岩试验和理论研究.岩石力学与工程学报,24(18):3360-3367.

鲁功达,晏鄂川,王环玲,等,2013.基于岩石地质本质性的碳酸盐岩单轴抗压强度预测.吉林大学学报(地球科学版),43(6):1915-1921,1935.

陆春辉,2011.深部煤层稳定性与煤岩体力学性质的研究——以淮南煤田潘一井田为例.淮南:安徽理工大学.

陆镜元,曹光暄,刘庆忠,等,1992.安徽省地震构造与环境分析.合肥:安徽科学技术出版社.

雒毅,琚宜文,谭静强,2011.孙疃-赵集勘探区现今地温场特征及其高温热害预测.中国科学院研究生院学报,28(6):734-739.

孟召平,1999.煤层顶板沉积岩体结构及其对顶板稳定性的影响.北京:中国矿业大学(北京).

孟召平,李明生,陆鹏庆,等,2006.深部温度、压力条件及其对砂岩力学性质的影响.岩石力学与工程学报,25(6):1177-1181.

孟召平,陆鹏庆,贺小黑,2009b.沉积结构面及其对岩体力学性质的影响.煤田地质与勘探,37(1):33-37.

孟召平,潘结南,刘亮亮,等,2009a.含水量对沉积岩力学性质及其冲击倾向性的影响.岩石力学与工程学报,28(增1):2637-2643.

孟召平,彭苏萍,2004.煤系泥岩组分特征及其对岩石力学性质的影响.煤田地质与勘探,32(2):14-16.

孟召平,彭苏萍,傅继彤,2002.含煤岩系岩石力学性质控制因素探讨.岩石力学与工程学报,21(1):102-106.

孟召平,彭苏萍,凌标灿,2000a.不同侧压下沉积岩石变形与强度特征.煤炭学报,25(1):15-18.

孟召平,彭苏萍,屈洪亮,2000b.煤层顶底板岩石成分和结构与其力学性质的关系.岩石力学与工程学报,19(2):136-139.

孟召平,苏永华,2006.沉积岩体力学理论与方法.北京:科学出版社.

米勒L,1981.岩石力学.李世平,冯震海,周文亮,等译.北京:煤炭工业出版社.

闵明,2019.北山花岗岩高温力学特性试验研究.徐州:中国矿业大学.

彭华,马秀敏,姜景捷,等,2011.赵楼煤矿1000m深孔水压致裂地应力测量及其应力场研究.岩石力学与工程学报,30(8):1638-1645.

彭军,2015.潘集矿区深部13-1煤层顶板工程地质特征及其稳定性评价.淮南:安徽理工大学.

彭瑞东,薛东杰,孙华飞,等,2019.深部开采中的强扰动特性探讨.煤炭学报,44(5):1359-1368.

彭苏萍,2008.深部煤炭资源赋存规律与开发地质评价研究现状及今后发展趋势.煤,17(2):1-11,27.

彭苏萍,杜文凤,赵伟,等,2008.煤田三维地震综合解释技术在复杂地质条件下的应用.岩石力学与工程学报,27(增1):2760-2765.

彭苏萍,贺日兴,1998.碎屑岩力学性质与微结构之间关系的初步探讨//中国煤炭学会.中国煤炭学会第五届青年科学技术研讨会暨中国科协第三届青年学术年会卫星会议论文集.北京:煤炭工业出版社:525-531.

彭涛,任自强,吴基文,等,2017.潘集矿区深部现今地温场特征及其构造控制.高校地质学报,23(1):157-164.

彭向峰,于双忠,1997.煤层顶板工程地质分类方案初步研究.煤田地质与勘探,25(6):34-37.

平文文.2016.淮南潘集深部煤层微量元素分布及地质意义.淮南:安徽理工大学.

齐庆新,潘一山,舒龙勇,等,2018.煤矿深部开采煤岩动力灾害多尺度分源防控理论与技术架构.煤炭学报,43(7):1801-1810.

钱七虎,2004.深部岩体工程响应的特征科学现象及"深部"的界定.东华理工大学学报,27(1):1-5.

秦一博,2013.基于数字图像处理的黏连颗粒分析方法研究.淄博:山东理工大学.

全国国土资源标准化技术委员会,2020.矿产地质勘查规范煤:DZ/T 0215—2020.[出版地不详:出版者不详].

全国自然资源与国土空间规划标准化技术委员会,2021.矿区水文地质工程地质勘查规范:GB/T 12719—2021.北京:中国标准出版社.

任纪舜,牛宝贵,刘志刚,1999.软碰撞、叠覆造山和多旋回缝合作用.地学前缘,6(3):85-93.

任自强,2016.潘集矿区深部地温地质特征及地热资源评价.淮南:安徽理工大学.

任自强,彭涛,沈书豪,等,2015.淮南煤田现今地温场特征.高校地质学报,21(1):147-154.

荣传新,汪东林,2014.岩石力学.武汉:武汉大学出版社.

山东省煤田地质勘探公司测井组,1983.钻孔简易测温的校正.煤田地质与勘探,11(4):40-42.

单仁亮,杨昊,郭志明,等,2014.负温饱水红砂岩三轴压缩强度特性试验研究.岩石力学与工程学报,33(增2):3657-3664.

邵军战,2020.利用煤田测井曲线精细预测潘集矿区深部煤层围岩抗压强度.安徽地质,30(1):39-41,44.

沈荣喜,侯振海,王恩元,等,2019.基于三向应力监测装置的地应力测量方法研究.岩石力学与工程学报,38(S2):3618-3624.

沈书豪,吴基文,翟晓荣,等,2017.深部地应力场下煤系岩石力学性质变化规律.采矿与安全工程学报,34(6):1200-1206.

宋传中,王国强,朱光,等,1998.郯庐断裂带桐城—庐江段的构造特征及演化.安徽地质,8(4):37-40.

宋传中,朱光,刘国生,等,2005.淮南煤田的构造厘定及动力学控制.煤田地质与勘探,33(1):11-15.

宋宁,史光辉,高国强,等,2011.苏北盆地古近系—上白垩统的岩石热导率.复杂油气藏,4(1):10-13.

宋新龙,2014.不同温度下煤系砂质泥岩力学特性试验及损伤本构模型研究.淮南:安徽理工大学.

苏承东,付义胜,2014.红砂岩三轴压缩变形与强度特征的试验研究.岩石力学与工程学报,33(S1):3164-3169.

苏承东,韦四江,杨玉顺,等,2015.高温后粗砂岩常规三轴压缩变形与强度特征分析.岩石力学与工程学报,34(S1):2792-2800.

苏永荣,张启国,2000.淮南煤田潘谢矿区地温状况初步分析.安徽地质,10(2):124-129.

孙广忠,1988.岩体结构力学.北京:科学出版社.

孙占学,张文,胡宝群,等,2006.沁水盆地大地热流与地温场特征.地球物理学报,49(1):130-134.

谭静强,琚宜文,侯泉林,等,2009.淮北煤田宿临矿区现今地温场分布特征及其影响因素.地球物理学报,52(3):732-739.

谭静强,琚宜文,张文永,等,2010.淮北煤田中南部大地热流及其煤层气资源效应.中国科学:地球科学,40(7):855-865.

汤加富,周存亭,侯明金,等,2003.大别山及邻区地质构造特征与形成演化:地幔差速环流与陆内多期造山.北京:地质出版社.

唐永志,2017.淮南矿区煤炭深部开采技术问题与对策.煤炭科学技术,45(8):19-24.

汪辉平,2013.岩土变形全过程统计损伤模拟方法研究.长沙:湖南大学.

王保进,2020.淮南潘集深部煤系地层岩性特征及其沉积环境研究.徐州:中国矿业大学.

王广才,李竞生,黄国刚,等,2002.平顶山矿区十三矿地温场数值模拟研究.工程勘察,30(1):18-21.

王贵荣,任建喜,2006.基于三轴压缩试验的红砂岩本构模型.长安大学学报(自然科学版),26(6):48-51.

王桂梁,琚宜文,郑孟林,等,2007.中国北部能源盆地构造.徐州:中国矿业大学出版社.

王果胜,刘文灿,2001.杨山群的构造特征及对北淮阳区构造演化的意义.成都理工学院学报,28(3):231-235.

王红英,张强,2019.围压对锦屏深埋大理岩力学特性影响研究.应用基础与工程科学学报,27(4):843-853.

王华玉,刘绍文,雷晓,2013.华南下扬子区现今地温场特征.煤炭学报,38(5):896-900.

王炯,姜健,张正俊,等,2019.星村矿深部采区地应力分布特征及与地质构造关系研究.采矿与安全工程学报,36(6):1240-1246.

王军,何淼,汪中卫,2006.膨胀砂岩的抗剪强度与含水量的关系.土木工程学报,39(1):98-102.

王钧,黄尚瑶,黄歌山,等,1990.中国地温分布的基本特征.北京:地震出版社.

王敏生,李祖奎,2007.测井声波预测岩石力学特性的研究与应用.采矿与安全工程学报,24(1):74-78,83.

王清晨,2013.大别造山带高压-超高压变质岩的折返过程.岩石学报,29(5):1607-1620.

王生全,夏玉成,樊怀仁,1997.邢台显德汪井田煤层顶板稳定性评价与预测.西北地质,18(4):46-50.

王思敬,2009.论岩石的地质本质性及其岩石力学演绎.岩石力学与工程学报,28(3):433-450.

王伟宁,许光泉,李佩全,等,2010.丁集矿区地温变化规律及深部热害预测.煤矿安全,41(6):103-105.

王希良,彭苏萍,杜木民,2005."三软"煤层顶板工程地质分类及变形机制.矿山压力与顶板管理,22(2):49-51.

王心义,聂新良,赵卫东,2001.开封凹陷区地温场特征及成因机制探析.煤田地质与勘探,29(5):4-7.

王莹,周训,于湲,等,2007.应用地热温标估算地下热储温度.现代地质,21(4):605-612.

王运泉,孟凡顺,1987.粗碎屑岩的粒度分析.煤田地质与勘探,15(6):9-12.

王振康,2017.神东侏罗纪煤系沉积岩力学特性的岩石学研究.焦作:河南理工大学.

魏振岱.2012.安徽省煤炭资源赋存规律与找煤预测.北京:地质出版社

温韬,2019.不同围压下龙马溪组页岩能量、损伤及脆性特征.工程地质学报,27(5):973-979.

翁丽媛,2019.顾及覆岩采动力学响应的深部条带开采覆岩与地表变形规律研究.青岛:山东科技大学.

吴德伦,黄质宏,赵明阶,2002.岩石力学.乌鲁木齐:新疆大学出版社.

吴刚,邢爱国,张磊,2007.砂岩高温后的力学特性.岩石力学与工程学报,26(10):2110-2116.

吴基文,姜振泉,张朱亚,2008.淮北矿区煤层底板突水的岩体结构控制研究//张明旭,魏振岱.煤矿深部开采地质保障技术研究与应用:中国煤炭学会矿井地质专业委员会2008年学术论坛文集.徐州:中国矿业大学出版社:148-154.

吴基文,王广涛,翟晓荣,等,2019.淮南矿区地热地质特征与地热资源评价.煤炭学报,44(8):2566-2578.

吴平,2014.水对软岩力学特性影响的试验研究.合肥:合肥工业大学.

吴忠,秦本东,谌论建,等,2005.煤层顶板砂岩高温状态下力学特征试验研究.岩石力学与工程学报,24(11):1863-1867.

邵保平,赵阳升,万志军,等,2009.热力耦合作用下花岗岩流变模型的本构关系研究.岩石力学与工程学报,28(5):956-967.

夏磊,2019.潘谢矿区深部地应力场特征研究.淮南:安徽理工大学.

夏小和,王颖轶,黄醒春,等,2004.高温作用对大理岩强度及变形特性影响的实验研究.上海交通大学学报,38(6):996-998,1002.

肖和平,2001.我国煤矿的主要地质灾害及防治对策.中国地质灾害及防治学报,12(1):51-54.

谢长仑,胡宝林,徐宏杰,等,2015.淮南煤田石炭-二叠系泥页岩层系分布与沉积环境分析.中国煤炭地质,27(5):6-11.

谢和平,2017."深部岩体力学与开采理论"研究构想与预期成果展望.工程科学与技术,49(2):1-16.

谢和平,2019.深部岩体力学与开采理论研究进展.煤炭学报,44(5):1283-1305.

谢和平,高峰,鞠杨,2015a.深部岩体力学研究与探索.岩石力学与工程学报,34(11):2161-2178.

谢和平,高峰,鞠杨,等,2015b.深部开采的定量界定与分析.煤炭学报,2015,40(1):1-10.

谢和平,高峰,鞠杨,等,2017.深地煤炭资源流态化开采理论与技术构想.煤炭学报,42(3):547-556.

谢和平,彭苏萍,何满潮,2006.深部开采基础理论与工程实践.北京:科学出版社.

谢和平,周宏伟,薛东杰,等,2012.煤炭深部开采与极限开采深度的研究与思考.煤炭学报,37(4):535-542.

谢朋,李文平,王启庆,等,2017.杨柳煤矿首采区地应力特征研究.煤炭技术,36(5):58-60.

熊德国,赵忠明,苏承东,等,2011.饱水对煤系地层岩石力学性质影响的试验研究.岩石力学与工程学报,30(5):998-1006.

徐嘉炜,马国锋,1992.郯庐断裂带研究10年回顾.地质论评,38(4):316-324.

徐可可,2016.温度对深部泥岩物理力学特性影响试验研究.淮南:安徽理工大学.

徐胜平,2014.两淮煤田地温场分布规律及其控制模式研究.淮南:安徽理工大学.

徐胜平,彭涛,任自强,2014.淮南矿区各井田钻孔简易测温的校正及其差异性分析.煤炭技术,33(6):64-66.

徐晓攀,2014.饱水度及围压对岩石力学特性影响的三轴实验研究.石家庄:河北科技大学.

许尚杰,尹小涛,党发宁,2009.晶体及矿物颗粒大小对岩土材料力学性质的影响.岩土力学,30(9):2581-2587.

许锡昌,1998.温度作用下三峡花岗岩力学性质及损伤特性初步研究.武汉:中国科学院武汉岩土力学研究所.

许锡昌,刘泉声,2000.高温下花岗岩基本力学性质初步研究.岩土工程学报,22(3):332-335.

闫嘉祺,杨梅忠,1991.渭北煤田的新构造运动与地质灾害.中国煤田地质,3(2):50-54.

闫昆,2012.淮南地区地质构造特征与环境效应分析.合肥:合肥工业大学.

杨德彬,杨进辉,许文良,等,2013.大陆深俯冲作用对邻区岩石圈地幔影响的时空范围:以华北陆块东南部为例.科学通报,58(23):2306-2309.

杨丁丁,王佰顺,张翔,等,2012.淮南煤田新区地温分布规律分析及热害防治.中国矿业,21(7):94-97.

杨惠中,2007.简易井温曲线的近似稳态校正方法探讨.能源技术与管理,32(3):48-50.

杨明慧,刘池阳,曾鹏,等,2012.华北克拉通晚三叠世沉积盆地原型与破坏早期构造变形格局.地质论评,58(1):1-18.

杨胜,2016.潘谢矿区深部煤层开采水文工程地质测试与条件分析.淮南:安徽理工大学.

杨圣奇,苏承东,徐卫亚,2005.大理岩常规三轴压缩下强度和变形特性的试验研究.岩土力学,26(3):475-478.

杨巍然,王国灿,简平,2000.大别造山带构造年代学.武汉:中国地质大学出版社.

杨文丰,田开飞,黄丹,等,2014.煤系岩石力学性质差异的岩性效应.山东工业技术,33(22):91-92.

杨永杰,2006.煤岩强度、变形及微震特征的基础试验研究.青岛:山东科技大学.

杨永杰,宋扬,陈绍杰,2006.三轴压缩煤岩强度及变形特征的试验研究.煤炭学报,31(2):150-153.

杨宇江,2008.声发射技术在原岩应力测量中的应用.沈阳:东北大学.

姚大全,刘加灿,翟洪涛,等,2003.涡阳-凤台地区地震活动和地震构造.安徽地质,13(4):270-274.

姚韦靖,庞建勇,2018.我国深部矿井热环境研究现状与进展.矿业安全与环保,45(1):107-111.

叶根喜,HATHERLY P,姜福兴,等,2009.地球物理测井技术在煤矿岩体工程勘察中的应用.岩石力学与工程学报,28(7):1342-1352.

尹光志,李小双,赵洪宝,2009.高温后粗砂岩常规三轴压缩条件下力学特性试验研究.岩石力学与工程学报,28(3):598-604.

尤明庆,2003.岩石试样的杨氏模量与围压的关系.岩石力学与工程学报,22(1):53-60.

尤明庆,2014.围压对岩石试样强度的影响及离散性.岩石力学与工程学报,33(5):929-937.

尤明庆,李化敏,纪多辙,2003.试验数据回归结果的评价方法.岩石力学与工程学报,22(7):1191-1195.

于德海,彭建兵,2009.三轴压缩下水影响绿泥石片岩力学性质试验研究.岩石力学与工程学报,28(1):205-211.

于可伟,2019.煤矿井下巷道围岩地质力学测试试验研究.煤炭科学技术,47(12):62-67.

余恒昌,1991.矿山地热与热害治理.北京:煤炭工业出版社.

袁亮,2017.煤炭精准开采科学构想.煤炭学报,42(1):1-7.

袁亮,2019.煤及共伴生资源精准开采科学问题与对策.煤炭学报,44(1):1-9.

查文华,宋新龙,武腾飞,2014a.不同温度条件下煤系砂质泥岩力学特征试验研究.岩石力学与工程学报,33(4):809-816.

查文华,宋新龙,武腾飞,等,2014b.温度对煤系泥岩力学特征影响的试验研究.岩土力学,35(5):1334-1339.

翟晓荣,2015.矿井深部煤层底板采动效应的岩体结构控制机理研究.淮南:安徽理工大学.

詹润,张文永,窦新钊,等,2017.淮南煤田构造演化与煤系天然气成藏.中国煤炭地质,29(10):23-29.

张风达,2016.深部煤层底板变形破坏机理及突水评价方法研究.北京:中国矿业大学(北京).

张国锋,朱伟,赵培,2012.徐州矿区深部地应力测量及区域构造作用分析.岩土工程学报,34(12):2318-2324.

张国伟,孟庆任,于在平,等,1996.秦岭造山带的造山过程及其动力学特征.中国科学(D辑),26(3):193-200.

张泓,夏宇靖,张群,等,2009.深层煤矿床开采地质条件及其综合探测——现状与问题.煤田地质与勘探,37(1):1-11,16.

张继坤,2011.安徽省煤田构造与构造控煤作用研究.北京:中国矿业大学(北京).

张建军,孟召平,何明友,2014.范各庄矿5煤层顶板采动变形破坏规律.辽宁工程技术大学学报(自然科学版),33(2):162-166.

张建民,李全生,曹志国,等,2019.绿色开采定量分析与深部仿生绿色开采模式.煤炭学报,44(11):3281-3294.

张金才,张玉卓,刘天泉,1997.岩体渗流与煤层底板突水.北京:地质出版社.

张开弦,2018.祁东煤矿四含富水性分区及其下开采覆岩变形破坏规律研究.合肥:合肥工业大学.

张连英,2012.高温作用下泥岩的损伤演化及破裂机理研究.徐州:中国矿业大学.

张连英,张树娟,茅献彪,等,2012.考虑温度效应的泥岩损伤特性试验研究.采矿与安全工程学报,29(6):852-858.

张亮,2017.煤层顶底板稳定性评价系统研究.西安:西安科技大学.

张农,李希勇,郑西贵,等,2013.深部煤炭资源开采现状与技术挑战//中国煤炭工业协会,山东能源新汶矿业集团.全国煤矿千米深井开采技术.徐州:中国矿业大学出版社:10-23.

张农,王成,高明仕,等,2009.淮南矿区深部煤巷支护难度分级及控制对策.岩石力学与工程学报,28(12):2421-2428.

张鹏,王良书,刘绍文,等,2007.南华北盆地群地温场研究.地球物理学进展,22(2):604-608.

张鹏飞,1990.沉积岩石学.北京:煤炭工业出版社.

张茜,2015.地下深部岩石强度变形特征及强度准则研究.成都:成都理工大学.

张树生,2007.矿井热害解决方案的研究.煤炭工程,39(12):105-107.

张帅,田道春,刘文中,2012.涡北煤矿地温分布规律及其影响因素分析.安徽理工大学学报(自然科学版),32(1):35-38,63.

张文,吴泰然,冯继承,等,2013.阿拉善地块北缘古大洋闭合的时间制约.中国科学:地球科学,43(8):1299-1311.

张宇通,刘启蒙,2017.潘谢矿区外围1煤底板工程地质类型分区.能源与环保,39(3):95-98.

张渊,张贤,赵阳升,2005.砂岩的热破裂过程.地球物理学报,48(3):656-659.

张志镇,高峰,徐小丽,2011.花岗岩力学特性的温度效应试验研究.岩土力学,2011,32(8):2346-2352.

张忠苗,2011.工程地质.重庆:重庆大学出版社.

张重远,吴满路,陈群策,等,2012.地应力测量方法综述.河南理工大学学报(自然科学版),31(3):305-310.

赵斌,王芝银,伍锦鹏,2013.矿物成分和细观结构与岩石材料力学性质的关系.煤田地质与勘探,41(3):59-63,67.

赵善坤,张宁博,张广辉,等,2018.双鸭山矿区深部地应力分布规律与区域构造作用分析.煤炭科学技术,46(7):26-32.

赵生才,2002.深部高应力下的资源开采与地下工程——香山会议第175次综述.地球科学进展,17(2):295-298.

郑世欢,2019.岩石强度参数随深度演化规律与微观机理研究.淮南:安徽理工大学.

中国电力企业联合会,2013.工程岩体试验方法标准:GB/T 50266—2013.北京:中国计划出版社.

中华人民共和国地质矿产部,1988.岩石物理力学性质试验规程.北京:地质出版社.

中华人民共和国自然资源部,2020.中国矿产资源报告2020.北京:地质出版社.

钟仕兴,1985.关于简易测温曲线校正问题的商榷.煤田地质与勘探,13(4):48-51.

周翠英,邓毅梅,谭祥韶,等,2005.饱水软岩力学性质软化的试验研究与应用.岩石力学与工程学报,24(1):33-38.

周宏伟,谢和平,左建平,2005.深部高地应力下岩石力学行为研究进展.力学进展,35(1):91-99.

周念清,杨楠,汤亚琦,等,2013.基于Hoek-Brown准则确定核电工程场地岩体力学参数.吉林大学学报(地球科学版),43(5):1517-1522,1532.

周瑞光,曲永新,成彬芳,等,1996.山东龙口北皂煤矿软岩力学特性试验研究.工程地质学报,4(4):55-60.

朱宝存,唐书恒,张佳赞,2009.煤岩与顶底板岩石力学性质及对煤储层压裂的影响.煤炭学报,34(6):756-760.

朱光,朴学峰,张力,等,2011.合肥盆地伸展方向的演变及其动力学机制.地质论评,57(2):153-166.

朱光,王道轩,刘国生,等,2004.郯庐断裂带的演化及其对西太平洋板块运动的影响.地质科学,39(1):36-49.

朱光,王薇,顾承串,等,2016.郯庐断裂带晚中生代演化历史及其对华北克拉通破坏过程的指示.地质论评,32(4):935-949.

朱光,王勇生,王道轩,等,2006a.前陆沉积与变形对郯庐断裂带同造山运动的制约.地质科学,41(1):102-121.

朱光,徐佑德,刘国生,等,2006b.郯庐断裂带中南段走滑构造特征与变形规律.地质科学,41(2):226-241.

朱日祥,徐义刚,朱光,等,2012.华北克拉通破坏.中国科学:地球科学,42(8):1135-1159.

朱善金,1989.淮南煤田新集井田二叠纪系煤第Ⅰ、Ⅱ含煤段沉积环境初步分析.淮南矿业学院学报,9(2):13-20.

朱珍德,邢福东,王思敬,等,2004.地下水对泥板岩强度软化的损伤力学分析.岩石力学与工程学报,23(增2):4739-4743.

卓毓龙,2020.高应力条件下尾矿力学行为和声发射特征探究.赣州:江西理工大学.

左建平,谢和平,吴爱民,等,2011.深部煤岩单体及组合体的破坏机制与力学特性研究.岩石力学与工程学报,30(1):84-92.

左清军,吴立,袁青,等,2014 软板岩膨胀特性试验及微观机制分析.岩土力学,35(4):986-990.

BROTÓNS V,TOMÁS R,IVORRA S,et al.,2013. Temperature influence on the physical and mechanical properties of a porous rock:San Julian's calcarenite. Engineering Geology,167:117-127.

BROWN E T,HOEK E,1978. Trends in relationships between measured in-situ stress and depth. International Journal of Rock Mechanics and Mining Sciences and Geomechanics Abstracts,15(4):211-215.

BURSHTEIN L S,1969. Effect of moisture on the strength and deformability of sandstone. Soviet Mining Science,5(5):573-576.

CAI M F,QIAO L,LI C H,et al.,2000. Results of in situ stress measurement and their application to mining design at five metal mines. International Journal of Rock Mechanics and Mining Sciences,37(3):509-515.

CHAKI S,TAKARLI M,AGBODJAN W P,2008. Influence of thermal damage on physical properties of a granite rock:porosity, permeability and ultrasonic wave evolutions. Construction and Building Materials,22(7):1456-1461.

CHEN S D,TANG D Z,TAO S,et al.,2017. In-situ stress measurements and stress distribution characteristics of coal reservoirs in major coalfields in China:implication for coalbed methane (CBM) development. International Journal of Coal Geology,182:66-84.

CHEN Y L,NI J,SHAO W,et al.,2012. Experimental study on the influence of temperature on the mechanical properties of granite under uni-axial compression and fatigue loading. International Journal of Rock Mechanics and Mining Sciences,56:62-66.

COLBACK P S B,WILD B L,1965. The influence of moisture content on the compressive strength of rock//Proceedings of the 3rd Canadian Rock Mechanics Symposium. Toronto:Society of Exploration Geophysicists:385-391.

DWIVEDI R D,GOEL R K,PRASAD V V R,et al.,2008. Thermo mechanical properties of Indian and other granites. International Journal of Rock Mechanics and Mining Sciences,45(3):303-315.

DYKE C G,DOBEREINER L,1991. Evaluating the strength and deformability of sandstones[J]. Quarterly Journal of Engineering Geology and Hydrogeology,24(1):123-134.

ERGULE Z A,ULUSAY R,2009. Water-induced variations in mechanical properties of clay-bearing rocks. International Journal of Rock Mechanics and Mining Sciences,46(2):355-370.

ERSOY A,WALLER M D,1995. Textural characterisation of rocks. Engineering Geology,39(3/4):123-136.

FEREIDOONI D,KHANLARI G R,HEIDARI M,et al.,2016. Assessment of inherent anisotropy and confining pressure influences on mechanical behavior of anisotropic foliated rocks under triaxial compression. Rock Mechanics and Rock Engineering,49:2155-2163.

HAIMSON B,CHANG C,2000. A new true triaxial cell for testing mechanical properties of rock, and its use to determine rock strength and deformability of Westerly granite. International Journal of Rock Mechanics and Mining Sciences,37(1/2):285-296.

HAWKINS A B,MCCONNELL B J,1992. Sensitivity of sandstone strength and deformability to changes in moisture content. Quarterly Journal of Engineering Geology and Hydrogeology,25:115-130.

HE C L,YANG J,YU Q,2018. Laboratory study on the dynamic response of rock under blast loading with active confining pressure. International Journal of Rock Mechanics and Mining Sciences,102:101-108.

HOMAND-ETIENNE F,HOUPERT R,1989. Thermally induced microcracking in granites:characterization and analysis. International Journal of Rock Mechanics and Mining Sciences and Geomechanics Abstracts,26(2):125-134.

HUANG Y H,YANG S Q,TIAN W L,et al.,2017. Physical and mechanical behavior of granite containing pre-existing holes after high temperature treatment. Archives of Civil and Mechanical Engineering,17(4):912-925.

JENG F S,WENG M C,LIN M L,et al.,2004. Influence of petrographic parameters on geotechnical properties of tertiary sandstones from Taiwan. Engineering Geology,73(1/2):71-91.

JOHANSSON E,2011. Technological properties of rock aggregates. Luleå:Luleå University of Technology.

KANG H P,LIN J,ZHANG X,et al.,2010. In-situ stress measurements and distribution laws in Lu'anunderground coal mines. Rock and Soil Mechanics,31(3):827-831,844.

KEATON J R,2009. Rock quality, seismic velocity, attenuation, and anisotropy. Environmental and Engineering Geoscience,15(1):50-52.

KONG B,WANG E Y,LI Z H,et al.,2016. Fracture mechanical behavior of sandstone subjected to high-temperature treatment and its acoustic emission characteristics under uniaxial compression conditions. Rock Mechanics and Rock Engineering,49:4977-4918.

KRATZ T,MARTENS P N,2015. Optimization of mucking and hoisting operation in conventional shaft sinking. Mining Report,151(1):38-47.

LI L,AUBERTIN M,2003. A general relationship between porosity and uniaxial strength of engineering materials. Canadian Journal of Civil Engineering,30(4):644-658.

LI M,ZHANG X P,MAO S J,et al.,2009. Study of deep mining safety control decision making system. Procedia Earth and Planetary Science,1(1):377-383.

LOORENTS K J,JOHANSSON E,ARVIDSSON H,2007. Free mica grains in crushed rock aggregates. Bulletin of Engineering Geology and the Environment,66(4):441-447.

LOUIS C,1974. Rock hydraulics//MÜLLER L. Rock mechanics. New York:Springer:299-387.

MAO X B,ZHANG L Y,LI T Z,et al.,2009. Properties of failure mode and thermal damage for limestone at high temperature. International Journal of Mining Science and Technology,19(3):290-294.

MARK C,MOLINDA GM,2005. The coal mine roof rating (CMRR)—a decade of experience. International Journal of Coal Geology,64(1/2):85-103.

MASRI M,SIBAI M,SHAO J F,et al.,2014. Experimental investigation of the effect of temperature on the mechanical behavior of Tournemire shale. International Journal of Rock Mechanics and Mining Sciences,70:185-191.

NUR A,SIMMONS G,1969. The effect of saturation on velocity in low porosity rock. Earth and Planetary Science Letters,7(2):183-193.

PŘIKRYL R, 2001. Some microstructural aspects of strength variation in rocks. International Journal of Rock Mechanics and Mining Sciences, 38(5): 671-682.

RANJITH P G, VIETE D R, CHEN B J, et al., 2012. Transformation plasticity and the effect of temperature on the mechanical behaviour of Hawkesbury sandstone at atmospheric pressure. Engineering Geology, 151: 120-127.

SABATAKAKIS N, KOUKIS G, TSIAMBAOS G, et al., 2008. Index properties and strength variation controlled by microstructure for sedimentary rocks. Engineering Geology, 97(1/2): 80-90.

SHEN Y L, QIN Y, WANG G G X, et al., 2019. Sealing capacity of siderite-bearing strata: the effect of pore dimension on abundance and micromorphology type of siderite in the Lopingian (Late Permian) coal-bearing strata, western Guizhou province. Journal of Petroleum Science and Engineering, 178: 180-192.

SIRDESAI N N, SINGH T N, RANJITH P G, et al., 2017. Effect of varied durations of thermal treatment on the tensile strength of red sandstone. Rock Mechanics and Rock Engineering, 50(1): 205-213.

SUN Q, ZHANG W Q, XUE L, et al., 2015. Thermal damage pattern and thresholds of granite. Environmental Earth Sciences, 74(3): 2341-2349.

SYRNIKOV N M, RODIONOV V N, 1996. Stress state of a structurally in homogeneous rock mass in the vicinity of underground structures. Journal of Mining Science, 32(6): 464-475.

TUĞRUL A, ZARIF I H, 1999. Correlation of mineralogical and textural characteristics with engineering properties of selected granitic rocks from Turkey. Engineering Geology, 51(4): 303-317.

VÁSÁRHELYI B, 2005. Statistical analysis of the influence of water content on the strength of the Miocene limestone. Rock Mechanics and Rock Engineering, 38: 69-76.

VÁSÁRHELYI B, VÁN P, 2006. Influence of water content on the strength of rock. Engineering Geology, 84(1/2): 70-74.

VENKATAPPA RAO G, PRIEST S D, SELVAKUMAR S, 1985. Effect of moisture on strength of intact rocks and the role of effective stress principle. Indian Geotechnical Journal, 15(4): 247-283.

WANG C H, XING B R, 2017. A new theory and application progress of the modified hydraulic test on preexisting fracture to determine in-situ stresses. Rock and Soil Mechanics, 38(5): 1289-1297.

WANG Q W, LIU G F, WANG X B, 2011. Gray correlation degree analysis of controlling factors on coal deformation. Energy Exploration and Exploitation, 29(2): 205-216.

WANG Y, ZHOU J, GENG Y D, et al., 2019. Effect of fault on in-situ stress perturbation in deep carbonate reservoir. Chemistry and Technology of Fuels and Oils, 55(5): 615-622.

WHITE J M, MAZURKIEWICZ M, 1989. Effect of moisture content on mechanical properties of Nemo coal, Moberly, Missouri U.S.A. Mining Science and Technology, 9(2): 181-185.

WONG T F, 1982. Effects of temperature and pressure on failure and post-failure behavior of Westerly granite. Mechanics of Materials, 1(1): 3-17.

XIE H P, ZHAO J, RANJITH P G, 2018. Deep rock mechanics: from research to engineering. Carabas, FL: CRC Press.

YANG S Q, JING H W, WANG S Y, 2012. Experimental investigation on the strength, deformability, failure behavior and acoustic emission locations of red sandstone under triaxial compression. Rock Mechanics and Rock Engineering, 45(4): 583-606.

YANG S Q, RANJITHA P G, JING H W, et al., 2017. An experimental investigation on thermal damage and failure mechanical behavior of granite after exposure to different high temperature treatments. Geothermics, 65: 180-197.

YAVUZ H, DEMIRDAG S, CARAN S, 2010. Thermal effect on the physical properties of carbonate rocks. International Journal of Rock Mechanics and Mining Sciences, 47(1): 94-103.

YILMAZ I, 2010. Influence of water content on the strength and deformability of gypsum. International Journal of Rock Mechanics and Mining Sciences, 47(2): 342-347.

YIN T B, SHU R H, LI X B, et al., 2016. Combined effects of temperature and axial pressure on dynamic mechanical properties of granite. Transactions of Nonferrous Metals Society of China, 26(8): 2209-2219.

YU M H, 2002. Advances in strength theories for materials under complex stress state in the 20th century. Applied Mechanics Reviews, 55(3): 169-218.

ZHANG F P, PENG J Y, QIU Z G, et al., 2017. Rock-like brittle material fragmentation under coupled static stress and spherical charge explosion. Engineering Geology, 220: 266-273.

ZHANG L Y, MAO X B, LU A H, 2009. Experimental study on the mechanical properties of rocks at high temperature. Science China Technological Sciences, 52(3): 641-646.

ZHANG Y, GUO D M, HE M C, et al., 2011. Characterization of deep ground geothermal field in Jiahe Coal Mine. Mining Science and Technology, 21(3): 371-374.

ZHANG Z P, XIE H P, ZHANG R, et al., 2019. Deformation damage and energy evolution characteristics of coal at different depths. Rock Mechanics and Rock Engineering, 52(5): 1491-1503.

ZHAO Z H, 2016. Thermal influence on mechanical properties of granite: a microcracking perspective. Rock Mechanics and Rock Engineering, 49(3): 747-762.

ZHU G, JIANG D Z, ZHANG B L, et al., 2012. Destruction of the eastern North China Craton in a backarc setting: evidence from crustal deformation kinematics. Gondwana Research, 22(1): 86-103.